高等职业教育机电工程类系列教材

数控机床故障诊断与维修

主　编　田林红

参　编　权欢欢　高功臣

　　　　季　祥　郑建欣

西安电子科技大学出版社

内 容 简 介

本书通过对华中 HNC、FANUC（发那科）、SIEMENS（西门子）系统进行剖析，详细讲解了数控机床故障诊断基础知识、数控机床机械部件、数控系统、伺服系统及 PLC 的维修知识和数控机床故障诊断及维修方法。

本书由五个模块、24 个任务组成。每个任务都具有相对独立的知识体系，有真实的载体，包括任务导入、任务目标、任务描述、相关知识、任务实施、知识拓展、技能训练、问题思考等环节，理实一体，利于教师启发式教学和学生实践训练。

本书可作为高职高专数控技术、数控设备应用与维护、机电一体化等专业的教学用书，也可作为高级工、技师的培训教材以及从事数控机床维修工作的工程技术人员的参考用书。

图书在版编目（CIP）数据

数控机床故障诊断与维修 / 田林红主编. —西安：西安电子科技大学出版社，2016.1
（2024.12 重印）
ISBN 978-5606-3795-2

Ⅰ. ① 数…　　Ⅱ. ① 田…　　Ⅲ. ① 数控机床—故障诊断—高等职业教育—教材
② 数控机床—维修—高等职业教育—教材　　Ⅳ. ① TG659

中国版本图书馆 CIP 数据核字(2016)第 003917 号

策　　划　马晓娟
责任编辑　阎　彬
出版发行　西安电子科技大学出版社(西安市太白南路 2 号)
电　　话　(029) 88202421　88201467　　邮　　编　710071
网　　址　www.xduph.com　　　　　　电子邮箱　xdupfxb001@163.com
经　　销　新华书店
印刷单位　广东虎彩云印刷有限公司
版　　次　2016 年 1 月第 1 版　　2024 年 12 月第 4 次印刷
开　　本　787 毫米×1092 毫米 1/16　　印　张　16.5
字　　数　392 千字
定　　价　38.00 元

ISBN 978-7-5606-3795-2

XDUP 4087001-4

如有印装问题可调换

前　言

数控机床在制造领域的应用越来越广，但是，由于数控系统的多样性，以及当前从事数控机床故障诊断与维修工作的技术人员短缺及经验不足，机床一旦发生故障，维修难的问题就变得尤为突出。因此，加大力度培养数控机床故障诊断与维修专业技术人员迫在眉睫。

本书根据高等职业教育的特点和培养目标进行编写，是国家骨干院校建设成果。本着"理论够用为度，强化实践应用"的编写原则，书中安排有大量实训案例，从故障现象、故障分析及故障处理角度，讲解数控机床故障诊断及维修过程，以期突出实践技能的培养，提高学生的综合应用能力。

全书分五个模块，共 24 个任务。第一个模块从绘制机床故障浴盆曲线、直观诊断机床、判断机床工作状态及编写日常点检表四个任务出发，介绍数控机床维修基础知识；第二个模块从检查主轴跳动、调整直线导轨、补偿反向间隙及调整缸体移动四个任务出发，介绍机械传动部件的维护；第三个模块从启动数控装置、连接步进驱动器、连接 HSV-16 伺服驱动、调整主轴转速及排查急停故障五个任务出发，介绍华中 HNC 21 数控铣床的维修；第四个模块从启动数控装置、保存机床数据、连接 β iSV20、连接变频器、排查四工位电动刀架故障及自动返回原点六个任务出发，介绍 FANUC 0i Mate TD 数控车床的维修；第五个模块从启动数控装置、备份系统参数、连接 SINAMICS S120、连接主轴驱动及排查刀库换刀故障五个任务出发，介绍西门子 802D 加工中心的维修。

本书由河南工业职业技术学院田林红任主编，并编写模块四及附录。河南工业职业技术学院郑建欣编写了模块一，权欢欢编写了模块二，季祥编写了模块三，高功臣编写了模块五。

限于作者的学识和水平，书中难免存在不妥和疏漏之处，敬请专家、同仁和广大读者批评指正。

编　者
2015 年 7 月

目 录

模块一　数控机床维修基础

任务一　绘制机床故障浴盆曲线——认识机床维修

任务导入

　　数控机床是一种自动化程度较高、结构较复杂的先进加工设备，是一种典型的机电一体化产品。它能够实现高速、高精度和高自动化，在企业生产中占有重要的地位。由于其投资比普通机床高得多，因此降低数控机床故障率、缩短故障修复时间、提高机床利用率是十分重要的工作，直接关系到企业的经济效益。图 1-1-1 为数控机床电气控制柜及伺服电动机维修。

图1-1-1　数控机床电气控制柜及伺服电动机维修

任务目标

知识目标

　　(1) 了解数控机床维修概念。
　　(2) 掌握数控机床故障分类。

能力目标

　　(1) 会对数控机床故障进行分类。
　　(2) 能指出数控机床故障浴盆曲线中各时期故障原因。

任务描述

图 1-1-2 为数控机床故障浴盆曲线图。曲线所表示的是数控机床在整个使用寿命周期内故障率的变化情况。在实践中可以通过资料的积累来绘制不同时期的故障率曲线，从而掌握数控机床的可靠性规律，以实施有效检修及管理，延长机床使用寿命。本任务需了解数控机床故障浴盆曲线，按照数控机床类型，列出浴盆曲线中各时期故障现象及原因。

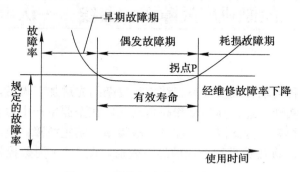

图1-1-2　数控机床故障浴盆曲线

相关知识

一、浴盆曲线

1. 浴盆曲线的定义

浴盆曲线（失效率曲线）是指产品从投入使用到报废为止的整个寿命周期内，其可靠性变化呈现的规律，是以使用时间为横坐标，以故障率为纵坐标的一条曲线。曲线两端高、中间低，有些像浴盆，所以称为"浴盆曲线"。

2. 故障率三阶段

数控机床的使用寿命可分为早期故障期、偶发故障期和耗损故障期三个阶段。

早期故障期指的是产品的开始使用时期，此阶段故障率很高。但随着产品工作时间的增加，故障率迅速降低。这一阶段故障的原因大多是由于设计、原材料和制造过程中的缺陷造成的。为了缩短这一阶段的时间，产品应在投入运行前进行试运转，以便及早发现、修正和排除故障。

偶发故障期也称随机故障期，这一阶段的特点是故障率较低，且较稳定，可近似看作常数。产品可靠性指标所描述的就是这个时期，这一时期是产品的良好使用阶段。偶发故障的主要原因是质量缺陷、材料弱点、环境和使用不当等，可以通过提高设计质量、改进管理和维护保养使故障率降到最低。

耗损故障期，这一阶段的故障率随时间的延长而急速增加，故障率曲线属于递增型。到这一阶段，大部分元件开始失效，说明元件的耗损已经严重，寿命即将终止，若能够在这个时期到来之前维修设备，替换或维修某些耗损的部件，就能将故障率降下来，并延长使用寿命，推迟耗损故障期。

二、故障的基本概念

1. 数控机床故障

数控机床全部或部分丧失原有规定的功能称之为故障。实践证明，在数控系统中由大规模集成电路等电子元件造成的故障居次要地位，而其他因素，如插接件的接触不可靠、检测反馈元件、驱动器件的损坏等故障所造成的影响更为明显，居主要地位。

2. 数控机床故障诊断

故障诊断指在数控机床运行中，根据设备的故障现象，在掌握数控系统各部分工作原理的前提下，对现行的状态进行分析并辅以必要的检测手段，查明故障的部位和原因，从而提出有效的维修对策。引起数控机床故障的原因比传统机床要多得多，不仅限于机械磨损、振动和损坏，也不仅限于强电线路与元器件的故障，它从内容上涉及机、电、液、气与计算机、自动控制乃至光学等许多方面。

数控机床本身的复杂性使其故障具有复杂性和特殊性。引起数控机床故障的因素是多方面的，有些故障现象是机械方面的，但是引起故障的原因却是电气方面的；有些故障现象是电气方面的，然而引起故障的原因却是机械方面的；有些故障则是由电气方面和机械方面共同引起的。在进行数控机床故障诊断时，要重视机床各部分的交接点。另外，从故障诊断与状态监测的手段上讲，数控机床由于种类繁多、结构不同、形式多变，给测试、监控带来许多困难，因此不能用传统测试手段与测试方法判断故障点。

三、数控机床故障的类型

数控机床是一种复杂的机电一体化设备，其故障原因一般都比较复杂，表现形式也多种多样，这给故障的诊断和排除带来了不少困难。为了便于对故障进行分析和处理，可以按故障原因、故障性质、故障部位及故障的指示形式分类。

1. 按故障发生的原因分类

（1）数控机床自身故障。这类故障是由数控机床自身原因所引起的，与外部使用环境无关，数控机床所发生的大多数故障属此类故障。

（2）数控机床外部故障。这类故障是由外部原因所造成的，如供电电压过低、过高或波动过大；电源相序不正确或电压不平衡；环境温度过高；有害气体、潮气、粉尘侵入引起短路；外来振动和干扰等。

此外，人为因素也是造成数控机床故障的外部原因之一。据统计，首次使用数控机床或由不熟练的工人来操作数控机床，在使用的第一年，因操作不当所造成的外部故障占机床总故障的三分之一以上。

2. 按故障发生的性质分类

1）确定性故障

确定性故障是指控制系统主机中的硬件损坏，或只要满足一定的条件数控机床必然会发生的故障。这一类故障现象较为常见，故障一旦发生，如不对其进行维修处理，机床就不会自动恢复正常。例如：液压系统因液压回路过滤器阻塞而产生故障报警，数控机床断电停机；润滑、冷却或液压等系统因管路泄漏导致机床停机；在加工中因切削用量过大或达到某一限定值时，会发生过载或超温报警，导致数控系统迅速停机。因此，一定要正确使用且精心维护数控机床。

2）随机性故障

随机性故障是指数控机床在工作过程中偶然发生的故障，此类故障的发生原因较隐蔽，很难找出其规律性。随机性故障的原因分析与故障诊断比较困难，一般与部件的安装质量、参数的设定、元器件的品质、软件设计的完善度、工作环境的影响等诸多因素有关。

随机性故障具有可恢复性，故障发生后通过重新开机等措施，机床通常可恢复正常，但在运行过程中，又可能发生同样的故障。因此应加强数控系统的维护检查，确保电气箱的密封以及可靠的安装和连接。正确的接地和屏蔽是减少、避免此类故障发生的重要措施。

3. 按故障发生的部位分类

1）机械传动故障

数控机床的机械传动部分是指组成数控机床的机械、润滑、冷却、排屑、液压、气动与防护等部分。常见的机械传动故障主要有：

（1）因机械部件安装、调试、操作使用不当等引起的机械传动故障；

（2）因导轨、主轴等运动部件的干涉、摩擦过大等引起的故障；

（3）因机械零件的损坏、连接不良等引起的故障等。

机械故障主要表现为传动噪声大、加工精度差、运行阻力大、机械部件不动作、机械部件损坏等。润滑不良以及液压、气动系统的管路堵塞和密封不良，是机械发生故障的常见原因。对数控机床的定期维护、保养，控制和根除"三漏"现象发生是减少机械传动故障的重要措施。

2）电气控制系统故障

电气控制系统故障通常分为弱电故障和强电故障两大类。

弱电部分是指控制系统中以电子元器件、集成电路为主的控制部分。数控机床的弱电部分包括 CNC、PLC、显示以及伺服驱动单元、输入输出单元等。弱电故障又有硬件故障与软件故障之分。硬件故障是指上述各部分的集成电路芯片、分立电子元件、接插件以及外部连接组件等发生的故障；软件故障是指在硬件正常情况下出现的动作出错、数据丢失等故障，常见的有加工程序出错、系统程序和参数的改变或丢失、运算出错等。

强电部分是指控制系统中的主回路或高压、大功率回路中的继电器、接触器、开关、熔断器、电源变压器、电动机、电磁铁、行程开关等电气元器件所组成的控制电路。这部分的故障维修、诊断较为方便，但由于它处于高压、大电流工作状态，发生故障的概率要高于弱电部分，因此必须引起维修人员足够的重视。

4. 按故障的指示形式分类

1）有报警显示的故障

数控机床的故障报警显示可分为指示灯显示与显示器显示两种。图 1-1-3 为数控机床故障报警图。

图1-1-3 数控机床故障报警

指示灯显示报警是指通过控制系统各单元上的状态指示灯（一般由 LED 发光管或小型指示灯组成）显示报警信息或代码。根据显示，可大致分析判断出故障发生的部位与性质，因此，在维修、排除故障过程中应认真检查这些指示灯的状态。

显示器显示报警是指通过显示器显示出报警号和报警信息。数控系统一般都具有自诊断功能，只要系统的诊断软件以及显示电路工作正常，一旦系统出现故障，就可以在显示器上以报警号及文本的形式显示故障信息。这类报警显示常见的有存储器警示、过热警示、伺服系统警示、轴超程警示、程序出错警示、主轴警示、过载警示以及短路警示等。在显示器显示报警中，又可分为 NC 的报警和 PLC 的报警两类。前者为数控系统生产厂家设置的故障显示，可对照系统的维修手册来确定可能产生该故障的原因；后者是由数控机床生产厂家设置的 PLC 报警信息，可对照机床生产厂家所提供的机床维修手册中有关内容确定故障所产生的原因。

2）无报警显示的故障

这类故障发生时，机床与系统均无报警显示，其分析诊断难度较大，要根据具体情况具体分析，根据故障发生前后的变化进行分析判断。

除了上述常见故障分类外，还可以按发生故障时有无破坏性，分为破坏性故障和非破坏性故障；按故障的影响程度，分为完全失效故障和部分失效故障；按故障发生的性质，分为软件故障、硬件故障和干扰故障三种；按数控机床结构，分为数控系统故障、伺服系统故障、电气控制部分故障、主轴系统故障、进给系统故障、刀架 / 刀库 / 工作台故障等。

任务实施

一、数控机床不同部位故障原因判别

图 1-1-4 为数控卧式及立式机床实物图。查阅机床说明书及相关技术资料，从故障现象出发，根据故障机理罗列出多种可能产生该故障的原因。

（1）绘图说明机床的组成及结构。

（2）查阅相关技术手册，绘制数控机床不同部位故障浴盆曲线，并列出对应不同时期的故障现象及原因。

图1-1-4 数控卧式及立式机床实物

二、数控机床外部故障原因判别

（1）查阅资料，罗列可能引起数控机床故障的外部因素。

（2）分析数控机床外部故障现象及原因。

知识拓展

一、数控机床的可靠性

数控机床的可靠性是指在规定的工作条件下，机床维持无故障工作的能力，是机床的内在特性，也是衡量机床质量的重要指标。所谓规定的工作条件，是指设计时提出的该机床的使用温度、使用方法以及使用条件等。常用以下几种指标衡量：

（1）平均无故障时间 MTBF，指数控机床在使用中，两次故障间隔的平均时间。即数控机床在寿命范围内总的工作时间和总的故障次数之比。

（2）平均排除故障时间 MTTR，指数控机床从出现故障开始直至排除故障恢复正常使用的平均时间。

（3）有效度 A，指可维修的数控机床在某特定的时间内维持其功能的概率，是可靠度和可维修度对系统的正常工作概率进行综合评价的尺度，即 A= MTTR/（MTBF+MTTR）。显而易见，A<1。提高 MTBF 和降低 MTTR，都可增加有效度 A。A 越接近 1 越好。

数控机床的可靠性和稳定性首先要求数控机床的机械部分具有良好的刚性和精度保持性，能准确无误地执行数控系统发出的每一个动作指令；其次要求数控系统和伺服驱动系统动作可靠，在实时控制的每一时刻都能准确无误地工作，而这部分由于所用元件繁多、原理复杂、结构紧密，因而容易出现故障，直接影响数控机床使用的有效度。

我国机床数字控制系统通用技术条件规定，数控系统产品可靠性验证用平均无故障时间（MTBF）作为衡量指标，具体数值应在产品标准中给出。数控系统最低可接受的 MTBF 不应低于 2000 h，国外一些著名的数控系统产品 MTBF 已达到 22 000 h。

二、数控机床故障诊断及维护的目的

数控机床的综合性和复杂性决定了它的故障诊断及维护、维修有自身的特点，掌握好这些特点和方法，可以保证数控机床稳定可靠地运行。

为了提高机床的使用率，从提高机床的有效度来看，维修应包含两方面的意义：一是

正确使用，日常保养，即预防性维护，这是为了延长 MTBF；二是故障维修，尽快修复，以缩短 MTTR。从这两个方面来提高有效度 A。

由于机床的数控系统采用了高速的微处理器和大规模、超大规模集成电路，使它的可靠性有了极大的提高。数控系统使用寿命的长短，效率的高低，固然取决于系统的性能，但很大程度也取决于它们的使用和维护。现代数控机床的许多故障都是由数控系统之外的其他因素所引起的，如数控机床在使用初期因操作不当造成的系统死机或机床停机。正确的使用可以避免突发故障，延长无故障工作时间。精心维护可使其处于良好的技术状态，延缓劣化进程。因此，正确的使用和精心维护，贯彻以预防为主的思想是极为重要的。

三、数控机床的操作规范

操作规范是保证数控机床安全运行的重要措施，操作者必须按操作规程的要求进行操作。为了正确合理地使用数控设备，保证数控机床的正常运转，必须制定比较完善的操作规程。通常应当做到：

（1）机床通电后，检查各开关、按钮是否正常、灵活，机床有无异常现象。

（2）检查电压、气压、油压是否正常，有手动润滑的部位先要进行手动润滑。

（3）各坐标轴手动回零（机械原点），若某轴在回零前已在零位或接近零位，必须先将该轴移动至距零点一段距离后，再行手动回零。

（4）在进行工作台回转交换时，台面上、护罩上、导轨上不得有障碍物。

（5）切削加工前，先让机床低速空运转 15 分钟以上，使机床达到热平衡状态。

（6）程序输入后应认真核对保证无误，包括对代码、指令、地址、数值、正负号、小数点及语法的核对。

（7）按工艺规程找正，安装好夹具。

（8）正确测量和计算工件坐标系，并对所得结果进行验证和验算。

（9）将工件坐标系输入到偏置页面，并对坐标值、正负号及小数点进行认真核对。

（10）未装工件以前，空运行一次程序，看程序能否顺利执行，刀具长度选取和夹具安装是否合理，有无超程现象。

（11）刀具补偿值（长度、半径）输入后，要对刀补号、补偿值、正负号、小数点进行认真核对。

（12）装夹工件，要注意螺钉压板是否妨碍刀具运动。

（13）检查各刀头的安装方向及各刀具旋转方向是否合乎程序要求。

（14）查看各刀杆前后部位的形状和尺寸是否合乎加工工艺要求，是否会与工件、夹具发生干扰。

（15）镗刀尾部露出刀杆直径部分必须小于刀尖露出刀杆直径部分。

（16）检查每把刀柄在主轴孔中是否都能拉紧。

（17）无论是首次加工的零件，还是周期性重复加工的零件，首件都必须对照图纸工艺、程序和刀具调整卡逐刀逐段进行试切。

（18）单段试切时快速倍率开关必须打到最低挡。

（19）每把刀首次使用或刀具刃磨后都要验证它的实际长度与所给刀补值是否相符。

（20）在程序运行时，要重点观察数控系统上的坐标显示、工作寄存器和缓冲寄存器显示，以了解目前刀具运动点在机床坐标系及工件坐标系中的位置，了解这一程序段的运动量，还剩余多少运动量及正在执行程序段的具体内容。

（21）首件加工时，在刀具运行至工件表面 30～50 mm 处，必须在进给保持（程序暂停）下，验证 Z 轴剩余坐标值和 X、Y 轴坐标值与图纸是否一致。

（22）对一些有试刀要求的刀具可采用渐近的方法，如镗孔可先试镗一小段长度，检测合格后，再镗到整个长度，边试切边修改刀具补偿值。

（23）程序修改后，对修改部分一定要仔细计算和认真核对。

（24）手轮进给和手动连续进给操作时，必须检查各种开关所选择的位置是否正确，弄清正负方向，认准按键，然后再进行操作。

（25）零件加工完成后，应核对刀具号、刀补值，使程序偏置与工艺中的刀具号、刀补值完全一致。

（26）加工完毕后，应从刀库中卸下刀具，按调整卡或程序，清理编号入库。

（27）卸下夹具时，某些夹具应记录好安装位置及方位，并存档。

（28）清扫机床。

（29）将各坐标轴停在中间位置。

（30）长期不使用的数控机床要每周通电 1 或 2 次，每次空运行 1 小时左右，以防电器元件受潮。

技能训练

（1）数控铣床主轴部位故障原因判别。

（2）加工中心气动系统故障原因判别。

问题思考

（1）数控机床故障常见类型有哪些？

（2）什么是浴盆曲线？故障率三阶段是什么？

（3）举例说明数控机床自身故障现象与原因。

（4）数控机床为何要进行规范操作？

任务二　直观诊断机床——数控机床维修方法与技巧

任务导入

图 1-2-1 为数控机床伺服驱动器维修现场。数控系统的型号颇多，所产生的故障原因往往比较复杂。因此为了进行故障诊断，找出产生故障原因，特整理出一套故障处理的思路：掌握信息、寻找特征；据理析象、判断类型；罗列成因、确定步骤；合理测试、故障定位；排除故障、恢复设备。

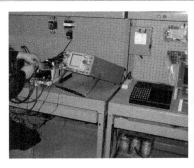

图1-2-1　数控机床伺服驱动器维修现场

任务目标

知识目标

（1）了解数控机床故障排除思路。

（2）掌握故障诊断与排除基本方法。

能力目标

（1）能直观发现数控机床故障部位。

（2）会应用交换法排查数控机床故障。

任务描述

　　数控机床出现故障时，系统会给出报警号，给故障诊断及维修提供依据。但是由于数控系统所产生的故障千变万化，其原因往往比较复杂，而目前所使用的数控系统，大多数故障自诊断能力还比较弱，智能化程度较低，不能对系统的所有部件进行测试，往往是一个报警号指示出众多故障起因，不能将故障原因定位到具体的元器件上。因此，要迅速诊断故障原因，及时排除故障，还需要总结出一套故障检查方法，提高维修效率。图 1-2-2 为数控机床中电气控制柜图。本任务要求了解能观察到什么，以及通过何种方法判断故障发生的部位。

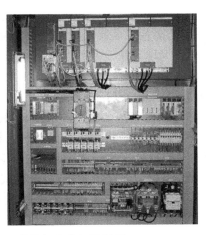

图1-2-2　数控机床电气控制柜

相关知识

一、数控机床故障排除思路

（1）掌握信息，寻找特征。即进行充分的维修档案与技术资料查询和现场调查，以掌握数控设备的特点、故障现象及其发生条件与状态等信息，寻找故障特征。

（2）据理析象，判断类型。即根据设备或系统工作原理与故障机理，分析故障现象，判断故障类型。

（3）罗列成因，确定步骤。即罗列所有可能的故障成因，确定出正确的诊断步骤与方法。

（4）合理测试，故障定位。即选用合理的测试手段与方法，进行故障定位，找出真正的故障源。

（5）排除故障，恢复设备。即找出并排除（或移去）故障源，恢复设备性能。

注意：维修不能只是简单的"测故换件"。故障定位后必须进行成因分析，以便找出真正的故障源以进行根除，这样才能确实恢复设备规定的性能。

二、数控机床故障排除步骤

（1）确认故障现象，调查故障现场，充分掌握故障信息。

当数控机床发生故障时，维护维修人员对故障的确认是很有必要的，特别是在操作使用人员不熟悉机床的情况下尤为重要。此时，不应该也不能让非专业人士随意开动机床，特别是出现故障后的机床，以免故障的进一步扩大。

数控机床出现故障后，不要急于动手盲目处理。首先要查看故障记录，向操作人员询问故障出现的全过程。在确认通电对系统无危险的情况下，再通电亲自观察，特别要注意确定以下主要故障信息：

① 故障发生时报警号和报警提示是什么。

② 如无报警，系统处于何种工作状态；系统的工作方式诊断结果是什么。

③ 故障发生在哪个程序段；执行何种指令；故障发生前进行了何种操作。

④ 故障发生在何种速度下；轴处于什么位置；与指令值的误差量有多大。

⑤ 以前是否发生过类似故障；现场有无异常现象；故障是否重复发生。

（2）根据所掌握故障信息明确故障的复杂程度，并列出故障部位的全部疑点。

在充分调查和掌握现场第一手材料的基础上，把故障问题正确地罗列出来。俗话说，把问题说清楚，就已经解决问题的一半了。

（3）分析故障原因，制定排除故障的方案。

在分析故障时，维修人员不应仅局限于 CNC 部分，而要对机床强电、机械、液压、气动等方面都做详细的检查，并进行综合判断，制定出故障排除的方案，达到快速确诊和高效率排除故障的目的。分析故障原因时应注意以下两个方面：

① 思路一定要开阔，无论是电气，还是机械、液压、气压传动部位，应先静下心来，考虑好解决方案后再动手。要将可能引起故障的原因以及每一种解决的方法全部列出来，进行综合判断和筛选。

② 在对故障进行深入分析的基础上，预测故障原因并拟定检查的内容、步骤和方法，

制定故障排除方案。

（4）检测故障，逐级定位故障部位。

根据预测的故障原因和预先确定的排除方案，用试验的方法进行验证，逐级来定位故障部位，最终找出发生故障的真正部位。为了准确、快速地定位故障，应遵循"先方案后操作"的原则。

（5）排除故障。根据故障部位及发生故障的原因，应采用合理的维修方法修理或更换部件，尽快让数控机床投入生产。

（6）解决故障后，进行资料的整理。故障排除后，应迅速恢复机床现场，并做好相关资料的整理工作，以便提高自己的维修水平，亦方便机床的后续维护和维修。

三、故障排除应遵循的原则

1. 先外部后内部

数控机床是机械、液压、电气一体化的设备，其故障的发生必然要从机械、液压、电气这三者综合反映出来。数控机床的检修要求维修人员掌握先外部后内部的原则。即当数控机床发生故障后，维修人员应先采用望、闻、听、问等方法，由外向内逐一进行检查。比如：数控机床外部的行程开关、按钮开关、液压气动元件以及印制线路板连接件、接插件与外部或相互之间的连接部位、电控柜插座或端子排等部位，因其接触不良造成信号传递失灵，是产生故障的重要因素。此外，由于车间环境的温度、湿度变化较大，油污或粉尘对元件及线路板的污染，机械的振动等，对信号传送通道的接插件都将会产生严重的影响。另外，应尽量避免随意地启封、拆卸机床原装的零部件。不适当的大拆大卸，往往会扩大故障，使机床丧失精度，降低性能。

2. 先机械后电气

由于数控机床是一种自动化程度高、技术复杂的先进机械加工设备。因此一般来讲，机械故障较易察觉，而数控系统故障的诊断难度要大一些。先机械后电气就是在数控机床的检修中，首先检查机械部分是否正常，行程开关是否灵活，气动、液压部分是否正常等。从经验来看，数控机床的故障中有很大部分是由机械动作失灵引起的。所以，在故障检修之前，首先应注意排除机械性的故障，这样往往可以达到事半功倍的效果。

3. 先静后动

首先维修人员本身要做到先静后动，不可盲目动手，应先询问机床操作人员故障发生的过程及状态，阅读机床说明书、图样资料后，方可动手查找和处理故障。其次，对有故障的机床也要本着先静后动的原则，先在机床断电的静止状态，通过观察、测试、分析，确认为非恶性循环性故障或非破坏性故障后，方可给机床通电。在运行工况下，进行动态的观察、检验和测试，查找故障。对恶性的破坏性故障，必须先排除危险后，方可通电，在运行工况下进行动态诊断。

4. 先公用后专用

公用性的问题往往影响全局，而专用性的问题只影响局部。如机床的几个进给轴都不能运动，这时应先检查和排除各轴公用的 CNC、PLC、电源、液压等公用部分的故障，然后再设法排除某轴的局部问题。又如电网或主电源故障是全局性的，因此一般应首先检查电源部分，看看熔丝是否正常，直流电压输出是否正常。总之，只有先解决影响整体的主要矛盾，局部的、次要的矛盾才有可能迎刃而解。

5. 先简单后复杂

当出现多种故障互相交织掩盖，一时无从下手时，应先解决容易的问题，后解决难度较大的问题。常常在解决简单故障的过程中，难度大的问题也可能变得容易，或许是因为在排除简易故障时受到了启发，对复杂故障的认识更为清晰从而也有了解决的办法。

6. 先一般后特殊

在排除某一故障时，要先考虑最常见的可能原因，然后再分析很少发生的特殊原因。例如：一台 FANUC-0T 数控车床 Z 轴回零不准，常常是由于减速挡块位置移动所造成的。一旦出现这种故障，就应先检查该挡块位置，在排除这一常见的可能性之后，再检查脉冲编码器、位置控制等环节。

7. 先查输入后查负载

先查有无输入，再查负载反馈信号，确定所怀疑的单元是否失效。

8. 先软件后硬件

发生故障的机床通电后，应先检查数控系统的软件是否正常。有些故障可能是参数丢失，或者是操作人员操作方法不当而造成的。切忌一开始就大拆大卸，以免造成更严重的后果。

总之，在数控机床出现故障后，要视故障的难易程度以及故障是否属于常见性故障，采用合理的分析问题和解决问题的方法。

四、故障诊断与排除的基本方法

当数控机床出现报警、发生故障时，维修人员不要急于动手处理，而应多观察。维修前一要充分调查故障现场，充分掌握故障信息；二要认真分析故障的起因，确定检查的方法与步骤。

在分析故障的起因时，一定要开阔思路。往往当数控机床自诊断出某一部分有故障时，究其起源，却不在数控系统本身，而是在机械部分。所以，分析故障时，无论是 CNC 系统、数控机床强电部分，还是机械系统、液（气）压系统等部分，只要有可能引起该故障的原因，都要尽可能全面地列出来，进行综合判断和筛选，然后通过必要的试验，达到确诊和最终排除故障的目的。

1. 直观法

直观检查法指依靠人的感觉器官并借助于一些简单的仪器来寻找机床故障的原因。这种方法在维修中是常用的，也是首先采用的。先外后内的维修原则要求维修人员在遇到故障时应先采取问、看的方法来判断故障原因，然后采用听、触、嗅等方法，由外向内检查，判断故障发生部位。

1）问

问是指向操作者了解机床开机是否正常，比较故障前后工件的精度和传动系统、走刀系统是否正常，出力是否均匀，机床何时进行过保养检修等内容。润滑油牌号、用量是否合适。

2）看

看就是用肉眼仔细检查有无保险丝烧断、元器件烧焦、烟熏、开裂现象，有无断路现象，以此判断元件有无过流、过压、短路等问题。通过看转速，观察出主传动速度快慢的变化，主传动齿轮、飞轮是否跳、摆，传动轴是否弯曲、晃动等。图1-2-3 为数控机床导轨和电器元件损坏实物。

导轨研磨　　　　　　　　　　　　　　电器损坏

图1-2-3　数控机床导轨和电器元件损坏实物

3）听

利用人的听觉可判断数控机床因故障而产生的各种异常声响的声源。如电气部分常见的异常声响；电源变压器、阻抗变换器与电抗器等因为铁芯松动、锈蚀等原因引起的铁片振动声；继电器、接触器等磁回路间隙过大，短路环断裂，动静铁芯或衔铁轴线偏差，线圈欠压运行等原因引起的电磁嗡嗡声或者触点接触不良的嘶嘶声；元器件因为过流或过压运行失常引起的击穿爆裂声。伺服电动机、气控器件或液控器件等发生的异常声响基本和机械故障方面的异常声响相同，主要表现为机械的摩擦声、振动声与撞击声等。

4）触

CNC 系统由多块线路板组成，板上有许多焊点，板与板之间或模块与模块之间通过插件或电缆相连。所以，存在任何一处的虚焊或接触不良，就会产生故障。在检查数控系统时，用绝缘物轻轻敲打可疑部位（即认为虚焊或接触不良的插件板、组件、元器件等），如果确实是因虚焊或接触不良而引起的故障，则该故障会重现；有些故障会在敲击后消失，则也可以认为敲击处或敲击作用力波及的范围为故障部位。同样，用手捏压组件、元器件时，如故障消失或故障出现，可以认为捏压处或捏压作用力波及范围为故障部位。图1-2-4 为数控机床听和触检测。

图1-2-4　数控机床听和触检测

5）嗅

在诊断电气设备或故障后产生特殊异味时采用此方法效果较好。因剧烈摩擦，电气元件绝缘处破损短路，使附着的油脂或其他可燃物质发生氧化蒸发或燃烧而产生的烟气、焦糊味，往往可以迅速判断故障的类型和故障部位。

利用外观检查，可有针对性地检查疑似故障的元器件，判断明显的故障。如热继电器脱扣、熔断丝状况、线路板（损坏、断裂、过热等）、连接线路与更改的线路是否与原线路相符等。外观检查的同时，还应注意获取故障发生时的振动、声音、焦糊味、异常发热、冷却风扇运行是否正常等信息。在机械故障方面，主要观察传动链中的组件是否间隙过大，固定锁紧装置是否松动，工作台导轨面、滚珠丝杠、齿轮及传动轴等表面的润滑状况是否正常，以及是否有其他明显的碰撞、磨损与变形现象等。

2. 参数检查法

数控系统的参数是经过一系列试验、调整而获得的重要数据。参数通常存放在由电池供电的存储器 RAM 中，一旦电池电压不足或系统长期不通电或外部存在干扰，就会使参数丢失或混乱，从而使系统不能正常工作。当机床长期闲置或无缘无故出现不正常现象或有故障而无报警时，就应根据故障特征，检查和校对有关参数。另外，数控机床经过长期运行之后，由于机械运动部件磨损，电气元器件性能变化等原因，也需要对有关参数进行重新调整。这种方法常常应用于以下场合：

（1）多种报警器同时并存，可能是电磁干扰或操作失误所致的参数问题。

（2）长期闲置机床的停机故障，可能是由于电池失电造成的参数丢失、混乱、变化。

（3）突然停电后机床的停机故障，可能是由于电池失电或参数混乱造成的。

（4）调试时机床出现的报警停机，可能是因为参数丢失造成的。

（5）新工序工件材料或加工条件改变后出现故障，可能是因为参数设置错误所致造成的。

（6）长期运行老机床的各种超差故障（可调整参数补偿传动误差）、伺服电机温升、高频振动与噪声。

（7）无缘无故出现不正常现象，可能是由于参数被人为修改过。

3. 功能程序测试法

将所维修数控系统 G、M、S、T、F 功能的全部使用指令编写成一个试验程序，并备份保存。在故障诊断时，运行这一程序，用以判定是哪个功能不良或丧失了。这种方法常常应用于以下场合：

（1）机床加工造成废品而一时无法确定是编程、操作不当，还是数控系统故障。

（2）数控系统出现随机性故障，一时难以区别是外来干扰，还是数控系统不稳定造成的。如不能可靠执行各加工指令，可连续循环执行功能测试程序来诊断系统的稳定性。

（3）闲置时间较长的数控机床再投入使用时，或对数控机床进行定期检修时。

4. 升降温法

升降温法指人为地将元器件的温度升高或降低，加速一些温度特性较差的元件产生病症或使病症消除来寻找故障原因。

5. 敲击法

数控系统是由各种电路板和连接插座组成，每块电路板上含有很多焊点，任何虚焊或接触不良都可能导致故障。若用绝缘物轻轻敲打有接触不良疑点的电路板、插件或元器件时机床出现故障，则故障点很可能在所敲击的部位。

6. 拉偏电源法

有些不定期出现的软故障与外界电网的波动有关。当机床出现此类故障时，可以把电源电压人为地调高或调低，模拟恶劣的条件容易让故障暴露。

7. 交换法

在数控系统中常有型号完全相同的电路板、模块、集成电路和其他零部件。可将相同部分互相交换，观察故障转移情况，以快速确定故障部位。在使用交换部件法时要注意以下几个方面：

（1）在部件交换之前，应仔细检查、确认有相同外部工作条件；若在线路中存在短路、过电压等情况时，切不可以轻易更换部件。

（2）有些电路板，交换时要相应改变设置值。

（3）有的电路板上有跳线，应调整到与原板相同时方可交换。

（4）模块的输入、输出必须相同。以驱动器为例，互换时型号要相同，若不同，则要考虑接口功能的影响，避免故障扩大。

（5）低压电器的替换应注意电压、电流和其他有关的技术参数，并尽量采用相同规格的替换。

（6）没有相同的替换元件，应采用技术参数相近，且主要参数最好能覆盖被替换的元件。

（7）在拆卸时应做好记录，特别是接线较多的地方，防止接线错误引起的人为故障。

（8）在有反馈环节的线路中，要注意信号的极性，以防反馈错误引起其他的故障。

（9）在需要从其他设备上拆卸相同的备件要注意方法，不要在拆卸中造成被拆件的损坏。

在确认对某部分进行替换前，要认真检查与其连接的有关线路，在确认无故障后才能将新的备件替换上去。此外，在交换系统的存储器或 CPU 板时，通常还要对数控系统进行某些特定的操作，如存储器的初始化操作、设定参数，否则数控系统将不能正常工作。

8. 隔离法

有些故障一时难以区分是数控部分、伺服系统部分还是机械部分造成的，此时可采用隔离法进行判断。即将机械部分、数控部分、伺服系统部分分离，或将位置环分离作开环处理，从而达到缩小查找故障区域的目的。

9. 系统更新重置法

当 CNC 或 PLC 装置由于电网干扰或其他偶然原因发生异常或死机时，可将系统重新启动，并对 CNC 参数进行重新设置，便可排除故障。如一台配置了 SINUMERIK810D 数控系统的铣床，因外部干扰和误操作造成机床数据混乱而死机，在确定了故障原因后，将系统进行初始化启动，并重新装入备份的机床数据，系统便恢复了正常。

10. 对比法

本方法是利用电路板上预先设置的检查端子，确定该部分电路是否正常。通过实测这些端子的电压值或波形来与正常时的电压值及波形进行比较，分析出故障的原因和部位。有时还可以在正常部分的线路板上人为地制造一些故障（如断开线路，拔去组件），以判断真正的故障原因。

测量比较法使用的前提是维修人员应了解电路板关键部位、易出故障部位的正常电压值及正确的波形，这样才能进行比较分析，而且对这些数据应随时做好记录并作为资料进行积累。

11. 原理分析法

此方法是排除故障基本的方法之一。当其他方法难以奏效时，可以从 CNC 系统原理出发，运用万用表、逻辑笔、示波器或逻辑分析仪等仪器，从前往后或从后往前检查相关信号，并与正常情况相比较，分析判断故障原因，缩小故障范围，直至最终查出故障原因。

对上述故障诊断方法，有时需要几种方法同时应用，进行故障综合分析，以快速诊断出故障部位，从而排除故障。

任务实施

图 1-2-5 为某数控机床十字工作台及其电气控制实物。通过训练，掌握直观法及交换法的具体应用。

图1-2-5　某数控机床十字工作台及其电气控制实物

一、直观法检查

（1）列出数控机床进给传动部件，简述其作用及功能。

（2）直观检查进给传动部件正常与异常时的现象。

（3）列出数控机床常见的电气元件，简述其作用及功能。

（4）当电源变化（正常到降低）时，直观检查正常与异常时的现象。

二、交换法应用

（1）根据机床实际情况，交换伺服电动机，观察机床部件状态。

（2）人为设置故障，通过交换法判断故障发生的部位。

（3）将数控机床恢复到正常状态。

知识拓展

一、维修工作阶段

一般可以将维修工作分成修前准备、现场工作与修后档案工作三个阶段。

1. 修前技术准备

数控机床维修必须熟悉系统结构以及电气分布与连接情况，掌握常见故障的现象、机理与规律，做好维修前技术准备，包括技术准备、维修工具与仪器的准备以及备件准备。

（1）技术准备：包括查阅技术资料、查阅维修档案与画出相关的系统框图或动作流程图，目的是掌握信息与寻找故障特征。

（2）常用维修工具与仪器的准备：包括修理数控装置的常用仪表与常用工具。

（3）备件准备：机床所需的各种规格的保险丝以及易损电器元件等。

2. 现场工作

1）现场调查

必须注重安全与效率两个方面，操作员询问、机床外观检查与工作地环境调查、无报警故障或无故障现象记录，在无危险的情况下可复演故障。

2）据理析象、判断类型

（1）根据数控机床工作原理与故障机理，来分析所寻到的故障特征。

（2）故障类型判断：是软／硬、机／电、强电／弱电故障。

（3）故障大概定位：判断故障发生部位是否在 CNC 系统／机床本体、CNC 装置／PLC 装置／伺服单元／外围设备等。

3）罗列成因

（1）先画出相关的系统框图、控制动作流程图或梯形图。

（2）根据机床工作原理与故障机理，从图上找出与故障特征相关的环节，分析并罗列所有可能出现的故障及其成因。

（3）根据故障的表现特征，判断出最有可能的故障成因。

4）确定步骤

（1）从最怀疑的部位着手，遵守先简后繁、先软后硬、先机后电、先公后专、先一般后特殊、先查输入后查负载等诊断的基本原则来确定诊断步骤。

（2）画出故障判断流程图，确定具体工作步骤。

（3）确定每一步的有效诊断方法，充分利用机床的自诊断功能。

5）合理测试、故障定位

这部分工作也可称为故障点测试。被怀疑的故障部位，可称作故障点。故障点不一定就是故障源，报警点不等于故障点。所以，必须采用合理的测试手段与检测方法，来测试那些在诊断中被怀疑的程序或元器件等，以确定它们是否为真正的故障源，进行故障精确定位。

6）排除故障、恢复设备

找出确切的故障成因，排除或移去真正的故障源，恢复设备。

注意：测出故障点，不一定需要换件。有些故障可以通过复位、换位、定位、固位、纠错、排除干扰或者简单地修改等就可以恢复设备性能。

3. 修后档案工作

诊断与维修结束后必须给出诊断结果报告与维修报告。维修报告中应包括诊断与维修时的调查与检查记录，一并存入维修档案。至此，一次维修工作才算结束。

无论是进口的还是国产的数控设备，调试阶段和用户维修服务阶段是数控设备故障的多发阶段。调试阶段是对数控机床控制系统的设计、PLC 编制、系统参数的设置、调整和优化阶段；

用户维修服务阶段，是对强电元件、伺服电机和驱动单元、机械防护的进一步维护阶段。

二、对维修人员的要求

数控机床是技术密集型和知识密集型的机电一体化产品，其技术先进、结构复杂、价格昂贵，并且在生产上往往起着关键作用，因此对数控机床维修人员有着较高的要求。维修工作做得好坏，首先取决于维修人员的素质，因此他们必须具备以下条件。

1. 专业知识面广

掌握或了解计算机技术、机械加工工艺、电子技术、电工原理、自动控制与电力拖动、检测技术、机械传动等方面的基础知识以及机、电技术的综合运用。维修人员还必须经过数控技术方面的专门学习和培训，掌握数字控制、伺服驱动及 PLC 的工作原理，能熟练地进行 NC 和 PLC 程序编制。

2. 具有专业英语阅读能力

数控机床的操作面板、显示屏以及随机技术手册有许多是英文版本的，不懂英文就无法阅读这些重要的技术资料，无法通过人机对话，操作数控机床，甚至不识报警提示的含义。所以，一个称职的数控机床维修人员必须努力培养自己的英语阅读能力。图 1-2-6 为数控机床英文界面。

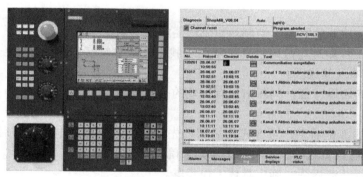

图1-2-6 数控机床英文界面

3. 勤于学习，不断提高

数控机床维修人员应该是一个勤于学习的人，因为其不仅要有较广的知识面，而且需要对数控机床有深入的了解，因此必须刻苦钻研，不断提高。数控系统型号多、更新快，不同制造厂，不同型号的系统往往差别很大。一个能熟练维修 FANUC 数控系统的人不见得能熟练排除 SIEMENS 系统所发生的故障。当前数控技术正随着计算机技术的迅速发展而发展，新数控系统与旧数控系统的差别日益增大，即便是经验丰富的维修人员，也要不断地学习。

4. 善于分析

数控系统故障现象千奇百怪，各不相同，其起因往往不是显而易见的，涉及机、电、液、气等各种技术。就数控系统而言，成千上万只元器件都有损坏的可能，要在这样众多的元器件中找到损坏的那一只，需要有由表及里、去伪存真的本领，因此能对众多的故障原因和现象做出正确的分析判断是至关重要的。

5. 善于总结

数控机床维修人员需要善于总结和积累，在每排除一次故障后，应对诊断排除故障的工作进行分析和纪录，摸索是否有更好的解决方案；还必须善于借鉴他人的经验，对不同的故障形式进行归类。

6.有较强的动手能力和实验技能

数控机床的维修离不开实际操作，维修人员应会动手操作数控机床，会查看报警信息，检查、修改参数，调用机床自诊断功能，进行 PLC 接口检查；还应会编制较复杂的零件加工程序，对机床进行试运行操作。

7.具有使用智能化仪器的能力

维修人员除会使用传统的仪器仪表外，还应具备使用维修数控机床所必需的多通道示波器、逻辑分析仪、频谱仪等智能仪器的技能。

对数控机床维修人员来说，要胆大心细。既敢于动手，又细心有条理是非常重要的。只有敢于动手，才能深入理解系统原理、故障机理，才能缩小故障范围，找到故障原因。所谓心细，就是在动手检修时，要先熟悉情况、后动手，不盲目蛮干；在动手过程中要稳、要准。

技能训练

（1）数控铣床中进给传动系统直观检查。

（2）在数控铣床工作台中交换 X 及 Y 轴伺服驱动，观察机床工作状态。

问题思考

（1）数控机床故障排除思路是什么？

（2）故障排除应遵循的原则有哪些？为何要"先外后内"？

（3）直观法检查的内容有哪些？

（4）对维修人员的要求是什么？

任务三　判断机床工作状态——仪器和维修工具使用

任务导入

图 1-3-1 为数控机床维修中工具和仪器应用现场。通过此次任务了解在机床维修中，常用到哪些维修工具和仪器；使用中注意事项是什么。

图1-3-1　数控机床维修中工具和仪器应用现场

任务目标

知识目标

(1) 了解维修中工具和仪器使用方法。

(2) 掌握故障诊断定位方法。

能力目标

(1) 会正确使用工量具和仪器。

(2) 会应用万用表判断数控机床故障。

任务描述

万用表是一种多功能、多量程的测量仪表。万用表一般能测量电流、电压和电阻，有的还可以测量晶体管的放大倍数、频率及电容值等。万用表的使用方法很简单，它是维修人员必不可少的工具。图 1-3-2 为数控机床维修中的万用表应用实物。本任务要求了解能测量到什么；通过何种方法判断故障发生的部位。

图1-3-2　数控机床维修中的万用表应用

相关知识

一、数控机床维修中常用的仪器仪表

1. 万用表

数控机床的维修涉及弱电和强电领域，万用表除可用于测量强电回路之外，还可用于判断二极管、三极管、晶闸管、电解电容等元件的好坏，测量集成电路引脚的静态电阻值。数字式万用表可以用来测量电压、电流、电阻值，还可以测量三极管的放大倍数和电容值。它还有一个蜂鸣器挡，可测量电路的通断，判断电路的走向。

2. 示波器

数控系统维修通常选用频带宽度为 10 ～ 100 MHz 范围的双通道示波器，主要用于模拟电路的测量。它不仅可以测量电平、脉冲上下沿、脉宽、周期、频率等参数，还可以进行两信号的相位和电平幅度的比较。常用来观察主开关电源的振荡波形，直流电源或测速发电机输出的信号，伺服系统的超调、振荡波形。

3. 逻辑测试笔和脉冲信号笔

逻辑测试笔和脉冲信号笔这两种笔形仪器的体积小、价格低，对以数字电路为主体的数控系统的现场故障检查十分适用。一般使用 TTL 和 CMOS 逻辑电平通用型。

逻辑测试笔可测试电路是处于高电平还是处于低电平，或是不高不低的浮空电平；判断脉冲的极性是正脉冲还是负脉冲；输出的脉冲是连续的还是单个脉冲；可大概估计脉冲的占空比和频率范围；可以粗略估计逻辑芯片的好坏。

脉冲发生笔可发单脉冲或连续脉冲、正脉冲或负脉冲，它和逻辑测试笔配合使用，能对电路输入和输出的逻辑关系进行测试。

4. 逻辑分析仪

逻辑分析仪是专门用于测量和显示多路数字信号的测试仪器，通常分 8、16、64 个通道，即可同时显示 8 个、16 个或 64 个逻辑方波信号。逻辑分析仪显示各被测点的逻辑电平、二进制编码或存储器的内容。

在系统维修时，逻辑分析仪可检查数字电路的逻辑关系是否正常，时序电路各点信号的时序关系是否正确，信号传输中是否有竞争、毛刺和干扰。通过测试软件的支持，可向电路板输入给定的数据，同时跟踪测试它的输出信息，显示和记录瞬间产生的错误信号，找到故障点。

5. IC 测试仪

这种测试仪在测试时，必须将被测元件从数控电路板上拆卸下来。IC 测试仪分为专用 IC 测试仪和通用 IC 测试仪两种。专用测试仪主要用于数控系统生产厂家对集成电路元件的检测和筛选。通用测试仪可以用来测试数控机床上的通用数字集成电路和模拟集成电路好坏。图 1-3-3 为 IC 测试仪及逻辑测试笔。

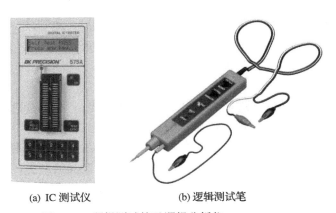

(a) IC 测试仪   (b) 逻辑测试笔

图1-3-3 逻辑测试笔及逻辑分析仪

6. 短路追踪仪

短路故障追踪仪是专门用来测试电路板上或元器件内部短路故障的电子仪器，它可以快速地查找电路板上的短路故障点，如多层板短路、总线短路、电源对地短路、芯片内部短路、元器件管脚短路以及电解电容内部短路、非完全短路等故障。在一些故障的测试中，经常会遇到电路中某元器件击穿短路、印制板上短路等现象，要想在线用万用表测出哪一个元器件或哪条线路短路，困难很大，而且对于变压器局部绕组发生的轻微短路故障，一般万用表更是无能为力。对于这些情况，用短路故障追踪仪则能方便、迅速地找出短路点。

7. 数字转速表

数字转速表用于测量与调整机床主轴的转速，以及调整数控系统及驱动器的参数，使编程主轴转速与实际主轴转速相符，是主轴维修与调整的测量工具之一。

8. 钳形表（钳表）

钳形表是集电流互感器与电流表于一身，用于测量正在运行的电气线路的电流大小，可在不断电的情况下测量电流。图1-3-4为数字转速表及钳形表应用实物。

(a) 数字转速   (b) 钳形表

图1-3-4 数字转速表及钳形表应用实物

9. 激光干涉仪

激光干涉仪可对机床的各种定位装置进行高精度（位置和几何）校正，可按标准测量各项参数，如位置精度、重复定位精度、角度、直线度、垂直度、平行度及平面度等。其还具有许多选择功能，如自动螺距误差补偿、机床动态特性测量与评估、回转坐标分度精度标定、触发脉冲输入输出功能等。

10. 球杆仪

球杆仪是一种检测数控机床两轴联动性能的仪器。对机床制造厂和用户来讲都很重要，具有功能完善，使用便捷、快速、经济等特点。具体功能如下：

（1）机床精度等级的快速标定、优化切削参数。在不同进给率条件下用球杆仪检测机床，在满足加工精度要求的进给率进行加工，避免了废品的产生，提高了工作效率。

（2）机床动态特性测试与评估、分离故障源。球杆仪主要可检查反向差、背隙、伺服增益、垂直度、直线度、周期误差等性能指标。例如机床撞车事故后，检测机床是否可继续使用。

（3）方便机床的保养与维护。球杆仪可揭示机床精度变化趋势，这样可提醒维修人员注意机床极有可能出现的问题，不致酿成大故障，从而实现机床的预防性维护。

（4）方便机床验收试验。对机床制造厂来说，可用球杆仪快速地进行机床出厂检验，提供随机机床精度验收文件。球杆仪现已被国际机床检验标准所采用。图1-3-5为测量数控机床定位精度实物。

 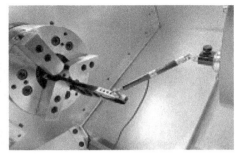

(a) 激光干涉仪测量　　　　　　　　　　　(b) 球杆仪检测

图1-3-5　测量数控机床定位精度实物

二、数控机床维修中常用的工具和量具

1. 常用的维修工具

（1）电烙铁。它是最常用的焊接工具，焊 IC 芯片用 30 W 左右的即可，常采用尖头的长寿命烙铁头，使用恒温式更好。电烙铁使用时接地线非常重要，烙铁漏电可能会击穿芯片。

（2）吸锡器。将多个引出脚的 IC 芯片从电路板上焊下来，常用的方法是采用吸锡器，有手动和电动两种。手动的吸锡器价格便宜，但在一些场合吸锡效果不好，如拆多层电路板上芯片的接地和电源引脚时，因散热快，难以吸净焊锡。电动吸锡器带电热丝和吸气泵，使用时对准焊点，待锡融化后按动（手动或脚踩）吸气泵将锡抽净。

（3）旋具。俗称起子、螺丝刀，常用的有大中小尺寸的一字和十字旋具。

（4）钳类工具。常用的有平头钳、尖嘴钳、斜口钳、剥线钳。

（5）扳手。大小活络扳手、各种尺寸的内六角扳手。

（6）其他。剪刀、镊子、刷子、吹尘器、清洗盘、带鳄鱼钳的连接线等。图 1-3-6 为机床维修工具包。

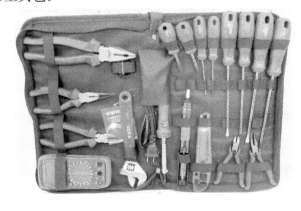 

图1-3-6　机床维修工具包

2. 常用的量具

1）条式水平仪

安装在数控机床机械十字滑台的底座上，用于水平调试的工具。

2）杠杆百分表

安装在数控机床机械十字滑台的导轨副、滚珠丝杠上，用于进行平行度、等高调试的工具。图 1-3-7 为水平仪及百分表应用实物图。

图1-3-7　水平仪及百分表的应用实物图

3）游标卡尺

安装在数控机床机械十字滑台的导轨副、移动平台上，在平行度调试中使用的工具。

4）大理石方尺

大理石方尺是具有垂直平行的框式组合，用来检查各种机床内部件之间不垂直度的重要工具。图 1-3-8 为游标卡尺及大理石方尺的应用实物。

图1-3-8　游标卡尺及大理石方尺应用实物图

任务实施

图 1-3-9 为某数控机床电气元件及机床精度调整实物。本任务主要是用万用表测量元件电阻及电压，调整机床水平度，掌握万用表及水平仪使用方法。

一、万用表在数控机床维修中的应用

（1）判断数控机床接触器、继电器、变压器的好坏。

（2）用万用表测量电气控制元件电阻值。

图1-3-9　某数控机床电气元件及机床精度调整实物图

二、水平仪在数控机床调整中的应用

（1）用水平仪测量数控机床工作台的水平度，记录数据。

（2）按照标准，调整机床地脚螺栓或垫铁，使机床水平精度达到要求。

知识拓展

一、维修中应注意的事项

（1）从整机上取出某块电路板时，应注意记录其相对应的位置，连接的电缆号。拆卸下的压件及螺钉应放在专门的盒内，以免丢失，装配后，盒内的东西应全部用上，否则装配不完整。

（2）电烙铁应放在顺手的前方，远离维修电路板。烙铁头应作适当的修整，以适应电路板的焊接，并避免焊接时碰伤别的元器件。

（3）测量线路间的阻值时，应切断电源，测阻值时应红黑表笔互换测量两次，以阻值大的为参考值。

（4）电路板上大多刷有阻焊膜，因此测量时应找到相应的焊点作为测试点，不要铲除焊膜；有的板子全部刷有绝缘层，则只能在焊点处用刀片刮开绝缘层。

（5）不应随意切断印刷线路。有的维修人员具有一定的家电维修经验，习惯断线检查，但数控设备上的电路板大多是双面金属孔板或多层孔化板，印刷线路细而密，切断后不易焊接，且切线时易切断相邻的线。再则有的点，在切断某一根线时，并不能使其和其他线路脱离，需要同时切断几根线才行。

（6）不应随意拆换元器件。有的维修人员在没有确定故障元件的情况下，只是凭感觉哪一个元件坏了，就立即拆换，这样误判率较高，拆下的元件人为损坏率也较高。

（7）拆卸元件时应使用吸锡器及吸锡绳，切忌硬取。同一焊盘不应长时间加热及重复拆卸，以免损坏焊盘。

（8）更换新的器件，其引脚应作适当的处理，焊接中不应使用酸性焊油。

（9）记录线路上的开关，跳线位置，不应随意改变。互换元器件时注意标记各板上的元件，以免错乱，否则容易造成电路板损坏。

（10）查清电路板的电源配置及种类，根据检查的需要，可分别供电或全部供电。应注意高压，有的电路板直接接入高压或板内有高压发生器，需适当绝缘，操作时应特别注意。

二、必要的技术资料

数控机床维修人员在平时应认真整理和阅读有关数控技术资料。

1. 数控机床使用说明书

数控机床使用说明书是由机床生产厂家编制并随机床提供的资料，通常包括以下与维修有关的内容：

(1) 机床的操作过程与步骤。

(2) 机床电气控制原理图。

(3) 机床主要传动系统以及主要部件的结构原理示意图。

(4) 机床安装和调整的方法与步骤。

(5) 机床的液压、气动、润滑系统图。

(6) 机床使用的特殊功能及其说明等。

2. 数控系统方面的资料

数控系统资料有数控装置安装、使用（包括编程）、操作和维修方面的技术说明书，其中包括以下与维修有关的内容。

(1) 数控装置操作面板布置及其操作。

(2) 数控装置内部各电路板的技术要点及其外部连接图。

(3) 系统参数的意义及其设定方法。

(4) 数控装置的自诊断功能和报警清单。

(5) 数控装置接口的分配及其含义等。

通过上述资料，维修人员可了解 CNC 原理框图、结构布置、各电路板的功能及作用，板上发光管指示的意义；可通过面板对数控系统进行各种操作，进行自诊断检测，检查和修改参数并能做出备份；能熟练地通过报警信息确定故障范围，对数控系统提供的维修检测点进行测试，充分利用随机的系统诊断功能。

3. PLC 的资料

PLC 的资料是根据机床的具体控制要求设计、编制的机床辅助动作控制软件。PLC 程序中包含了机床动作的执行过程，以及执行动作所需的条件，它表明了指令信号、检测元件与执行元件之间的全部逻辑关系。在一些高档的数控系统（如国内的华中数控"世纪星"系列、国外的 FANUC 数控系统、SIEMENS 数控系统）中，利用数控系统的显示器可以直接对 PLC 程序的中间寄存器状态点进行动态监测和观察，为维修提供了极大的便利。因此，在维修中一定要熟悉和掌握这方面的操作和使用技能。PLC 的资料一般包括如下内容：

(1) PLC 装置及其编程器的连接、编程、操作方面的技术说明书。

(2) PLC 用户程序清单或梯形图。

(3) I/O 地址分配及意义清单。

(4) 报警文本以及 PLC 的外部连接图。

4. 伺服驱动的资料

伺服驱动的资料包括进给伺服驱动和主轴伺服驱动的原理、连接、调整和维修方面的技术说明书。其中包括如下内容：

（1）电气原理框图和接线图。

（2）所有报警显示信息以及重要的调整点和测试点。

（3）各伺服驱动参数的意义和设置。

维修人员应掌握伺服驱动的原理，熟悉其连接。能从驱动板上的故障指示发光管的状态和显示屏上显示的报警号确定故障范围；测试关键点的波形和状态，并能做出比较；检查和调整伺服参数，对伺服系统进行优化。

5. 主要配套部分的资料

在数控机床上会使用较多的功能部件，如数控转台、自动换刀装置、润滑与冷却系统、排屑器等。这些功能部件的生产厂家一般都提供使用说明书，机床生产厂家应将其提供给用户，以便当功能部件发生故障时，作为维修的技术资料。

6. 维修记录

维修记录是维修人员对机床维修过程的记录与维修的总结。维修人员应对自己所进行的每一步维修情况进行详细的记录。这样不仅有助于今后的维修，而且有助于维修人员总结经验与提高维修效率。

7. 其他

有关元器件方面的技术资料也是必不可少的，如数控设备所用的元器件清单、备件清单，以及各种通用的元器件手册。维修人员应熟悉各种常用的元器件、专用元器件的生产厂家及订货编号，以便一旦需要，就能够较快地查阅到有关元器件的功能、参数及代用型号。

以上都是在理想情况下应具备的技术资料，但是实际中往往难以做到。因此，在必要时，数控机床维修人员应通过现场测绘、平时积累等方法完善和整理有关技术资料。

三、系统自诊断功能

故障自诊断是数控系统中十分重要的功能，当数控机床发生故障时，借助数控系统的自诊断功能，可以迅速、准确地查明原因并确定故障部位。自诊断功能一般分为开机自诊断、运行自诊断、在线诊断、离线诊断和远程诊断等。

1. 开机自诊断

当数控系统通电开机后，系统自诊断程序将对系统中最关键的硬件和控制软件，如CPU、RAM、只读存储器（ROM）等芯片；MDI、显示、I/O等模块；系统软件、监控软件等逐一进行扫描检测，并将检测结果在显示器上显示出来。一旦检测发现问题，就在显示器上显示报警信息或报警号，指明故障部位。当全部诊断项目都正常通过后，系统才进入正常运行前的准备状态。开机诊断过程通常在一分钟内结束。开机自诊断可以将故障定位到电路板或模块，甚至可以定位到芯片。但是在多数情况下只能将故障原因定位在某一范围内，维修人员需要通过维修手册进一步查找故障原因并加以排除。

2. 运行自诊断

数控机床在运行时，数控系统时刻监视机床的机械部件、伺服系统、PLC系统的运行状态，如果发现问题会及时报警，并且大多故障都会在屏幕上显示报警信息。同时，PLC系统通过机床生产厂家编制的程序，也实时监视数控机床的运行。如果发现故障或者发出指令不执行，会及时将相应的信号传递给数控系统，数控系统将信号加以处理后，在屏幕上显示相关报警信息。

3. 在线诊断

在线诊断是指通过数控系统的控制程序，在系统处于正常的运行状态下，实时自动地对数控装置、PLC控制器、伺服系统、PLC的输入输出以及数控装置相连的其他外部装置进行自动测试、检验，并显示有关状态信息和故障信息。系统除了在屏幕上显示报警内容外，还实时显示NC内部标志寄存器及PLC操作单元的状态，为故障诊断提供极大方便。

4. 离线诊断

当数控系统出现故障或者要判断是否真有故障时，往往要停止加工，并停机进行检查，这就是离线诊断。离线诊断的目的是修复系统故障，力求把故障定位在尽可能小的范围内。

5. 远程诊断

远程诊断是近几年发展起来的一种新型诊断技术，目前主流的数控系统都具备远程诊断功能。数控机床利用数控系统的网络功能通过互联网连接到机床生产厂家，数控机床出现故障后，通过机床厂家的专业人员远程进行故障诊断，快速确诊故障。这也是数控机床诊断技术的发展趋势。

四、用万用表确定故障点

1. 电压分阶测量法

原理：图1-3-10为用测量法排除故障原理；当电路断开后，电路中没有电流，电源电压全部降落在断路点两端。

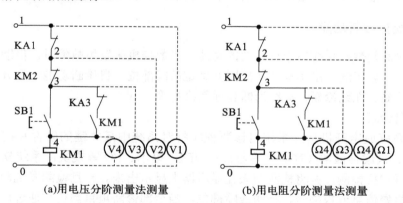

(a)用电压分阶测量法测量　　　　(b)用电阻分阶测量法测量

图1-3-10　用测量法排除故障原理

图1-3-10（a）所示的控制电路，设故障现象为：按下SB1，KM1不吸合。用电压分阶测量法的操作步骤如下：

（1）将万用表的转换开关置于交流挡500 V量程。

（2）接通控制电路电源（注意先断开主电路）。

（3）检查电源电压，将两表笔置于0、1两点，若无电压或电压异常，说明电源部分有故障，可检查控制电源变压器及熔断器等。

（4）一人按下SB1不放，另一人用两表笔测0与2之间的电压，若0与2之间电压为

0 V，则故障点为 KA1 常闭触点接触不良。

（5）按下 SB1 不放，用两表笔测 0 与 3 之间的电压，若 0 与 3 之间电压为 0 V，则故障点为 KM2 常闭触点接触不良。

（6）按下 SB1 不放，用两表笔测 0 与 4 之间的电压，若 0 与 4 之间电压为 0 V，则故障点为 SB1 接触不良。若电压正常为 380V，则故障点应考虑为接触器 KM1 线圈断路。

2. 电阻分阶测量法

原理：断路点两端电阻无穷大。

电压分阶测量法虽然使用起来既方便又准确，但必须带电操作。图 1-3-10（b）所示的控制电路，设故障现象为：按下 SB1，KM1 不吸合。用电阻分阶测法的操作步骤如下：

（1）将万用表的转换开关置于电阻挡的适当量程上。

（2）断开被测电路的电源。

（3）断开被测电路与其他电路并联的连线。

（4）一人按下 SB1 不放，另一人用两表笔分别测 0 与 1、0 与 2、0 与 3、0 与 4 之间的电阻，若电阻发生变化（变为无穷大），即可判断故障点。

电阻分阶测量法的优点是安全，缺点是易造成误判，为此应注意以下几点：

（1）用电阻测量法检查故障时，一定要先切断电源。

（2）所测量电路若与其他电路并联，必须将该电路与其他电路断开。

（3）测量高电阻电器元件时，要将万用表的电阻挡转换到适当的挡位。

技能训练

（1）钳形电流表在数控机床检测中的应用。

（2）杠杆百分表在数控机床导轨平行度调整中的应用。

问题思考

（1）数控机床维修中常用哪些仪器仪表？如何正确使用？

（2）线路板维修中应注意的事项有哪些？

（3）数控维修中需要哪些技术资料？

（4）系统自诊断功能是什么？

（5）用万用表如何确定故障点？

任务四　编写日常点检表——数控机床维护与保养

任务导入

图 1-4-1 为机床检测与维护保养实物。做好数控机床的日常维护保养工作，可以延长元器件的使用寿命，延长机械部件磨损周期，防止意外恶性事故发生，争取机床长时间稳定工作。本任务要求了解在机床使用中有哪些注意事项；如何做好保养。

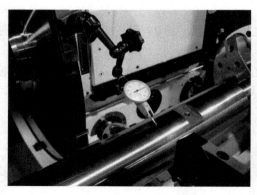

图1-4-1　机床检测与维护保养实物

任务目标

知识目标

（1）了解数控机床预防性维护与保养。

（2）掌握数控机床点检方法。

能力目标

（1）会正确维护与保养机床。

（2）会编写机床日常点检表。

（3）会编写机床安全操作规程。

任务描述

图 1-4-2 为数控车床和铣床。提供机床操作使用说明书、数控系统操作安装说明书等有关资料，通过学习安全技术操作规程，制作点检卡，按照点检卡内容要求，进行一次机床的点检维护。

车床　　　　　　　　　　　　　　　　　　　　铣床

图1-4-2　数控车床和铣床

相关知识

一、数控机床的维护与保养

1. 机械部分维护保养

（1）在每班加工结束后，操作者应清扫散落于工作台、导轨护罩等处的切屑。工作时注意检查排屑器是否正常，以免造成切屑堆积，损坏防护罩。

（2）每年对数控机床各运动轴传动链进行一次检查调整。主要检查导轨镶块间隙是否合理；滚珠丝杠预紧是否合适；联轴器各锁紧螺钉是否松动；同步齿形带是否松动或磨损；齿轮传动间隙是否需要调整；主轴箱平衡块的链条是否磨损等。图1-4-3 为数控机床机械装置。

图1-4-3　数控机床机械装置

（3）数控机床使用一段时间，因磨损或机械变形，精度会发生变化。维修人员每年检测一次数控机床的精度。如果精度超过机床允许值，应调整机械间隙或修改数控系统参数，如对反向间隙进行补偿，直至精度符合要求，做出详细记录，存档备查。

（4）不定期检查各运动轴返回参考点的减速撞块固定螺钉，如果松动，应重新固定。同时应对有关参数（如栅点漂移量）进行调整，使机械参考点恢复原位置。

（5）每周检查液压系统压力，若有变化，应查明原因排除故障。每天检查油箱油位及油温，每月定期清扫液压系统风扇灰尘，每年应清洗液压油过滤装置。定期检查液压油的油质，如果失效变质应及时更换。

（6）每天检查压缩空气压力；过滤器要手动排水，夏季应两天排一次，冬季一周排一次；每月检查系统中润滑器内油量，及时添加规定品牌润滑油。

（7）数控机床一般采用自动润滑，对主轴、机床导轨、滚珠丝杠等部件润滑。操作者注意运动轴监控参数，发现电流增大等异常现象，要及时查找原因。每年进行一次润滑油分配装置检查，发现油路堵塞或漏油时应及时疏通或修复。图1-4-4 为数控机床液压与润滑设备。

2. 电气部分维护保养

1）电气部分

电气部分包括动力电源、继电器、接触器、控制电路等，具体检查如下几方面：

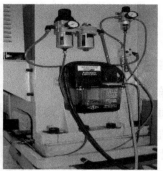

图1-4-4　数控机床液压与润滑设备

（1）每周检查三相电源电压值，如果输入电压超出允许范围则进行调整。

（2）每月检查所有电气连接部分是否良好。

（3）不定期检查各类开关，利用数控系统接口诊断或输入输出模块上指示灯检查确认，若不良应及时更换。

（4）不定期检查各继电器、接触器是否工作正常，触点是否完好，热继电器、电弧抑制器等保护器件是否有效。

（5）电气控制柜箱门应密封，不能用打开柜门使用外部风扇冷却的方式降温。每月清扫一次电控柜防尘滤网，每天检查一次电气柜冷却风扇。

2）数控系统

定期检测有关电压是否在规定范围，如电源模块各路输出电压、数控系统单元参考电压等；检查各电器元件连接是否松动，各功能模块冷却风扇是否正常，伺服放大器和主轴放大器外接再生放电单元连接是否可靠；检测各功能模块存储器后备电池电压是否正常，若电压降低应根据技术要求更换。

3）伺服电动机和主轴电动机

检查运行噪声、温升等，若噪声过大，应查明是轴承等机械问题还是放大器参数问题。每月检查、调整直流电动机的电刷、换向器等，检查电动机端部冷却风扇，检查电动机各联接插头是否松动。图1-4-5为伺服电动机和电气控制柜。

图1-4-5　伺服电动机和电气控制柜

4）反馈元件

每年检查一次检测元件连接是否松动，是否被油液或灰尘污染。观察检测装置防护是否完好，防护得越好寿命就越长。检查各连接插头是否松动。

二、数控机床点检管理

设备点检是利用人的感官和简单的仪器，按一定标准、一定周期对设备规定的部位进行检查，排除隐患，避免事故发生的管理方法。

1. 点检作用

（1）能早期发现数控机床的隐患和劣化程度，以便采取有效措施及时加以消除，避免突发故障。

（2）可以减少故障重复出现，提高机床完好率。

（3）可以使操作人员交接班内容具体化、规范化，易于执行。

（4）可以积累数控机床正常运转技术资料，便于分析、摸索故障规律。

2. 点检内容

（1）定点。科学地分析数控机床工作原理及结构，确定可能发生故障部位的维护点。只要把这些维护点"看住"，就会及时发现故障原因。

（2）定标。每个维护点制定明确数量标准，如间隙、温度、压力、流量、松紧度等，检查是否超过规定值。

（3）定期。根据具体情况，定出检查一次的时间周期。有的点可能每班要检查几次，有的点可能一个或几个月检查一次。

（4）定项。明确维护点检查项目，每个点可能检查一项，也可能检查几项。

（5）定人。根据检查部位和技术精度要求落实到人，明确是操作者、维修人员还是技术人员检查。

（6）定法。规定是通过人工观察还是用仪器测量，是采用普通仪器还是精密仪器。

（7）检查。规定检查环境和步骤，是生产运行中检查，还是停机检查；是解体检查，还是不解体检查。图 1-4-6 为维修人员给设备点检。

图1-4-6　维修人员给设备点检

（8）记录。按规定格式填写检查数据及规定标准的差值，详细记录，检查者要签名并注明检查时间。

（9）处理。检查中要及时处理和调整，并记录处理结果。不能处理的，要及时报告有关人员进行处理。

（10）分析。检查和处理记录要定期分析，找出薄弱维护点，对故障率高的点提出改进意见，进行技术改造。

3. 点检的层次

1）专职点检

对数控机床关键部位和重要部位定期点检及状态监测，制定点检计划，做好诊断记录，分析维修结果，提出改进建议。

2）日常点检

对数控机床一般部位进行点检，检查和处理机床运行过程中的故障。

3）生产点检

对生产运行中的数控机床进行点检，负责润滑、紧固等工作。

图1-4-7为数控机床点检维修流程。点检作为一项工作制度必须认真执行并持之以恒，这样才能保证数控机床正常运行。

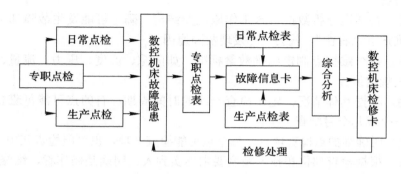

图1-4-7　数控机床点检维修流程

任务实施

一、数控机床点检

（1）学习数控机床操作说明书及有关技术资料。

（2）明确机床点检部位、周期、内容、责任人，编制机床日常点检表或点检卡。

（3）按照点检表或点检卡要求，做一次点检。

二、编写数控机床安全操作规程

（1）查阅有关技术资料，学习安全操作规程。

（2）针对某种型号数控机床，编写其安全操作规程。

知识拓展

一、数控机床安装

1. 机床初就位

按照机床图纸做好地基施工，水泥地基养护期满后方可进行机床安装。安装时，仔细阅读安装说明书，吊装机床基础件（或整机），将地脚螺栓放进预留孔内，用垫铁、垫板调整机床，完成初步找平工作。图 1-4-8 为机床吊装。

图1-4-8 机床吊装

2. 部件组装

组装前，清洗干净所有连接面、导轨、定位和运动面上的防锈涂料后，再组装立柱、刀具库和机械手等部件。部件间连接要使用原装的定位销、定位块。机床部件组装要达到定位精度高、连接牢靠、布置整齐。油气水管路要避免污染物进入，防止漏油、漏气和漏水。

3. 数控系统连接

检查数控系统与 MDI/CRT 单元、伺服系统控制单元、电源等部分连接电缆，注意电缆捆扎处和屏蔽层。电气控制柜中主轴、进给伺服电动机动力线与反馈线、手摇脉冲发生器等连接，应符合机床安装调试手册技术标准。为防止干扰地线要采用一点接地，接地电阻要小于 1Ω，接地线导线截面积为 5.5 ~ 14 mm^2。数控机床尽可能使用单独接地极。图 1-4-9 为数控机床接地线。

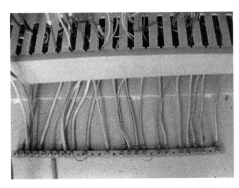

图1-4-9 数控机床接地线

二、数控机床调试

1. 调试前检查

1）电源检查

确认电网与机床电压等级一致，检查电网输入电压波动范围。有的数控系统电压波动范围为额定值的 ±10%，欧美要求 ±5%，达不到要求需外加稳压器。对晶闸管控制系统，一定要检查相序。

2）参数设定

（1）短接棒设定。机床制造厂已完成设定，用户只需确认与记录。设定点有的在位置控制部分，有的在速度控制单元，有的在主轴控制单元，有的在伺服驱动部分。

（2）系统参数确认。同一种类型数控系统，系统参数因机不同而异。系统参数表是机床的重要技术资料，应妥善保管和备份。大多数数控系统通过显示器显示系统参数，内容应与机床安装调试后的参数一致。图1-4-10为数控机床短接棒及系统参数设置。

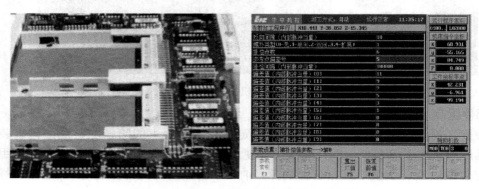

图1-4-10　数控机床短接棒及系统参数设置

2. 通电试车

试车前要给润滑油箱、润滑点灌注规定油液或油脂，液压油箱加满规定标号液压油，对机床进行全面润滑，压缩空气接通，粗调机床几何精度。

按照先局部后全面的供电顺序试车。接通电源检查散热风扇是否旋转，各润滑油窗是否有油，液压泵转动方向是否正确，系统压力是否达到规定指标，冷却装置是否正常等。

试车过程中，要随时准备按压急停按钮，避免发生意外，造成人身及设备安全事故。手动操作机床，观察机床部件移动方向是否正确，慢速让机床移动部件达到行程极限，验证数控系统是否发出报警。检查返回参考点的位置是否完全一致等。

数控机床运行达到要求，用水泥灌注固定主机和各部件的地脚螺栓孔，养护期满后再进行机床验收。

三、数控机床验收

1. 机床功能测试

在固化的地基上，用地脚螺栓和垫铁精调机床床身。如果是加工中心，用手动方式调整机械手相对主轴位置，紧固各调整螺钉。装上几把允许重量的刀具，进行往复自动交换，要求动作准确无误，无干涉。

试验各主要操作动作、安全措施、常用指令执行情况。检查辅助功能及附件工作情况，如冷却液能否正常喷出，排屑器能否正常工作等。

2. 试运行

在一定负载条件下，经过一段较长时间的自动运行，检查机床功能及可靠性，这个过程称作拷机。拷机程序应包括：数控系统功能、自动换刀、主轴高低速、工作台的自动交换等，一般每天运行 8 h，连续运行 2～3 天。运行时加工中心的刀库中应装满刀具，刀具重量接近规定值，工作台面加上规定负载。

3. 机床验收

1）几何精度检验

几何精度综合反映机床关键机械零部件和组装后的几何形状误差。一类精度是对机床各运动部件，如工作台、溜板、主轴箱等运动的直线度、平行度、垂直度的要求。二类是对执行切削运动主要部件（主轴）的自身回转精度及直线运动精度的要求。检测工具有精密水平仪、直角尺、精密方箱、平尺、平行光管、千分表或测微仪、高精度主轴芯棒及一些刚性较好的千分表杆等。

一些几何精度项目是互相联系的，机床各项几何精度检测工作应在精调后一气呵成，不允许检测一项调整一项。机床几何精度在机床冷态和热态时是不同的，检测时应按标准规定，即在机床稍有预热状态下进行。

2）运动精度检验

运动定位精度数值表示机床在自动加工中能达到的最好加工精度。检测直线运动的工具有：测微仪、成组块规（或比长规）、标准长度刻线尺、光学读数显微镜及双频激光干涉仪等。检测回转运动工具有：高精度圆光栅、角度多面体等。

3）切削精度检验

切削精度检验是在加工条件下对机床几何精度和定位精度综合考核，切削精度检查是单项加工或标准的综合性试件。数控车床是车削一个包括圆柱面、锥面、球面、螺纹面等几何要素的棒料试件。以镗铣为主的数控机床，主要单项检验有镗孔精度、端铣刀铣削平面精度、多孔的孔距精度和孔径分散度、直角的直线铣削精度、斜线铣削精度、圆弧铣削精度、箱体掉头镗孔同轴度（卧式机床）、水平回转工作台转 90°铣四方加工精度等。

对高效切削机床，要做单位时间金属切削量试验，试件材料一般都使用一级铸铁，采用硬质合金刀具按标准切削用量进行切削。

技能训练

（1）编制专业点检表、生产点检表及机床季度检查表。

（2）编写数控铣床安全操作规程。

问题思考

（1）数控机床机械部分维护保养应注意哪些方面？

（2）数控机床电气部分维护应注意哪些方面？

（3）数控机床安装、调试时为什么要进行参数的设定和确认？

（4）什么是设备的点检？如何做好数控机床的点检？

模块二　数控机床机械传动部件诊断与维护

任务一　检查主轴跳动——主轴部件故障诊断与维护

任务导入

图 2-1-1 为数控机床主轴箱。数控机床主传动系统是将主轴电动机动力通过传动系统变成可供切削加工用的切削力矩和切削速度。主传动系统具有高精度、高刚度、振动小等特点。机床主传动系统主要包括主轴部件、主轴箱、主轴调速电动机。本任务要求了解主轴精度如何检查；主轴部件日常维护内容是什么；常见的故障有哪些。

图2-1-1　数控机床主轴箱

任务目标

知识目标

(1) 熟悉主轴系统的功能及结构组成。

(2) 掌握主轴部件维护和保养的内容。

(3) 掌握主轴相关精度检测的方法。

能力目标

(1) 会做主轴部件日常维护和保养。

(2) 能正确检测数控机床主轴跳动精度。

任务描述

图 2-1-2 为数控机床主轴精度检测。主轴部件精度影响工件的加工精度，自动变速、准停和换刀等影响机床的自动化程度。本任务要求了解主轴的部件结构，能够对主轴进行日常的检查和保养，会检测主轴的跳动精度。

图2-1-2　数控机床主轴精度检测

相关知识

一、主轴部件

1. 主轴传动方式

主轴的传动方式主要有如图 2-1-3 所示的四种：

（1）图 2-1-3（a）为变速齿轮传动，这是大中型数控机床常采用的配置方式。

（2）图 2-1-3（b）为同步齿形带传动，这种传动主要用在转速较高、变速范围不大的小型数控机床上。

（3）图 2-1-3（c）为用两台电动机分别驱动主轴传动，高速时，由一台电动机通过带传动；低速时，由另一台电动机通过齿轮传动。齿轮起到降速和扩大变速范围的作用，这样就使恒功率区域增大，扩大了变速范围，避免了低速时转矩不够且电动机功率不能充分利用的问题。但两个电动机不能同时工作这也是一种浪费。

（4）图 2-1-3（d）为主轴电动机直接驱动。它大大简化了主轴箱体与主轴的结构，有效地提高了主轴部件的刚度，但主轴输出的扭矩小，电动机发热对主轴的精度影响较大。

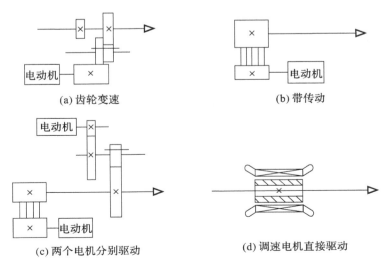

图2-1-3　数控机床主传动的四种配置方式

2. 主轴轴承类型

1) 滚动轴承

滚动轴承摩擦阻力小，可以预紧，润滑维护简单，能在一定的转速范围和载荷变动范围内稳定地工作。滚动轴承由专业化工厂生产，选购维修方便，因此在数控机床上被广泛采用。图 2-1-4 为主轴常用的滚动轴承。

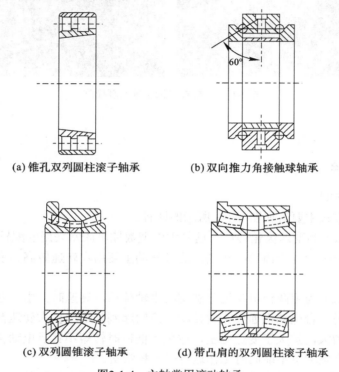

(a) 锥孔双列圆柱滚子轴承 (b) 双向推力角接触球轴承

(c) 双列圆锥滚子轴承 (d) 带凸肩的双列圆柱滚子轴承

图2-1-4 主轴常用滚动轴承

图 2-1-4（a）为锥孔双列圆柱滚子轴承。内圈为 1:12 的锥孔，当内圈沿锥形轴颈轴向移动时，内圈胀大以调整滚道的间隙。滚子的数目多，两列滚子交错排列，承载能力大，刚性好，允许转速高。由于内外圈均较薄，且要求主轴颈与箱体孔均要有较高的制造精度，以免轴颈与箱体孔的形状误差使轴承滚道发生畸变。因此该轴承只能承受径向载荷，允许主轴的最高转速比角接触球轴承低。

图 2-1-4（b）为双列推力角接触球轴承。接触角为 60°，球径小，数目多，能承受双向轴向载荷，可以调整间隙或预紧，轴向刚度较高，允许转速高。一般与双列圆柱滚子轴承配套用作主轴的前支承。

图 2-1-4（c）为双列圆锥滚子轴承。它有一个公用外圈和两个内圈，外圈的凸肩在箱体上进行轴向定位，箱体孔可以镗成通孔。磨薄中间隔套可以调整间隙或预紧，这种轴承能同时承受径向和轴向载荷，通常用作主轴的前支承。

图 2-1-4（d）为带凸肩的双列圆柱滚子轴承。结构上与图 2-1-4（c）轴承相似，可用作主轴前支承。由于润滑和冷却的效果好、发热少，所以允许转速高。

2) 滑动轴承

图 2-1-5 为滑动轴承。在数控机床上最常使用的是静压滑动轴承。静压滑动轴承的承

载能力不随转速的变化而变化，而且无磨损，启动和运转时摩擦阻力力矩相同，因此静压轴承的刚度大，回转精度高。但静压轴承需要一套液压装置，导致其成本较高。

图2-1-5　滑动轴承

二、主轴几何精度检测

1. 主轴锥孔中心线的径向跳动

主轴锥孔中心线的径向跳动是主轴锥孔中心线和主轴旋转中心线之间不重合的误差，将会引起主轴顶尖中心线的径向跳动，如用顶尖加工外圆时就会产生椭圆度误差。图2-1-6为主轴锥孔中心线的径向跳动精度检测。

图2-1-6　主轴锥孔中心线的径向跳动检测

检验方法：将检验棒插入主轴锥孔中，把百分表及磁力表座安装在溜板上，使百分表测头触及检验棒的表面。旋转主轴，记录百分表的最大读数值，分别在靠近主轴端部和距离主轴端面 L（L=300 mm）处检验。拔出检验棒，相对主轴旋转90°，用此方法再做一次测量，用两次测量的结果计算得出两处测量点的误差，重复检验3次，四次测量结果的平均值就是径向跳动误差。

2. 溜板移动对主轴中心线的平行度

溜板移动对主轴中心线的平行度误差将影响车削外圆时的加工精度。其中，水平面内平行度误差对工件加工精度的影响更大，且会成倍地反映在直径上，使工件出现锥度。误差方向的规定：水平面内主轴中心只能向前偏，以抵消切削分力对加工精度的影响，同时保证工件正锥，使工件不易报废；在垂直面内主轴中心线只能向上偏，以补偿由于卡盘和工件的重量引起的变形。图 2-1-7 为溜板移动对主轴中心线的平行度检测。

检验方法：将检验棒插入主轴锥孔中，将磁力表座固定在溜板上，使百分表分别打在检验棒的上母线和下母线上，移动溜板（L=300 mm）进行测量；然后将主轴旋转180°，再检测一次，两次测量结果的代数和之半就是平行度误差。

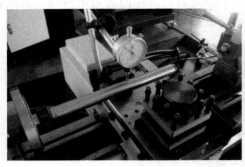

图2-1-7　溜板移动对主轴中心线的平行度检测

3. 主轴锥孔中心线和尾座套筒中心线对溜板移动的等高度

主轴锥孔中心线和尾座套筒中心线对溜板移动的等高度直接影响工件母线的直线度及加工孔的精度。图 2-1-8 为主轴锥孔中心线和尾座套筒中心线对溜板移动的等高度检测。

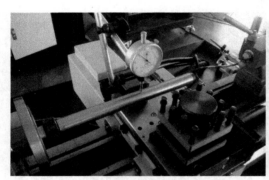

图2-1-8　主轴中心线和尾座套筒中心线等高度检测

检验方法：在主轴与尾座顶尖之间装入圆柱检验棒，顶紧检验棒，旋转几周，使其接触良好；将百分表及磁力表座固定在溜板上，使百分表测头垂直接触检验棒，移动溜板，在检验棒两个极限位置分别检验。把检验棒旋转180°，再检验一次，两次测量结果的代数和之半就是等高度误差。

4. 主轴轴向跳动

主轴轴向跳动包括主轴的轴向窜动、主轴轴肩支承面的跳动。

主轴的轴向窜动主要影响加工端面的平面度、丝杠的螺距误差以及加工带台肩零件的端面跳动。

主轴轴肩支承面的跳动作为定心夹具定位用。如果主轴轴肩支承面与回转中心线不垂直，则安装工件的夹具定位面必然与回转中心不同心，这样就会造成被加工工件定位面与加工表面不同心。图 2-1-9 为主轴轴向跳动精度检测。

检验方法：在主轴锥孔装入检验棒，将百分表及磁力表座固定在溜板上，使百分表测头触及检验棒端部的钢球、主轴轴肩支承面上。旋转主轴，百分表读数的最大值就是轴向窜动和轴肩支承面的跳动误差。

图2-1-9　主轴轴向跳动检测

5. 主轴定心轴颈的径向跳动

主轴定心轴颈的径向跳动作为定心夹具定位用。图 2-1-10 为主轴定心轴颈的径向跳动检测。

检验方法：将百分表及磁力表座固定在溜板上，使百分表测头触及轴颈的表面。旋转主轴检验，百分表读数的最大差值为径向跳动误差。

6. 横刀架横向移动对主轴轴线的垂直度

横刀架横向移动对主轴轴线的垂直度直接影响加工工件的平面度精度。图 2-1-11 为刀架横向移动对主轴轴线的垂直度检测。

检验方法：将垂直平尺插入主轴孔中，将百分表及磁力表座固定在横刀架上，使百分表测头触及垂直平尺，移动横刀架进行检验。将主轴旋转 180°，再同样检验一次，两次测量的结果的代数和之半就是垂直度误差。

图2-1-10　主轴定心轴颈的径向跳动检测　　图2-1-11　刀架横向移动对主轴轴线的
　　　　　　　　　　　　　　　　　　　　　　　　　　　　　垂直度检测

7. 顶尖跳动

对于两端用顶尖定位的工件，顶尖跳动将影响精车工件外圆时的跳动精度。图 2-1-12 为检测顶尖跳动检测。

检验方法：将专用顶尖插入主轴孔内，固定好百分表，使其测头垂直触及顶尖锥面。旋转主轴检验，百分表读数除以 $\cos\alpha$（α 为锥体半角）后，就是顶尖跳动误差。

图2-1-12　顶尖跳动检测

三、主轴润滑与密封

主轴轴承常采用油脂润滑和集中强制润滑，为了保证润滑可靠性，常装有压力继电器作为失压报警装置。

1. 主轴润滑

图 2-1-13 为主轴油气润滑系统。为了保证主轴润滑良好，减少摩擦发热，同时又能把主轴组件热量带走，通常采用循环式润滑系统。

（1）油气润滑方式，这种润滑方式近似于油雾润滑方式。所不同的是，油气润滑是定时定量地把油雾送进轴承空隙中，这样既实现了油雾润滑，又不至于油雾太多而污染周围空气；而油雾润滑则是连续供给油雾进行润滑。

（2）喷油润滑方式，这种润滑方式用较大流量的恒温油（每个轴承 3 L/min ～ 4 L/min）喷注到主轴轴承上，以达到润滑、冷却的目的。较大流量喷注的油，不是自然回流，而是用排油泵强制排油的，同时，还采用了专用的高精度大容量恒温油箱，油温变动控制在 ±0.5℃。

2. 主轴密封

在密封件中，被密封的介质往往是以穿漏、渗透或扩散的形式越界泄漏到密封连接处的彼侧。造成这种情况的基本原因是流体从密封面的间隙中溢出，或是由于密封部件内外两侧密封介质的压力差或浓度差，致使流体向压力低或浓度低的一侧流动。图 2-1-14 为主轴前支承的密封结构。

图2-1-13　主轴油气润滑系统

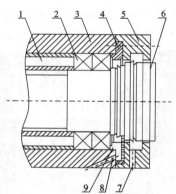

1—进油口；2—轴承；3—套筒；4、5—法兰盘；
6—主轴；7—泄漏孔；8—回油斜孔；9—泄油孔；

图2-1-14　主轴前支承的密封结构

卧式加工中心主轴前支承处采用的是双层小间隙密封装置。主轴前端车出两组锯齿形护油槽，在法兰盘 4 和 5 上开沟槽及泄漏孔，当喷入轴承 2 内的油液流出后被法兰盘 4 内壁挡住，并经其下部的泄油孔 9 和套筒 3 上的回油斜孔 8 流回油箱，少量油液沿主轴 6 流出时，主轴护油槽在离心力的作用下将油液甩至法兰盘 4 的沟槽内，经回油斜孔 8 流回油箱，达到防止润滑介质泄漏的目的。当外部切削液、切屑及灰尘等沿主轴 6 与法兰盘 5 之间的间隙进入时，会经法兰盘 5 的沟槽由泄漏孔排出，同时，也会有少量的切削液、切屑及灰尘进入主轴前锯齿沟槽，然而在主轴高速旋转的离心作用下，仍会被甩至法兰盘 5 的沟槽内由泄漏孔排出，这样就能达到主轴端部密封的目的了。

3. 主轴部件维护

（1）熟悉数控机床主传动链的结构、性能参数，严禁超性能使用。

（2）主传动链出现不正常现象时，应立即停机排除故障。

（3）操作者应注意观察主轴箱温度，检查主轴润滑恒温油箱，调节温度范围，使油量充足。

（4）使用带传动的主轴系统，需定期观察调整主轴驱动皮带的松紧程度，防止因皮带打滑造成的丢转现象。

（5）由液压系统平衡主轴箱重量的平衡系统，需定期观察液压系统的压力表，当油压低于要求值时，要进行补油。

（6）使用液压拨叉变速的主传动系统，必须在主轴停车后变速。

（7）使用啮合式电磁离合器变速的主传动系统，离合器必须在低于 $1 \sim 2$ r/min 的转速下变速。

（8）注意保持主轴与刀柄连接部位及刀柄的清洁。

（9）每年更换一次主轴润滑恒温油箱中的润滑油，并清洗过滤器。

（10）每年清理润滑油池底一次，并更换液压泵滤油器。

（11）防止各种杂质进入润滑油箱，保持油液的清洁。

（12）经常检查轴端及各处的密封，防止润滑油液的泄漏。

（13）长时间使用刀具夹紧装置后，会使活塞杆和拉杆间的间隙加大，造成拉杆位移量减少，从而使碟形弹簧张闭伸缩量不够，影响刀具的夹紧，因此需及时调整液压缸活塞的位移量。

（14）经常检查压缩空气气压，并调整到标准值。只有足够的气压才能把主轴锥孔中的切屑和灰尘清理干净。

任务实施

一、数控机床主轴部件维护与保养

（1）查阅数控机床主轴部件有关的技术资料。

（2）明确主轴部件的功能作用，编制维护保养卡，填写表 2-1-1。

表 2-1-1　主轴部件

机床型号：			
名　　称	型　　号	作　　用	维护保养内容

二、检测数控机床的主轴跳动精度

（1）查阅主轴精度的检验标准，掌握检测方法。

（2）检测数控机床主轴跳动精度。

①表 2-1-2 为主轴锥孔中心线的径向跳动检测表。

表 2-1-2　主轴锥孔中心线的径向跳动检测（单位：mm）

测量位置	0°	90°	平均值	允差	是否合格
a(根部)				0.008	
b(300 mm处)				0.016	

②表 2-1-3 为主轴轴向跳动检测表。

表 2-1-3　主轴轴向跳动检测（单位：mm）

项目位置	误差值	允差	是否合格
主轴端面a处		0.008	
主轴轴承支承面b处		0.016	

③表 2-1-4 为主轴定心轴颈的径向跳动检测表。

表 2-1-4　主轴定心轴颈的径向跳动检测（单位：mm）

项目位置	误差值	允差	是否合格
主轴定心轴颈		0.008	

④表 2-1-5 为顶尖跳动检测表。

表 2-1-5　顶尖跳动检测（单位：mm）

顶尖锥体半角 α	百分表读数	误差	允差	是否合格
			0.012	

知识拓展

一、主轴系统常见故障与排除

表 2-1-6 为主轴系统常见的故障现象、原因及排除方法。

表 2-1-6　主轴系统常见的故障现象、原因及排除方法

故障现象	故障原因	排除方法
主轴发热	主轴轴承损伤或不清洁	更换轴承，清除脏物
	主轴前端盖与主轴箱体压盖研伤	修磨主轴前端盖，保证0.02～0.05 mm间隙
	轴承润滑油脂耗尽或润滑油脂涂抹太多	涂抹润滑油脂，每个3 ml
	主轴轴承预紧力过大	调整预紧力
	轴承研伤或损坏	更换轴承
	润滑油脏或有杂质	清洗主轴箱，更换新油
	冷却润滑油不足	补充冷却润滑油，调整供油量

续表

故障现象	故障原因	排除方法
主轴在强力切削时停转	电动机与主轴连接的皮带过松	移动电动机座，拉紧皮带，然后将电动机座重新锁紧
	皮带表面有油	用汽油清洗后擦干净，再装上
	皮带使用过久而失效	更换新皮带
	摩擦离合器调整过松或磨损	调整摩擦离合器，修磨或更换摩擦片
主轴噪声	缺少润滑	涂抹润滑油脂，保证每个轴承涂抹润滑脂量
	小带轮与大带轮传动平稳情况不佳	带轮上的平衡块脱落，重新进行动平衡
	电动机与主轴连接的皮带过紧	移动电动机座，使皮带松紧度合适
	齿轮啮合的间隙不均匀或齿轮损坏	调整齿轮间隙或更换新齿轮
	传动轴承损坏或传动轴弯曲	修复或更换轴承，校直传动轴
主轴没有润滑油循环或润滑不足	油泵转向不正确，或间隙太大	改变油泵转向，或修理油泵
	吸油管没有插入油箱油面下面	将吸油管插入油面以下2/3处
	油管和滤油器堵塞	清除堵塞物
	润滑油压力不足	调整供油压力
润滑油泄露	润滑油过量	调整供油量
	密封件损坏	更换密封件
	管件损坏	更换管件
刀具不能夹紧	蝶形弹簧位移量较小	调整蝶形弹簧行程长度
	刀具松紧弹簧上的螺母松动	顺时针旋转刀具松夹弹簧上的螺母
刀具夹紧后不能松开	松刀弹簧压合过紧	逆时针旋转刀具松夹弹簧上的螺母
	液压缸压力和行程不够	调整液压油压力和活塞行程开关位置
加工精度达不到要求	机床在运输过程中受到冲击	检查对机床精度有无影响，重新调整或修复
	安装不牢固、安装精度低或有变化	重新安装调平、紧固
切削振动大	主轴箱和床身连接螺钉松动	恢复精度后紧固连接螺钉
	轴承预紧力不够、游隙过大	重调游隙，预紧力不能过大，以免损坏轴承
	轴承预紧螺母松动，使主轴窜动	紧固螺母，确保主轴精度合格
	轴承拉毛或损坏	更换轴承
	主轴与箱体超差	修理主轴或箱体，使其位置精度达到要求
	如是机床，可能是转塔刀架松动或压力不够而没卡紧	调整夹紧
	其他因素	检查刀具或切削工艺问题
主轴无变速	液压系统压力是否足够	检测并调整工作压力
	变挡液压缸研损或卡死	修去毛刺和研伤，清洗后重装
	变挡电磁阀卡死	检修并清洗电磁阀
	变挡液压缸拨叉脱落	修复或更换
	变挡液压缸窜油或内泄	更换密封圈
	变挡复合开关失灵	更换开关
	保护开关没有压合或失灵	检修压合开关或更换
主轴不转动	卡盘未夹紧工件	调整或修理卡盘
	变挡复合开关损坏	更换复合开关
	变挡电磁阀体内泄漏	更换电磁阀

二、主轴系统故障维修实例

1. 主轴噪声

故障现象：XK7160 型数控铣床主传动系统采用齿轮变速传动。机床起初使用时，噪声就较大，并且噪声声源主要来自主传动系统。使用了多年后，噪声越来越大。用声级计，在主轴 4000 r/min 的最高转速下，测得噪声为 85.2 dB。

故障分析：XK7160 型数控铣床的主传动系统在工作时由于齿轮、轴承等零部件经过激发响应，并在系统内部传递和辐射出噪声，而当这些部件出现异常情况时，会使激发力加大，从而使噪声增大。

1）机床主传动系统中齿轮在运转时产生的噪声

（1）齿轮在啮合中，会使齿与齿之间出现连续冲击而使齿轮在啮合频率下产生受迫振动并带来冲击噪声。

（2）因齿轮受到外界激振力的作用而产生齿轮固有频率的瞬态自由振动并带来噪声。

（3）因齿轮与传动轴及轴承的装配出现偏心就会引起旋转不平衡的惯性力，因此产生了与转速相一致的低频振动。随着轴的旋转，每转都会发出一次共鸣噪声。

（4）因齿与齿之间的摩擦，导致齿轮产生了自激振动并带来摩擦噪声。如果齿面凸凹不平，会引起快速、周期性的冲击噪声。

2）轴承的噪声分析

XK7160 型数控铣床的主轴变速系统中共有滚动轴承 12 个，最大的轴承外径为 125 mm。滚动轴承的噪声是该机床主轴变速系统的另一个主要噪声源，在高转速下表现更为强烈。

故障处理：由于齿轮噪声的产生是多因素引起的，其中有些因素是由齿轮的设计参数所决定的。针对该机床出现的主轴传动系统齿轮噪声的特点，在不改变原设计的基础上，在原有齿轮上进行修整和改进。采取的措施为：齿形修缘；控制齿形误差；控制啮合齿轮的中心距；将各个油管重新布置，使润滑油按理想状态溅入每对齿轮，以控制由于润滑不利而产生的噪声。

2. 主轴漏油

故障现象：ZJK7532 铣钻床加工过程中出现漏油。

故障分析：该铣钻床为手动换挡变速，通过主轴箱盖上方的注油孔加入冷却润滑油。在加工时只要速度达到 400 r/min 时，油就会顺着主轴流下来。观察油箱油标，油标显示油在上限位置，拆开主轴箱上盖，发现冷却油已注满了主轴箱（还未超过主轴轴承端），游标也被油浸没。可以肯定是油加的过多，在达到一定速度时因油弥漫所致。外部观察油标是正常的，是因为加油过急导致游标的空气来不及排出，使得油将游标浸没，从而给加油者假象，导致加油过多而漏油。

故障处理：放掉多余的油后，漏油问题解决。

技能训练

（1）数控机床主轴部件维护保养。

（2）数控机床主轴跳动精度检测。

问题思考

(1) 数控机床运行中主轴发热的原因可能是什么？如何排除？

(2) 数控机床运行中主轴噪声大的原因可能是什么？如何排除？

(3) 孔加工时表面粗糙度太大的原因可能是什么？如何排除？

任务二　调整直线导轨——导轨副故障诊断与维护

任务导入

图 2-2-1 为数控机床常用导轨。导轨副是数控机床的重要执行部件，起导向和支承作用，具有较高的导向精度、刚度、耐磨性。在高速进给时不振动、低速进给时不爬行。本任务要求了解导轨副精度是如何检验与调整的；导轨日常维护内容是什么；导轨副常见的故障有哪些。

滑动导轨　　　　　　　　　　滚动导轨

图2-2-1　数控机床常用导轨

任务目标

知识目标

(1) 了解数控机床常用导轨类型、维护和保养内容。

(2) 掌握导轨精度常用调整方法。

(3) 熟悉十字滑台的装调过程。

能力目标

(1) 能正确检测导轨副精度。

(2) 能正确测量十字滑台垂直度。

(3) 会做导轨副日常维护保养。

任务描述

图 2-2-2 为 FANUC 0i TD 系统控制的十字滑台。滑台上安装有伺服电动机、联轴器、轴承支座、直线导轨、滑块、滚珠丝杠、螺母支座等。本任务要求了解十字滑台装配的过

程，掌握导轨副精度与十字滑台垂直度测量的方法。

图2-2-2　FANUC 0i TD系统控制的十字滑台

相关知识

数控机床主要有滑动导轨、滚动导轨、静压导轨等。导轨又分为静导轨和与运动部件一体的动导轨。从机械结构的角度来说，机床加工精度、承载能力和使用寿命很大程度上取决于机床导轨的质量。数控机床要求导轨具有高速进给不振动、低速进给不爬行、高灵敏度、高耐磨性、好的精度保持性等性能。

一、滑动导轨

滑动导轨又分为普通滑动导轨和塑料滑动导轨。前者摩擦系数大，一般在普通机床上使用，后者摩擦系数小，滑动性能好。滑动导轨具有结构简单、制造方便、刚度好、抗振性高等优点。

1. 滑动导轨间隙调整

机床导轨使用一段时间后，导轨的侧向约束（镶条与侧导轨）或上下约束（压板）有可能松动。间隙过小，则摩擦力就大，使得导轨副磨损加剧；间隙过大，运动失去准确性和平稳性，则会失去导向精度。

1）压板调整

图 2-2-3 为压板调整间隙。压板用螺钉固定在动导轨上，常用钳工配合刮研及选用调整垫片、平镶条等机构，使导轨面与支承面之间的间隙均匀，达到规定的接触点数。图2-2-3（a）中，如间隙过大，则应修磨或刮研 B 面，间隙过小或压板与导轨压得太紧，则可刮研或修磨 A 面。图 2-2-3（b）中通过调节压板和导轨间平镶条 C 来调节间隙。图2-2-3（c）中通过改变垫片 D 的片数或厚度来调整间隙。

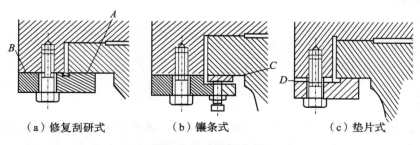

（a）修复刮研式　　　　（b）镶条式　　　　（c）垫片式

图2-2-3 压板调整间隙

2）镶条调整

机床中常用等厚度镶条和斜镶条调整导轨的间隙。图 2-2-4 为等厚度镶条调隙示意图，图中所示是一种全长厚度相等、横截面为平行四边形或矩形的平镶条，通过侧面的螺钉调节和螺母锁紧的方式，以其横向位移来调整间隙。图 2-2-5 为斜镶条调隙示意图，图中所示是一种全长厚度变化的斜镶条及三种用于斜镶条的调节螺钉，以斜镶条的纵向位移来调整间隙。斜镶条在全长上支承，其斜度为 1∶40 或 1∶100，因楔形增压会产生过大横向压力，因此，调整时应细心。

3）压板镶条调整

图 2-2-6 为压板镶条调隙，图中所示的 T 形压板用螺钉固定在运动部件上，运动部件内侧和 T 形压板之间放置斜镶条，镶条不是在纵向上有斜度，而是在高度方向做成倾斜。调整时，借助压板上几个推拉螺钉，使镶条上下移动，从而调整间隙。

三角形导轨的上滑动面能自动补偿，下滑动面的间隙调整和矩形导轨的下压板调整底面间隙的方法相同。圆形导轨的间隙不能调整。

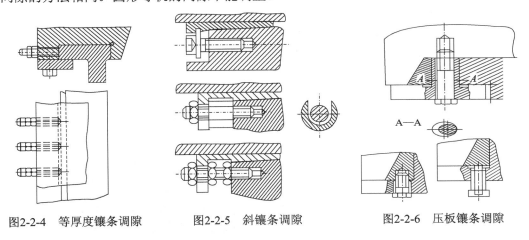

图2-2-4　等厚度镶条调隙　　　图2-2-5　斜镶条调隙　　　图2-2-6　压板镶条调隙

二、直线滚动导轨

图 2-2-7 为滚动直线导轨单元。在导轨工作面之间安装滚动件，导轨面之间为滚动摩擦。滚动导轨摩擦系数小（0.0025 ～ 0.005），动、静摩擦力相差甚微，运动轻便灵活，所需功率小，摩擦发热小，磨损小，精度保持性好，低速运动平稳，运动精度和定位精度都较高；但滚动导轨结构复杂，制造成本高，抗震性差。滚动直线导轨单元，是数控机床普遍采用的一种滚动导轨支承形式，现已做成独立的标准部件。

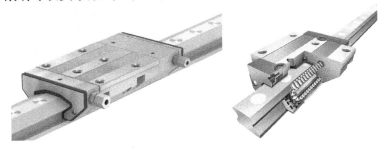

图2-2-7　滚动直线导轨单元

预紧可提高滚动导轨的刚度和消除间隙。在立式滚动导轨上，预紧可防止滚动体脱落和歪斜。常见的预紧方法有两种，图2-2-8为滚动导轨预紧方法。

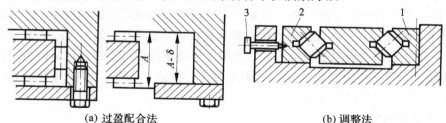

(a) 过盈配合法　　　　　　　　　　(b) 调整法

1、2—导轨；3—调整螺钉

图2-2-8　滚动导轨预紧方法

（1）图 2-2-8（a）为过盈配合法。在装配导轨时，量出实际尺寸 A，然后再刮研压板和溜板的结合面，或通过改变其间垫片的厚度，使之形成 δ（约为 $2 \sim 3 \mu m$）大小的过盈量。若运动部件较重，其重力可起预加载荷作用，若刚度满足要求，可不施预加载荷。

（2）图 2-2-8（b）为调整法。利用螺钉 3 调整导轨 1 和 2 的距离，实现预加载荷，也可改用斜镶条调整，使过盈量沿导轨全长均匀分布。

三、导轨副精度检测与调整

（1）图 2-2-9 为导轨副安装精度检测。安装完成后，两根导轨必须平行，而且在整个长度范围内应等高。

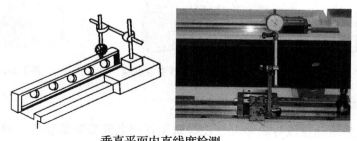

垂直平面内直线度检测

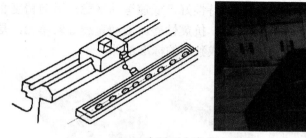

水平面内直线度检测

图2-2-9　导轨副安装精度检测

（2）机床导轨副调平。机床安装不当会造成床身导轨直线度调整不好，这将会直接影响精车外圆圆柱度精度。

图 2-2-10 为床身导轨直线度和平行度检测。先从床头箱开始（两个水平仪分别放于床鞍纵、横向导轨方向上），确保靠近床头箱端部时水平仪的读数为 0；然后床鞍逐段向床尾方向移动（每次 200 mm），水平仪的读数可适当增加，以保证床身导轨中凸，但是纵、横误差需符合技术要求，且使床身上床鞍后导轨适当偏高。

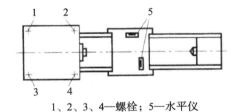

1、2、3、4—螺栓；5—水平仪

图2-2-10　床身导轨的直线度和平行度检测

① 图 2-2-11 为床身导轨在垂直平面内的直线度检测。纵向导轨调平后，水平仪沿 Z 轴向放在溜板上，沿导轨全长等距离的在各个位置上检测，记录水平仪的读数，导轨全长读数的最大差值即为床身导轨在垂直平面内的直线度误差。

② 图 2-2-12 为床身导轨的平行度检测。横向导轨调平后，水平仪沿 X 轴向放在溜板上，在导轨上移动溜板，记录水平仪的读数，读数的最大差值即为床身导轨的平行度误差。

（3）导轨导向精度检测，即机械十字滑台横向移动对纵向移动的垂直度检测。在车床中检测 X 轴和 Z 轴的垂直度，铣床中检测 X 轴和 Y 轴的垂直度。图 2-2-13 为十字滑台移动轴垂直度检测。

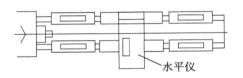

图2-2-11　床身导轨在垂直平面内的直线度检测

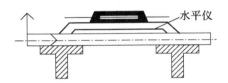

图2-2-12　床身导轨的平行度检测

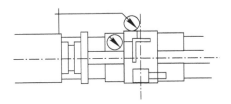

图2-2-13　十字滑台移动轴垂直度检测

工作台处于行程的中间位置，将方尺或角尺置于工作台上，把百分表固定在电动机座上，使指示器测头垂直触及方尺（Z 轴向）；在 Z 轴向移动工作台，调整方尺位置，使方尺的一个边与 Z 轴轴线平行，再将指示器测头垂直触及角尺另一边（X 轴向）；在 X 轴向移动工作台，记录指示器读数。其读数最大差值即为机械十字滑台横向移动对纵向移动的垂直度误差。

四、机械十字滑台装调步骤

（1）图 2-2-14 为安装底座平板。用水平仪验证底座平板的水平度。

图2-2-14　安装底座平板

（2）安装 Z 轴部件。

① 图 2-2-15 为 Z 轴导轨的安装过程。先安装基准导轨，并检测调整基准导轨与底座的平行度；而后安装另一导轨，并检测调整两根导轨的平行度和等高度。

图2-2-15　Z轴导轨的安装过程

② 图 2-2-16 为丝杠安装过程。依次安装电动机支座、滚珠丝杠副组件、轴承支座，最后检测调整滚珠丝杠与导轨的平行度和对称度、电动机支座安装孔与轴承支座安装孔的同轴度。

图2-2-16　丝杠安装过程

③ 图 2-2-17 为安装支撑块。将 4 个支撑块安装在直线导轨滑块上。

④ 图 2-2-18 为安装下移动平台。检测调整下移动平台和支撑块之间的间隙，下移动平台和底座平板的平行度。

图2-2-17　安装支撑块　　　　　　　　图2-2-18　安装下移动平台

（3）安装 X 轴部件，装调内容和安装 Z 轴部件基本相同。

① 图 2-2-19 为导轨与底座平板垂直度检测。需检测调整导轨与底座平板的垂直度。

② 安装丝杠。

③ 安装支撑块。

④ 安装上移动平台。

(4) 安装限位开关支架。

(5) 图 2-2-20 为安装电动机实物。

图2-2-19　导轨与底座平板垂直度检测　　　　图2-2-20　安装电动机实物

任务实施

直线滚动导轨副精度检测

(1) 熟悉检测工具及仪器。

(2) 记录导轨副安装精度。表 2-2-1 为导轨副精度检测。

表 2-2-1　导轨副精度检测

项　　目		工具及仪器	允差	测量结果	是否合格
Z轴导轨副	与底座平板的平行度				
	平行度				
	等高度				
X轴导轨副	与底座平板的垂直度				
	平行度				
	等高度				

(3) 十字滑台垂直度检测。

① 图 2-2-21 为检测前的调整。调整一条边，使其与 Z 轴轴线平行。

② 图 2-2-22 为垂直度检测。移动 X 轴，记录百分表读数，其读数最大差值即为工作台 X 坐标轴方向移动对 Z 坐标轴方向移动的垂直度。

图2-2-21　检测前的调整　　　　　　　图2-2-22　垂直度检测

③ 表 2-2-2 为垂直度检测结果。

表 2-2-2　十字滑台垂直度检测

项　　目	允差	检验工具	检验结果
X轴移动对Z轴垂直度			

知识拓展

一、导轨润滑与防护

图 2-2-23 为导轨润滑与防护装置。导轨进行润滑后，可降低摩擦系数，减少磨损，并且可防止导轨面锈蚀。导轨常用的润滑剂有润滑油和润滑脂，前者用于滑动导轨，而两种润滑剂均适用于滚动导轨。

导轨润滑　　　　　　　　　　　　　　导轨防护

图2-2-23　导轨润滑与防护装置

导轨最简单的润滑方式是人工定期加油或用油杯供油。这种方式多用于滑动导轨及运动速度低、工作不频繁的滚动导轨。对于运动速度较高的导轨大都采用润滑泵，以压力油强制润滑，这样不但可以连续或间歇供油给导轨进行润滑，而且可利用油的流动冲洗和冷却导轨表面。

为了防止切屑、磨粒或冷却液散落在导轨面上而引起磨损、擦伤和锈蚀，导轨面上应有可靠的防护装置，常用的有刮板式、卷帘式和叠层式防护罩，大多用于长导轨上。在机床使用过程中应防止损坏防护罩，对叠层式防护罩应经常用刷子蘸机油清理移动接缝，以避免碰壳现象的产生。

二、导轨副常见故障与排除

导轨副常见故障有导轨副间隙过大、滚动导轨副的预紧力不合适、导轨的直线度和平行度超差以及导轨润滑防护装置故障等。表 2-2-3 为导轨副常见故障原因及排除方法。

表 2-2-3 导轨副常见故障原因及排除方法

故障现象	故障原因	排除方法
导轨研伤	机床经长时间使用，地基与床身水平度有变化，使导轨局部单位面积负荷过大	定期进行床身导轨的水平度调整，或修复导轨精度
	长期加工短工件或承受过分集中的负荷，使导轨局部磨损严重	注意合理分布短工件的安装位置，避免负荷过分集中
	导轨润滑不良	调整导轨润滑油量，保证润滑油压力
	导轨材质不佳	采用电镀加热自冷淬火对导轨进行处理，导轨上增加锌铝铜合金板，以改善摩擦情况
	刮研质量不符合要求	提高刮研修复的质量
	机床维护不良，导轨里落入脏物	加强机床保养，保护好导轨防护装置
工作台移动不灵活或不能移动	导轨面研伤	用180#砂布修磨机床与导轨面上的研伤
	导轨压板研伤	卸下压板，调整压板与导轨间隙
	导轨镶条与导轨间隙太小，调得太紧	松开镶条防松螺钉，调整镶条螺栓，使运动部件运动灵活，保证0.03 mm的塞尺不得塞入，然后锁紧防松螺钉
加工面在接刀处不平滑	导轨直线度超差	调整或修刮导轨，允差0.015/500
	工作台镶条松动或镶条弯度太大	调整镶条间隙，镶条弯度在自然状态下小于0.05 mm/全长
	机床水平度差，使导轨发生弯曲	调整机床安装水平度，保证平行度、垂直度在0.02/1000之内

三、导轨副故障维修实例

1. 机械振动

故障现象：某加工中心运行时，工作台 X 轴方向位移接近行程终端过程中产生明显的机械振动，系统不报警。

故障分析：因故障发生时系统不报警，但故障明显，确定故障部位应在 X 轴伺服电动机与丝杠传动链一侧；为区别电动机故障，可拆卸电动机与滚珠丝杠之间的弹性联轴器，采用交换法，单独通电检查电动机；若电动机无故障，可拆下工作台，检查传动机构滚珠丝杠副和导轨副是否损伤，安装精度是否超差。

故障处理：更换电动机后，故障不消除，且替换下的电动机运转时无振动现象，显然故障部位在机械传动部分。脱开弹性联轴器，用扳手转动滚珠丝杠进行手感检查；通过手感检查，发现工作台 X 轴方向位移接近行程终端时，感觉到阻力明显增加；拆下工作台检查，发现滚珠丝杠与导轨不平行，故而引起机械传动过程中的振动现象。经过认真修理、调整后，重新装好，故障排除。

2. 电动机过热报警

故障现象：X 轴电动机过热报警。

故障分析：电动机过热报警，产生的原因有多种，除伺服单元本身的问题外，可能是切削参数不合理，亦可能是机械传动链上有问题。采用交换法，交换 X 轴电动机，若故障没有消除，则故障在机械传动链上。可手动检查移动工作台，若感觉到有明显阻力，可拆下工作台，检查联轴器连接是否松动，导轨副和滚珠丝杠副安装精度是否超差。

　　故障处理：采用交换法，排除电动机故障；移动工作台，感到明显阻力；拆开工作台，发现导轨镶条与导轨间隙太小，调得太紧。松开镶条防松螺钉，调整镶条螺栓，使运动部件运动灵活，保证 0.03 mm 的塞尺不得塞入，然后锁紧防松螺钉，故障排除。

技能训练

　　（1）直线滚动导轨副安装精度检测。

　　（2）十字滑台垂直度检测。

问题思考

　　（1）数控机床滑动导轨副的间隙过大或者过小可能引起什么故障？如何排除？

　　（2）静压导轨和滚动导轨各有何特点？各适用于什么场合？

任务三　补偿反向间隙——滚珠丝杠副调整与维护

任务导入

　　图 2-3-1 为滚珠丝杠螺母副，它的制造和装配精度决定进给传动系统的位置精度。本任务要求了解进给传动系统反向间隙如何检测与补偿；滚珠丝杠螺母副使用注意事项有哪些；日常维护工作有哪些；常见故障有哪些。

图2-3-1　滚珠丝杠螺母副

任务目标

知识目标

　　（1）熟悉滚珠丝杠螺母副的功能及结构组成。

　　（2）了解滚珠丝杠螺母副装调过程。

　　（3）掌握反向间隙的检测与补偿方法。

能力目标

　　（1）能正确检测滚珠丝杠螺母副安装精度。

　　（2）能完成进给传动系统反向间隙的检测与补偿工作。

任务描述

对于采用半闭环伺服系统的数控机床，反向偏差的存在会影响到机床的定位精度和重复定位精度，从而影响产品的加工精度，因此应定期对数控机床各坐标轴的反向偏差进行检测与补偿。图 2-3-2 为滚珠丝杠螺母副反向间隙检测。本任务要求了解滚珠丝杠螺母副的装调过程，掌握反向间隙测量和补偿方法，能够对滚珠丝杠螺母副进行检查和保养。

图2-3-2 滚珠丝杠螺母副反向间隙检测

相关知识

一、滚珠丝杠螺母副

1. 滚珠丝杠螺母副结构

图 2-3-3 为滚珠丝杠副螺母的结构示意图，在具有螺旋槽的丝杠和螺母间装有滚珠作为中间传动元件，以减少摩擦。

工作原理：在丝杠 1 和螺母 3 上均制有圆弧形的螺旋槽，将它们装在一起便形成了螺旋滚道，滚道内填满滚珠 4，当丝杠相对于螺母旋转时，滚珠在封闭滚道内沿滚道滚动、迫使螺母轴向移动，从而实现将旋转运动转换成直线运动。

2. 滚珠丝杠副的支承

滚珠丝杠螺母副主要是轴向载荷，径向载荷主要是卧式丝杠的自重。采用高刚度的推力轴承以提高滚珠丝杠的轴向承载能力。图 2-3-4 为滚珠丝杠副支承方式。

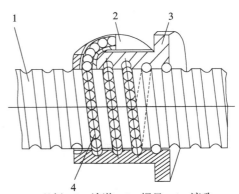

1—丝杆；2—滚道；3—螺母；4—滚珠

图2-3-3 滚珠丝杠螺母副的结构示意图

（1）图 2-3-4（a）为一端装推力轴承（固定—自由式），这种安装方式的承载能力小，轴向刚度低，仅适应于短行程。

（2）图 2-3-4（b）为一端装止推轴承，另一端装深沟球轴承（固定—支承式），这种安装方式用于长行程滚珠丝杠，当热变形造成丝杠伸长时，一端固定，另一端能做微量的轴向浮动。为了减少丝杠热变形的影响，止推轴承的安装位置应远离电动机等热源。

（3）图 2-3-4（c）为两端装推力轴承（单推—单推式或双推—单推式），这种方式是推力轴承装在丝杠的两端，并施加预紧力，有助于提高丝杠的轴向刚度。该支承方式的结构及装配工艺性都较复杂，适用于长行程丝杠。

（4）图2-3-4（d）为两端装双重推力轴承及深沟球轴承（固定—固定式），为提高刚度，丝杠两端采用双重支承，如止推轴承和深沟球轴承，并施加预紧拉力。这种结构方式可使丝杠的热变形转化为推力轴承的预紧力。

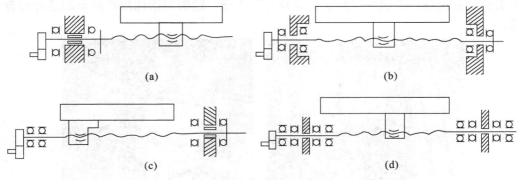

(a)　　　　　　　　　　　　　　　(b)

(c)　　　　　　　　　　　　　　　(d)

图2-3-4　滚珠丝杠副支承方式

二、滚珠丝杠螺母副装调过程

1. 滚珠丝杠螺母副安装

（1）图 2-3-5 为丝杠安装。

（2）图 2-3-6 为带有记号"V"的配对轴承。在出厂前外圈已作标志，以保证安装方向正确。按照排列顺序，用锤子和轴承胎将轴承砸入电动机座中，然后用力矩扳手拧紧锁紧螺母。

（3）按照正确的排列顺序，用锤子和轴承胎将轴承砸入轴承支座中，然后放入隔套，并用力矩扳手拧紧、锁紧螺母。

图2-3-5　丝杠的安装　　　　　　图2-3-6　带有记号"V"的配对轴承

（4）图 2-3-7 为滚珠丝杠螺母副精度检测。用百分表对丝杠进行圆跳动的检查，首先将表座固定在电动机座侧，使表尖垂直接触丝杠端头部分的上母线，压表距离约 1 mm；然后旋转丝杠找出最高点和最低点，百分表最大数值是最高点，相反则是最低点，例如：最高点和最低点之间的差是 0.10 mm，待表针停在最大值时，用锤子和套管将其砸下 0.05 mm，按此方法重复做，直到最大值和最小值差不超过 0.01 mm 为止；最后分别将电动机座和轴承座的螺钉锁死。

（5）丝杠装好后，应复查丝杠对导轨的平行度和等距度、丝杠轴向窜动量，如图 2-3-7 所示。丝杠转动应灵活，无阻滞现象。

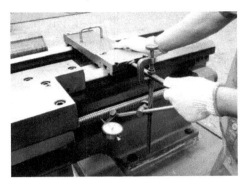

图2-3-7　滚珠丝杠螺母副精度检测

2. 轴向间隙调整

滚珠丝杠螺母副的传动间隙是轴向间隙，通常是指丝杠和螺母无相对转动时，丝杠和螺母之间的最大轴向窜动量；除了结构本身的游隙外，还包括施加轴向载荷后产生的弹性变形所造成的轴向窜动量。为了保证滚珠丝杠螺母副反向传动精度和轴向刚度，必须消除轴向间隙。预加载荷能有效减少弹性变形所带来的轴向位移，但预紧力不宜过大，过大的预紧力将会增加摩擦力，使传动效率降低，缩短丝杠使用寿命。预紧力一般应为最大轴向负载的 1/3，当要求不太高时，预紧力可小于此值。

如果丝杠无间隙，有一定的预紧力时，转动丝杠时会感觉到有一定的阻力，似乎有些阻尼，并且全行程均如此，则说明丝杠没有间隙，不需要调整。相反，如果感到丝杠和螺母之间配合得很松垮，则说明丝杠螺母之间存在间隙了，需要调整。

1）双螺母消隙

（1）垫片调隙式。图 2-3-8 为垫片调隙，调整垫片厚度使左、右两螺母产生轴向位移，即可消除间隙，又可产生预紧力。这种方法结构简单，刚性好，但调整不便，滚道有磨损时不能随时消除间隙和进行预紧。

（2）螺纹调隙式。图 2-3-9 为螺纹调隙，螺母 3 端有凸缘，螺母 1 外制有螺纹，调整时只要旋转圆螺母 2，即可消除轴向间隙并可产生预紧力。

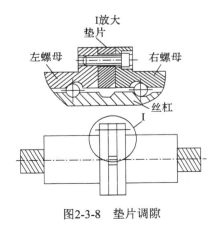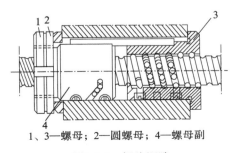

1、3—螺母；2—圆螺母；4—螺母副

图2-3-8　垫片调隙　　　　　图2-3-9　螺纹调隙

（3）齿差调隙式。图 2-3-10 为齿差调隙，在两个螺母的凸缘上各制有圆柱外齿轮，分别与固紧在套筒两端的内齿圈相啮合，其齿数分别为 Z1 和 Z2，并相差一个齿。调整时，应先取下内齿圈，让两个螺母相对于套筒方向都转动一个齿；然后再插入内齿圈，则两个螺母便产生相对角位移，其轴向产生位移量。这种调整方法能精确调整预紧量，调整方便、可靠，但结构尺寸较大，因此多用于高精度的传动。

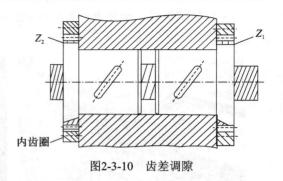

图2-3-10　齿差调隙

2）单螺母变位导程自预紧式

图 2-3-11 为单螺母变位导程自预紧式调隙，这种调隙方法结构简单，但负荷量须预先设定而且不能改变。

3）弹簧式自动调整预紧式

图 2-3-12 为弹簧式自动调整预紧式调隙，用弹簧使其之间产生轴向位移并获得预紧的调整方法。

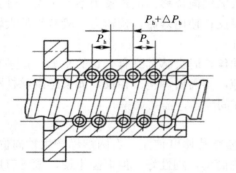

图2-3-11　单螺母变位导程自预紧式调隙

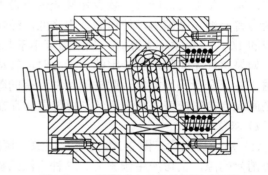

图2-3-12　弹簧式自动调整预紧式调隙

三、滚珠丝杠副反向间隙检测与补偿

反向间隙参数补偿法是目前开环、半闭环系统常用的方法之一。通过实测机床反向间隙误差值，利用机床控制系统中设置的系统参数来实现反向误差的自动补偿。

1. 反向间隙补偿原理

反向间隙补偿又称为齿隙补偿。机械传动链在改变转向时，由于反向间隙的存在，会引起伺服电动机的空转，而使工作台无实际运动（又称失动）。

图 2-3-13 为反向间隙补偿原理。在无补偿的条件下，在轴线测量行程内将测量行程等分为若干段，测量出各目标位置 P_i 的平均反向差值 $\overline{B}$，作为机床的补偿参数输入系统。CNC 系统在控制坐标轴反向运动时，自动先让该坐标反向运动 $\overline{B}$ 值，然后按指令进行运动。如图 2-3-13 所示，工作台正向移动到 O 点，然后反向移动到 P_i 点，反向时，电动机（丝杠）先反向移动 $\overline{B}$ 值，后移动到 P_i 点；该过程 CNC 系统实际指令运动值 L 为：

$$L = P_i + \overline{B}$$

反向间隙补偿在坐标轴处于任何方式时均有效。在系统进行了双向螺距补偿时，双向螺距补偿的值已经包含了反向间隙，因此，此时不需设置反向间隙的补偿值。

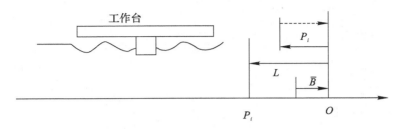

图2-3-13　反向间隙补偿原理

2. 反向间隙测量

反向偏差可使用百分表/千分表进行简单测量，也可以用激光干涉仪进行测量。用百分表或千分表测量反向偏差时，检测依据是国家标准 GB10931-1989，检测条件、检测方法、给定方式均按标准规定执行。反向间隙补偿量的测定步骤如下：

（1）手动操作使机床返回到机床参考点。

（2）用切削进给速度使机床移动到机床测量点，如 G91 G01 X100 F200。

（3）安装千分表，将千分表的指针调到 0 刻度位置。

（4）使机床沿相同方向再移动 100 mm。

（5）用相同的切削进给速度从当前点返回到测量点。

（6）读取千分表的刻度值。

（7）分别测量 X 轴的中间及另一端的间隙值，取 3 次测量的平均值，即为反向间隙补偿值。

也可采用编程法自动测量，可使测量过程变得便捷、精确。编程时循环方式可按阶梯方式循环 5 ～ 7 次，注意要考虑到记录百分表/千分表读数的暂停时间。

3. 反向间隙补偿

（1）表 2-3-1 为西门子 802C 反向间隙补偿参数。

表 2-3-1　西门子 802C 反向间隙补偿参数

轴参数号	参数名	单位	轴	举例值	参数定义
32450	BACKLASH	mm	X, Y, Z	0.024	反向间隙

（2）FANUC 0i 系统的反向偏差补偿分为切削进给补偿和快速进给补偿。切削进给补偿的参数是 #1851，快速进给补偿参数是 #1852，且当参数 #1800.4 为 1 时有效。

（3）开机进入系统（华中数控 HNC-2000 或 HNC-21M），依次按"F3 参数"键、再按"F3 输入权限"键进入下一子菜单，按 F1 数控厂家参数，输入数控厂家权限口令，再按"F1 参数索引"键，再按"F4 轴补偿参数"键，移动光标选择"0 轴"，即进入系统 X 轴补偿参数界面，将记录表中计算所得的轴线平均反向差值写入系统 X 轴补偿参数表的"反向间隙（内部脉冲当量）"后的数据栏。图 2-3-14 为 X 轴反向间隙补偿参数设置界面图。

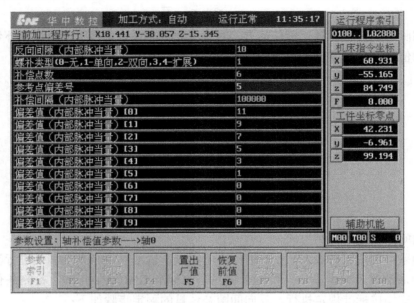

图2-3-14　X轴反向间隙补偿参数设置界面

任务实施

一、滚珠丝杠螺母副安装精度检测

（1）熟悉工具及仪器。

（2）表 2-3-2 为滚珠丝杠螺母副安装精度检测表。

表 2-3-2　滚珠丝杠螺母副安装精度检测

项目	允差范围	工具及量具	检测结果	是否合格
圆跳动				
轴向窜动量				
平行度				
对称度				

二、反向间隙测量与补偿

（1）编制运行程序。

（2）表 2-3-3 为反向间隙测量表。在程序运行暂停点记录千分表读数，并填入表中对应的项。

（3）计算 X 轴各测量目标点的 X_m 正向各点的值、X_m 反向各点的值，最后得到 X 轴的反向偏差值。

（4）将所测得的各轴反向偏差值输入到数控系统的补偿参数，当数控系统返回参考点后，各补偿参数生效。

表 2-3-3　反向间隙测量

测量点	循环次数	千分表初值	正向接近测量点千分表读数	负向接近测量点千分表读数	$X_{mi}\uparrow$	$X_{mi}\downarrow$
X轴行程端点1	1					
	2					
	3					
	4					
	5					
X轴行程端点1的正、负方向反向偏差值					$\overline{X}_1\uparrow$	$\overline{X}_1\downarrow$
X轴行程中点	1					
	2					
	3					
	4					
	5					
X轴行程中点的正、负方向反向偏差值					$\overline{X}_m\uparrow$	$\overline{X}_m\downarrow$
X轴行程端点2	1					
	2					
	3					
	4					
	5					
X轴行程端点2的正、负方向反向偏差值					$\overline{X}_2\uparrow$	$\overline{X}_2\downarrow$
X轴反向偏差B：各测量点的正、负向反向偏差值的最大值					B	

知识拓展

一、滚珠丝杠螺母副润滑与防护

1. 滚珠丝杠螺母副的润滑和密封

滚珠丝杠螺母副可用润滑剂来提高耐磨性及传动效率。润滑剂可分润滑油及润滑脂两大类。润滑油为一般机油、90～180号透平油或140号主轴油。润滑脂可采用锂基油脂。润滑油经过壳体上的油孔注入螺母的空间内，润滑脂则加在螺纹滚道和安装螺母的壳体空间内。图2-3-15为滚珠丝杠螺母副润滑装置。

2. 滚珠丝杠副常用防尘密封圈和防护罩

（1）密封圈。密封圈装在滚珠螺母的两端。接触式的弹性密封圈是用耐油橡皮或尼龙等材料制成的，其内孔制成与丝杠螺纹滚道相配合的形状。接触式密封圈的防尘效果好，但因有接触压力，所以会使摩擦力矩略有增加。非接触式的密封圈是用聚氯乙烯等材料制成的，其内孔形状与丝杠螺纹滚道相反，并略有间隙，非接触式密封圈又称为迷宫式密封圈。

（2）防护罩。对于暴露在外面的丝杠，一般采用螺旋钢带、伸缩套筒以及折叠式塑料或人造革等形式的防护罩，以防止尘埃和磨粒黏附到丝杠表面。这几种防护罩与导轨的防护罩有相似之处，其一端连接在滚珠螺母的端面上，另一端固定在滚珠丝杠的支撑座上。图2-3-16为伸缩式防护罩。

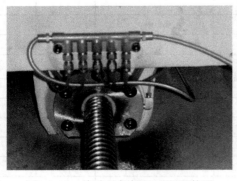 

图2-3-15　滚珠丝杠螺母副润滑装置　　　　　图2-3-16　伸缩式防护罩

二、滚珠丝杠螺母副常见故障与排除

表2-3-4为滚珠丝杠螺母副常见故障及排除方法。

表2-3-4　滚珠丝杠螺母副常见故障及排除方法

故障现象	故障原因	排除方法
滚珠丝杠螺母副噪声	丝杠支承轴承的压盖压合情况不好	调整轴承压盖，使其紧压轴端面
	丝杠支承轴承可能破损	更换新轴承
	电动机与丝杠联轴器松动	拧紧联轴器，锁紧螺钉
	丝杠润滑不良	改善润滑条件，使润滑油充足
	滚珠丝杠螺母副滚珠有破损	更换新滚珠
滚珠丝杠运动不灵活	轴向预加载荷太大	调整轴向间隙和预加载荷
	丝杠与导轨不平行	调整丝杠支座的位置
	螺母轴线与导轨不平行	调整螺母座的位置
	丝杠弯曲变形	校直丝杠
螺母副传动不良	滚珠丝杠螺母副润滑状态不良	取下套罩，加润滑脂
反向误差大，加工精度不稳定	丝杠轴联轴器锥套松动	重新紧固并用百分表反复测试
	丝杠轴滑板配合压板过紧或过松	重新调整或修研
	丝杠轴滑板配合楔铁过紧或过松	调整或修研，使接触率达70%以上
	滚珠丝杠预紧力过紧或过松	调整预紧力，检查轴向窜动值
	滚珠丝杠螺母端面与结合面不垂直	修理、调整或加垫处理
	丝杠轴承预紧力过紧或过松	修理、调整
	滚珠丝杠制造误差大或轴向窜动超差	用仪器测量并调整丝杠窜动
	润滑油不足或没有	调节至各导轨面均有润滑油
	其他机械干涉	排除干涉

三、滚珠丝杠副维修实例

1. 丝杠窜动

故障现象：TH6380 卧式加工中心，启动液压后，手动运行 Y 轴时液压自动中断，CRT 显示报警，驱动失效，其他各轴正常。

故障分析：该故障涉及电气、机械、液压等部分，任何环节有问题均可导致驱动失效，故障检查的顺序大致如下：

伺服驱动装置→电动机及测量器件→电动机与丝杠连接部分→液压平衡装置→开口螺母和滚珠丝杠→轴承→其他机械部分。

故障处理：①检查驱动装置外部接线及内部元器件的状态良好，电动机与测量系统正常；②拆下 Y 轴液压抱闸，将电动机与丝杠的同步传动带脱离，手摇 Y 轴丝杠，发现丝杠上下窜动；③拆开滚珠丝杠上轴承座正常；④拆开滚珠丝杠下轴承座，发现轴向推力轴承的紧固螺母松动，导致滚珠丝杠上下窜动。

由于滚珠丝杠上下窜动，造成伺服电动机转动带动丝杠空转约一圈。在数控系统中，当 NC 指令发出后，测量系统应有反馈信号，若间隙的距离超过了数控系统所规定的范围，即电动机空走若干个脉冲后光栅尺无任何反馈信号，则数控系统必报警，导致驱动失效，机床不能运行。拧好紧固螺母，滚珠丝杠不再窜动，故障排除。

2. 电动机发热

故障现象：机床工作台运动时，发现 X 轴电动机严重发热，无法正常使用。经测电动机电枢电流工作时约为额定电流的 60%，但不工作时其电流也有 40% 左右。

故障分析：电动机电流过大，很可能是机械方面的阻力较大，造成电动机负载转矩过大而引起的。查阅机床的机械传动机构，分析 NC 系统中跟 X 轴运动有关的参数，发现 6 号参数是反向间隙补偿量。设定值 X 轴为 0.28 mm，Y 轴为 0.02 mm，Z 轴为 0.03 mm，回转台为 0.008 mm，对比分析，说明 X 轴这个反向间隙设定值出现异常。

分析机械传动图，X 轴电动机的较大负载转矩只能来自纵向工作台导轨上的压板或者是导轨侧面的镶条（假设轴承是好的）。调整了纵向工作台的压板螺钉和镶条的紧松之后，X 轴电动机的电流立即降低了。

伺服电动机虽未得到运动指令，仅在原位左右做来回晃动，但每一次产生反转动作都必定会使滚珠丝杠螺纹面跟螺母副的螺纹面强烈地贴合摩擦。这种情况只需维持 2、3 h，即使工作台不运动，大电流产生的热量也足以使电动机发烫。

故障处理：①正确设置 6 号参数。6 号参数用于设置反方向间隙补偿值，反向间隙与传动链、工件台负荷、工件台位置等诸因素有关。设定该参数时，要精确测量反向间隙数值，但不能将实际的反向间隙值全部补偿到 6 号参数中，应将反向间隙设置到欠补偿的状态。②按照标准值，正确调整各轴压板、镶条等部件的松紧。经过处理后，机床故障排除。

技能训练

（1）滚珠丝杠副精度检测。

（2）反向间隙检测与补偿。

问题思考

(1) 滚珠丝杠螺母副安装时如何进行精度调整？

(2) 滚珠丝杠螺母副的反向间隙过大会引起什么故障？如何排除？

任务四　调整缸体移动——液压气动系统故障诊断与维护

任务导入

图 2-4-1 为数控机床液压气动装置实物图。液压系统广泛应用于液压卡盘、静压导轨、主轴箱变速装置、回转工作台等。气动系统用于刀库换刀、开关防护门、清除铁屑等。本任务要求了解数控机床液压气动系统使用中应注意哪些事项；日常维护工作的重点有哪些；常见有哪些故障。

任务目标

知识目标

(1) 了解液压与气动元件的维护和保养内容。

(2) 掌握现代数控机床常用液压与气动系统控制原理。

能力目标

(1) 能正确说出液压、气动系统元件作用及维护保养内容。

(2) 结合机床资料，能看懂液压与气动控制系统原理图。

(3) 能排除简单液压与气动系统故障。

液压系统

气动与润滑系统

图2-4-1　数控机床液压气动装置实物图

任务描述

图 2-4-2 为某加工中心自动换刀系统刀库移动气缸，带动刀库前后移动，打刀缸上下移动实现主轴刀具夹紧与松开。本任务要求掌握自动换刀气动系统控制原理，会调整系统

压力及缸体运行速度，能做好气动系统装置日常检查维护和保养。

刀库移动气缸　　　　　　　　　　　　打刀缸

图2-4-2　自动换刀系统刀库移动气缸

相关知识

一、气动回路控制元件

1. 气源处理件

图 2-4-3 为气源处理器件。气源处理件一般由空气过滤器、减压阀和油雾器组成，作用是除去压缩空气中所含的杂质及凝结水，调节并保持恒定的工作压力。使用时，应注意经常检查过滤器中凝结水水位，在超过最高标线以前必须排放，以免被重新吸入。气源处理组件的气路入口处安装一个快速气路开关，用于启 / 闭气源，当把气路开关向左拔出时，气路接通气源，反之把气路开关向右推入使气路关闭。

气源处理件输入气源来自空气压缩机，所提供的压力为 0.6 ～ 1.0 MPa，输出压力为 0 ～ 0.8MPa 可调。输出的压缩空气通过快速三通接头和气管输送到各工作单元。

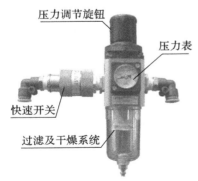

压力调节旋钮

压力表

快速开关

过滤及干燥系统

图2-4-3　气源处理器件

2. 直线气缸

图 2-4-4 为双作用直线气缸的实物图和半剖视图，气缸的两个端盖上都设有进、排气口，从无杆侧端盖气口进气时，推动活塞向左运动；反之，从有杆侧端盖气口进气时，推动活塞向右运动。

双作用气缸具有结构简单，输出力稳定，行程可根据需要选择的优点。为了使气缸的动作平稳可靠，应对气缸的运动速度加以控制，常用的方法是使用单向节流阀来实现。

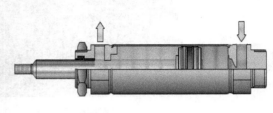

图2-4-4　双作用直线气缸的实物图和半剖视图

3. 单向节流阀

单向节流阀是由单向阀和节流阀并联而成的流量控制阀，用于控制气缸的运动速度，也称为速度控制阀。图 2-4-5 为节流阀连接示意图，这种连接方式称为排气节流方式。当压缩空气从 A 端进气、从 B 端排气时，单向节流阀 A 的单向阀开启，向气缸无杆腔快速充气；由于单向节流阀 B 的单向阀关闭，有杆腔的气体只能经节流阀排气。调节节流阀 B 的开度，便可改变气缸伸出时的运动速度；反之，调节节流阀 A 的开度则可改变气缸缩回时的运动速度，并且活塞运行稳定。

图 2-4-6 为带快速接头节流阀的气缸。节流阀上带有快速接头，将合适外径的气管往快速接头上一插就可以与管连接，使用十分方便。

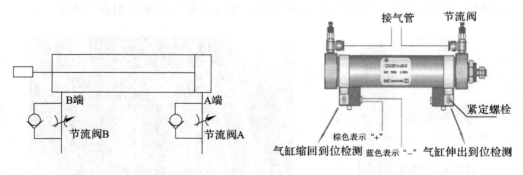

图2-4-5　节流阀连接　　　　　　　图2-4-6　带快速接头节流阀的气缸

4. 电磁换向阀

气体流动方向由改变气体流动方向或通断的控制阀控制，采用电磁控制方式实现方向控制，称为电磁换向阀。图 2-4-7 为电磁换向阀图形符号，"位"指的是为了改变气体方向，阀芯相对于阀体不同的工作位置；"通"则指换向阀与系统相连的通口，有几个通口即为几通。图形中有几个方格就是几位，方格中的"┳"和"┴"符号表示各接口互不相通。

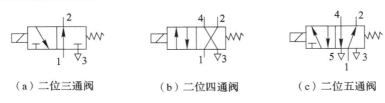

（a）二位三通阀　　　　（b）二位四通阀　　　　（c）二位五通阀

图2-4-7　电磁换向阀图形符号

5. 磁性开关

图2-4-8为带磁性开关的气缸。气缸缸筒采用导磁性弱、隔磁性强的材料，如硬铝、不锈钢等。在非磁性体的活塞上安装一个永久磁铁的磁环，安装在气缸外侧的磁性开关检测气缸的活塞位置。

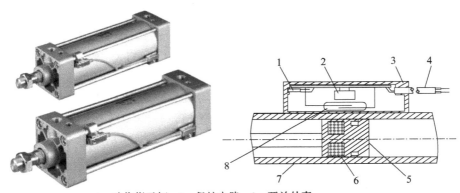

1—动作指示灯；2—保护电路；3—开关外壳；
4—导线；5—活塞；6—磁环；7—缸筒；8—舌簧开关

图2-4-8　带磁性开关的气缸

触点式的磁性开关用舌簧开关作磁场检测元件，当气缸中随活塞移动的磁环靠近开关时，舌簧开关的两根簧片被磁化后而相互吸引，触点闭合；当磁环移开开关后，簧片失磁，触点断开。触点闭合或断开时发出电控信号，利用该信号来判断气缸的运动状态或所处的位置。

在磁性开关上设置的LED显示用于显示其信号状态，磁性开关动作时，输出信号"1"，LED亮；磁性开关不动作时，输出信号"0"，LED不亮。磁性开关的安装位置可以调整，调整方法是松开它的紧固螺栓，让磁性开关顺着气缸滑动，到达指定位置后，再旋紧紧固螺栓。

磁性开关需要定期维护检查下面几点，以防开关误动作。

（1）拧紧感应开关的安装小螺钉，防止感应开关松动或位置发生偏移。

（2）检查导线有无损伤，导线损伤会造成绝缘不良或导线断路。如发现导线破损，应更换开关或修复导线。

二、气动系统控制原理

图2-4-9为加工中心气动换刀系统，图中SQ10、SQ11和SQ15、SQ16，分别为安装在打刀气缸、刀库伸缩气缸极限工作位置的磁感应接近开关，YV1、YV2和YV3为控制气缸换向的电磁阀。

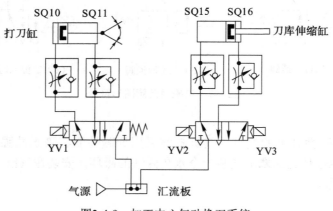

图2-4-9　加工中心气动换刀系统

斗笠式刀库换刀动作可分为三个，即取刀、还刀和换刀。由于采用固定刀位的管理方式，刀具的交换实际上是取刀和还刀这两个动作。我们以取刀（主轴上没有安装刀具）为例，介绍气动换刀系统的工作过程。

取刀工作过程：Z 轴进入准备位置→刀库电动机旋转选刀→刀库伸缩电磁阀 YV2 得电→ SQ16 检测刀库伸出到位→打刀缸电磁阀 YV1 得电→ SQ11 检测主轴松开到位→ Z 轴进入换刀位置→打刀缸电磁阀 YV1 失电→ SQ10 检测主轴夹紧到位→刀库伸缩电磁阀 YV3 得电→ SQ15 检测刀库缩回到位→ Z 轴返回工作位置，取刀结束。

三、气动传动系统的维护

1. 气压传动系统的维护要点

1）保证供给洁净的压缩空气

压缩空气中通常都含有水分、油分和粉尘等杂质。水分会使管道、阀和气缸腐蚀；油分会使橡胶、塑料等密封材料变质；粉尘会造成阀体动作失灵。选用合适的过滤器，可以清除压缩空气中的杂质，使用过滤器时应及时排除积存的液体，否则，当积存液体接近挡水板时，气流仍可将积存物卷起。

2）保证空气中含有适量的润滑油

大多数气动执行元件和控制元件都要求适度的润滑。如果润滑不良将会发生以下故障：

（1）由于摩擦阻力增大而造成气缸推力不足，阀心动作失灵。

（2）由于密封材料的磨损而造成空气泄漏。

（3）由于生锈造成元件的损伤及动作失灵。

一般采用油雾器进行喷雾润滑，油雾器一般安装在过滤器和减压阀之后。油雾器的供油量一般不宜过多，通常每 $10\ m^3$ 的自由空气供 1 毫升的油量（即 $40 \sim 50$ 滴油）。检查润滑是否良好的方法是：找一张干净的白纸放在换向阀的排气口附近，如果阀在工作 $3 \sim 4$ 个循环后，白纸上只有很轻的斑点，则表明润滑良好。

3）保持气动系统的密封性

漏气不仅增加了能量的消耗，也会导致供气压力的下降，甚至会造成气动元件工作失常。

严重的漏气在气动系统停止运动时，由漏气引起的响声很容易发现；轻微的漏气则应利用仪表，或用涂抹肥皂水的办法进行检修。

4）保证气动元件中运动零件的灵敏性

从空气压缩机排出的压缩空气，包含有粒度为 $0.01 \sim 0.8 \mu m$ 的压缩机油微粒，在排气温度为 $120 \sim 220℃$ 的高温下，这些油粒会迅速被氧化，氧化后油粒颜色变深，黏性增大，并逐步由液态固化成油泥。这种微米级以下的颗粒，一般过滤器无法滤除，当它们进入到换向阀后便附着在阀芯上，使阀的灵敏度逐步降低，甚至出现动作失灵。为了清除油泥，保证阀的灵敏度，可在气动系统的过滤器之后，安装油雾分离器，将油泥分离出来。此外，定期清洗也可以保证阀的灵敏度。

5）保证气动装置具有合适的工作压力和运动速度

调节工作压力时，压力表应当工作可靠，读数准确。减压阀与节流阀调节好后，必须紧固调压阀盖或锁紧螺母，防止松动。

2. 气动系统的点检与定检

1）管路系统的点检

管路系统点检的主要内容是对冷凝水和润滑油的管理。冷凝水的排放，一般应当在气动装置运行之前进行，但是当夜间温度低于 $0℃$ 时为防止冷凝水冻结，气动装置运行结束后，应开启放水阀门排放冷凝水。补充润滑油时，要检查油雾器中油的质量和滴油量是否符合要求。此外，点检还应包括检查供气压力是否正常，有无漏气现象等。

2）气动元件的定检

气动元件定检的主要内容是处理系统的漏气现象。例如更换密封元件，处理管接头或连接螺钉松动等，定期检查测量仪表、安全阀和压力继电器等。表2-4-1为气动元件定检表。

表2-4-1　气动元件定检

元件名称	定 检 内 容	元件名称	定 检 内 容
气缸	活塞杆与端面之间是否漏气	油雾器	油杯内油量是否足够，润滑油是否变色、混浊，油杯底部是否沉积有灰尘和水
	活塞杆是否划伤、损坏		滴油量是否足够
	管接头、配管是否划伤、损坏	调压阀	压力表读数是否在规定范围内
	气缸动作时有无异常		调压阀盖或锁紧螺母是否锁紧
	缓冲效果是否合乎要求		有无漏气
电磁阀	电磁阀外壳温度是否过高	过滤器	储水杯中是否积存冷凝水
	电磁阀动作时，工作是否正常		滤芯是否应该清洗或更换
	气缸行程到末端时，通过检查阀的排气口是否有漏气，来判断电磁阀是否漏气		冷凝水排放阀动作是否可靠
	紧固螺栓及管接头是否松动	安全阀及压力继电器	在调定压力下动作是否可靠
	电压是否正常，电线是否有损伤		校验合格后，是否有铅封或锁紧
	通过检查排气口是否被油润湿，或排气时是否会在白纸上留下油雾斑点，来判断润滑是否正常		电线是否损伤，绝缘是否合格 电线是否损伤，绝缘是否可靠

任务实施

一、图 2-4-10 为某加工中心自动换刀系统原理图，阅读分析该气动系统。表 2-4-2 为自动换刀系统认知与维护表，通过填写表格认识换刀系统元件，熟悉维护内容。

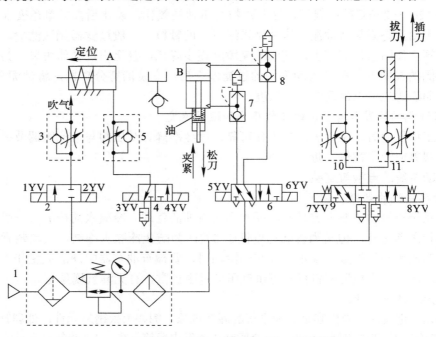

图2-4-10　某加工中心自动换刀系统原理

表 2-4-2　自动换刀系统认知与维护

元件名称	元件型号	功　　能	调整和维护内容

二、设置换刀故障，记录观察到的故障现象。表 2-4-3 为自动换刀故障设置与排除表。

表 2-4-3　自动换刀故障设置与排除

故障设置	故障现象	原因分析
调整风泵压力到额定值以下		
液压阀漏气		
通过调整节流阀，增大进气量		

知识拓展

一、液压传动系统的维护

1. 维护要点

（1）保持油液清洁，是确保液压系统正常工作的重要措施。据统计，液压系统的故障有 80% 是由于油液污染引发的，油液污染还会加速液压元件的磨损。

（2）控制油液的温升，是减少能源消耗、提高系统效率的一个重要环节。

（3）控制液压系统的泄漏。泄漏和吸空是液压系统常见的故障，要控制泄漏，首先是提高液压元件的加工精度和元件的装配质量以及管道系统的安装质量；其次是提高密封件的质量，注意密封件的安装使用与定期更换；最后是加强日常维护。

（4）防止液压系统振动与噪声。振动会影响液压件的性能，使螺钉松动、管接头松脱，从而引起漏油。

（5）严格执行日常点检制度。液压系统故障具有隐蔽性、可变性和难于判断性。因此应对液压系统的工作状态进行点检，把可能产生的故障现象记录在日检维修卡上，并将故障排除在萌芽状态，减少故障的发生。

（6）严格执行定期紧固、清洗、过滤和更换制度。液压设备在工作过程中，由于冲击振动、磨损和污染等因素，使管件松动，金属件和密封件磨损，因此必须对液压件及油箱等实行定期清洗和维修，对油液、密封件执行定期更换。

2. 液压系统的点检

（1）各液压阀、液压缸及管接头处是否有外漏。

（2）液压泵或液压马达运转时是否有异常噪声等现象。

（3）液压缸移动时工作是否正常平稳。

（4）液压系统的各测压点压力是否在规定的范围内，压力是否稳定。

（5）油液的温度是否在允许范围内。

（6）液压系统工作时有无高频振动。

（7）电气控制或撞块（凸轮）控制的换向阀工作是否灵敏可靠。

（8）油箱内油量是否在油标刻线范围内。

（9）行程开关或限位挡块的位置是否有变动。

（10）液压系统手动或自动工作循环时是否有异常现象。

（11）定期对油箱内的油液进行取样化验，检查油液质量，定期过滤或更换油液。

（12）定期检查蓄能器的工作性能。

（13）定期检查冷却器和加热器的工作性能。

（14）定期检查和紧固重要部位的螺钉、螺母、接头和法兰螺钉。

（15）定期检查更换密封件。

（16）定期检查清洗或更换重要的液压元件。

（17）定期检查清洗或更换滤芯。

（18）定期检查清洗油箱和管道。

二、液压气动装置常见故障与排除

液压与气动系统在数控机床的润滑系统、刀具夹紧装置、主轴变速装置、换刀装置、回转工作台、卡盘、尾座套筒装置等控制过程中出现的故障比较多。表 2-4-4 为数控机床液压气动装置常见故障现象及排除方法。

表 2-4-4　数控机床液压气动装置常见故障现象及排除方法

故障现象	故障原因	排除方法
没有润滑油循环或润滑不足	油管或过滤器堵塞	清除堵塞物
	润滑油压力不足	调整供油压力
刀具夹紧后不能松开	液压缸压力和行程不够	调整压力和活塞行程开关
主轴无变速	变速液压缸压力不足	检测工作压力，若低于额定压力应调整
	变速液压缸磨损或卡死	修去毛刺或研伤，清洗后重装
	变速液压缸拨叉脱落	修复或更换
	变速液压缸窜油或内泄	更换密封圈
	变速电磁阀卡死	修理电磁阀并清洗
	变速复合开关失灵	更换开关
转塔刀架没有抬启动作	抬起电磁铁断线或阀杆卡死	修理或清理污物，更换电磁阀
	压力不够	检查油箱并重新调整压力
	抬起液压缸研损或密封圈损坏	修复研损部分或更换密封圈
转塔转位速度缓慢或不转位	转位电磁阀断线或阀杆卡死	修理或更换
	压力不够	是否液压故障，调整到额定压力
	转位速度节流阀卡死	清洗节流阀或更换
	液压泵研损卡死	检修或更换液压泵
转塔刀重复定位精度差	液压夹紧力不足	检查油箱并重新调整压力
	夹紧液压缸拉毛或研损	修复研损部分或更换密封圈
	转塔液压缸拉毛或研损	修理调整压板和镶条
刀具不能夹紧	风泵气压不足	使风泵压力在额定范围内
	增压漏气	关紧增压
	刀具夹紧液压缸漏油	更换密封装置，确保液压缸不漏油
机械手换刀速度过快	气压太高或节流阀开口过大	旋转节流阀至换刀速度合适
回转工作台没有抬启动作	抬起液压阀卡住没有动作	修理或清理污物，更换电磁阀
	液压压力不够	检查油箱并重新调整压力
	抬起液压缸研损或密封圈损坏	修复研损部分或更换密封圈
回转工作台不转位	转位液压缸拉毛或研损	修复研损部分或更换密封圈
	转位液压阀卡住没有动作	修理或清理污物，更换电磁阀
回转工作台转位分度不到位，顶齿或错齿	转位液压缸研损，未转到位	修复研损部位
	转位液压缸前端缓冲装置失效，死挡铁松动	修复缓冲装置，拧紧死挡铁螺母

续表

故障现象	故障原因	排除方法
回转工作台不夹紧，定位精度差	夹紧液压阀卡住没有动作	修理或清理污物，更换电磁阀
	液压油压力不够	检查油箱并重新调整压力
导轨研伤	导轨润滑不良	调整导轨润滑油量，保证润滑油压力
尾座主轴不能伸缩	尾座主轴压力表其值是否适当	检查油箱并重新调整压力
	尾座伸缩用电磁阀是否动作	修理或清理污物，更换电磁阀
	伸缩速度的节流阀调整位置是否合适，是否被堵塞	清洗节流阀或更换
	检查尾座主轴的润滑情况，尾座主轴表面有无划伤、损坏的痕迹	调整尾座主轴润滑油量，保证润滑油压力
卡盘无法动作	液压缸无法动作	测试液压系统
底爪的行程不足	夹持力量不足	确定油压是否达到设定值

三、数控机床液压气动装置维修实例

1. 松刀动作缓慢

故障现象：TH5840 立式加工中心换刀时，主轴松刀动作缓慢。

故障分析：根据自动换刀气动控制原理图进行分析，主轴松刀动作缓慢的原因有：①气动系统压力太低或流量不足；②机床主轴拉刀系统有故障，如碟型弹簧破损等；③主轴松刀气缸有故障。

故障处理：首先检查气动系统的压力，压力表显示气压为 0.6 MPa，压力正常；将机床操作转为手动，手动控制主轴松刀，发现系统压力下降明显，气缸的活塞杆缓慢伸出，故判定气缸内部漏气。拆下气缸，打开端盖，压出活塞和活塞环，发现密封环破损，气缸内壁拉毛。更换新的气缸后，故障排除。

2. 换刀时不能拔刀

故障现象：一台配套 FANUC 0i MC 系统，型号为 XH754 的加工中心，换刀时，手爪未将主轴上的刀具拔出，系统报警。

故障分析：手爪不能将主轴上刀具拔出可能的原因有：①刀库不能伸出；②主轴松刀液压缸未动作；③松刀机构卡死。

故障处理：将主轴上的刀具复位，消除报警；如不能消除，则停电、再送电开机。用手摇脉冲发生器移动主轴，尝试手动更换主轴上的刀具，发现依然不能拔刀，故怀疑松刀液压缸有问题；进一步观察，发现松刀时，松刀液压缸未动作，且气液转换缸油位指示无油，检查发现其供油管脱落，重新安装好供油管，加油后，打开液压缸放气两次，松刀恢复正常。

技能训练

（1）防止气动系统泄露的维护。

（2）正确调整气动系统的压力。

问题思考

（1）气缸不动作，可能的故障原因是什么？

（2）气动换向阀漏气，可能的故障原因是什么？

模块三 数控铣床(华中 HNC 21)原理与维修

任务一 启动 HNC 21 数控装置——数控系统连接与维修

任务导入

世纪星 HNC 21 数控装置采用开放式体系结构，内置嵌入式工业 PC 机，全汉字操作界面，具有故障诊断与报警显示、图形加工轨迹显示和仿真功能，集成进给轴、主轴、手持单元及 PLC 于一体，具有直线、圆弧、刀具补偿、宏程序等功能。图 3-1-1 为世纪星 HNC 21 数控装置。本任务要求了解数控装置的接口及基连接。

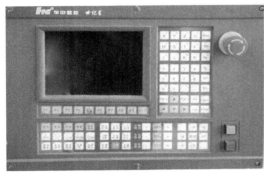

前面板　　　　　　　　　　　　　　　　后面板

图3-1-1　世纪星HNC 21数控装置

任务目标

知识目标

（1）了解 HNC 21 数控装置接口的定义。

（2）掌握 HNC 21 的电气控制原理。

能力目标

（1）会正确连接 HNC 21 与其他功能部件。

（2）能排除 HNC 21 数控装置的电源系统故障。

任务描述

图 3-1-2 为 HNC 21 数控装置与其他单元连接总体框图。本任务要求通过查阅数控系统有关技术手册，了解 HNC 21 数控装置接口功能定义，掌握接口与其他单元连接方式，

能绘制出数控装置电源供电原理图，会排除数控装置电源供电故障。

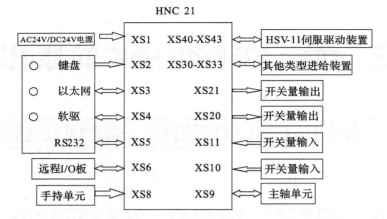

图3-1-2　HNC 21数控装置与其他单元连接总体框图

相关知识

一、数控装置接口

图 3-1-3 为 HNC 21 数控装置接口图，定义如下：

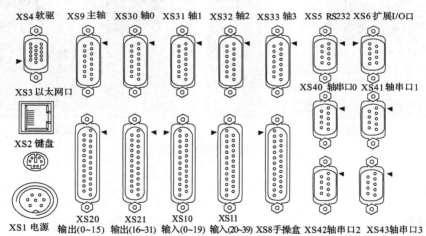

图3-1-3　HNC 21数控装置接口

XS1——电源接口，数控装置 DC24V 开关电源输入；

XS2——PC 键盘接口，系统调试时外接键盘；

XS3——以太网接口，与外部计算机连接并进行数据交换；

XS4——软驱接口，与软驱连接进行数据交换，已淘汰；

XS5——RS232 接口，与外部计算机连接并进行数据交换；

XS6——远程 I/O 板接口，与上下级远程 I/O 端子板连接，扩展 I/O 点；

XS8——手持单元接口，外接手持单元坐标选择、增量倍率选择，使能按钮等；

XS9——主轴控制接口，主轴模拟量输出，控制主轴转速，还可以外接主轴编码器，实现螺纹车削和铣床上的刚性攻丝功能；

　　XS10 ～ XS11——输入开关量接口，机床外部开关量信号输入；

　　XS20 ～ XS21——输出开关量接口，数控装置开关量信号输出；

　　XS30 ～ XS33——进给轴控制接口，传递位置指令，控制各种进给驱动装置；

　　XS40 ～ XS43——串行式 HSV-11 型伺服轴控制接口，与 HSV-11 系列交流伺服驱动装置连接的专用接口。

二、总体连线图

　　图 3-1-4 为 HNC 21 数控装置总体连接。表 3-1-1 为主轴控制接口 XS9 信号功能，表 3-1-2 为进给轴接口 XS30 ～ XS33 信号功能。

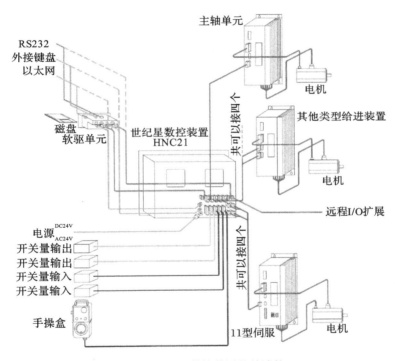

图3-1-4　HNC 21数控装置总体连接

表 3-1-1　主轴控制接口 XS9 信号功能

管脚号	名称	功　　能	管脚号	名称	功　　能
1	SA+	主轴码盘A相反馈信号	9	SA−	主轴码盘A相反馈信号
2	SB+	主轴码盘B相反馈信号	10	SB−	主轴码盘B相反馈信号
3	SZ+	主轴码盘Z相反馈信号	11	SZ−	主轴码盘Z相反馈信号
4	+5V	DC5V电源	12	+5V	DC5V电源
5	+5VGND	DC5V 电源地	13	+5VGND	DC5V 电源地
6	AOUT1	主轴模拟量，−10V～10V	14	AOUT2	主轴模拟量，−10V～10V
7	GND	模拟量输出地	15	GND	模拟量输出地
8	GND	模拟量输出地			

表 3-1-2 进给轴接口 XS30 ～ XS33 信号功能

管脚号	名称	功 能	管脚号	名称	功 能
1	SA+	码盘A相反馈信号	9	SA–	主轴码盘A相反馈信号
2	SB+	码盘B相反馈信号	10	SB–	主轴码盘B相反馈信号
3	SZ+	码盘Z相反馈信号	11	SZ–	主轴码盘Z相反馈信号
4	+5V	DC5V电源	12	+5V	DC5V电源
5	GND	DC5V 电源地	13	GND	DC5V 电源地
6	OUTA	模拟量电压输出	14	CP+	输出指令脉冲
7	CP–	输出指令脉冲	15	DIR+	输出指令方向
8	DIR–	输出指令方向			

三、数控装置电源连接

图 3-1-5 为 HNC 21 数控装置电源供电原理。图中，TC2 为控制变压器，初级线圈输入电压为 AC380V，次级线圈输出电压为 AC110V、AC220V、AC24V。AC110V 给交流控制回路供电；AC24V 给工作灯提供电源；AC220V 给电控柜风扇、润滑电动机提供电源，同时 AC220V 通过低通滤波器、开关电源 VC1 输出 DC24V 电压，给数控装置、PLC 输入 / 输出、24V 继电器线圈、伺服模块、吊挂风扇等提供电源。VC1 输出另一路 DC24V 用于 Z 轴电磁抱闸制动，空气开关 QF4、QF5、QF6、QF7、QF8、QF9、QF10 为电路提供保护。

任务实施

一、HNC 21 接口认识

（1）查阅 HNC 21 技术手册。
（2）指出接口名称、功能及接口端子引脚定义。
（3）绘制 HNC 21 系统连线功能框图。

二、系统连接

（1）数控装置与主轴及伺服驱动器的连接。
（2）数控装置电源连接。

三、数控装置电源供电故障排除

（1）通电前，首先测量各电源电压是否正常。
（2）用万用表测量交流电压，断开变压器次级线圈，观察机床工作状态，并用万用表测量次级电压。
（3）用万用表测量开关电源的输出电压（DC24V），观察机床工作状态。
（4）图 3-1-5 中，合上和断开 QF4、QF5、QF6、QF7、QF8、QF9、QF10，观察开关电源指示灯工作状态，用万用表测量各端子间的电压。

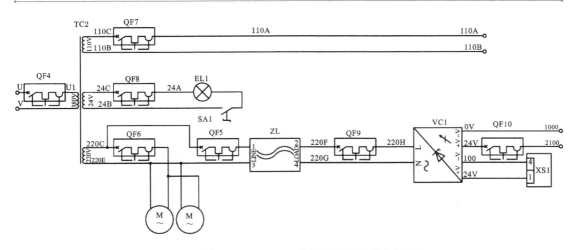

图3-1-5　HNC 21数控装置电源供电原理

知识拓展

一、数控装置使用

1. 安装

（1）数控装置机壳非防水设计，应安装在电气柜中无雨淋和阳光照射的地方。

（2）数控装置与控制柜机壳或其他设备之间必须按规定留出间隙，以便散热。

（3）数控装置的安装使用应通风良好，避免可燃气体和研磨液、油雾、铁粉等腐蚀性物质的侵袭，避免金属机油等导电性物质进入。

（4）数控装置不能安装或放置在易燃易爆物品附近。

（5）安装必须牢固，安装时不得敲击设备。

2. 接线

（1）数控装置必须可靠接地，接地电阻应小于 4Ω。切勿使用中性线代替地线，否则系统可能因干扰而不能稳定工作。

（2）接线必须正确牢固，否则可能产生误动作。

（3）数控装置到伺服驱动单元，位置传感器到伺服驱动单元及数控装置反馈电缆，尽可能不要转接，否则数控装置可能因干扰而不能正常工作。

（4）每个连接器上的电压值和正负极性与说明书的规定相符，否则可能发生短路，造成设备永久性损坏。

（5）在插拔插件或扳动开关前，手部应保持干燥，以防触电或损坏数控装置。

（6）连接电线不能破损，不可挤压，否则可能发生漏电或短路等。

（7）不能带电插拔插头。

3. 运行与调试

（1）运行前，应先检查各参数设置是否正确，错误设定会发生意外动作。

（2）参数修改必须在设置允许范围内，超过允许的范围会导致设备运转不稳，或损坏机器设备。

（3）检查伺服电机的电缆与码盘线是否连接正确。

二、数控铣床电源系统设计

1. 铣床电源系统设计

图 3-1-6 为数控铣床电源系统。照明灯的 AC24V 电源和 HNC 21MC 的 AC24V 电源是各自独立的。工作电流较大的电磁阀用 DC24V 电源与输出开关量（如继电器、伺服控制信号等）用的 DC24V 电源也是各自独立的，且中间采用一个低通滤波器进行隔离。QF0 ～ QF4 为三相空气开关，QF5 ～ QF11 为单相空气开关，KM1 ～ KM4 为三相交流接触器，RC1 ～ RC3 为三相阻容吸收器，RC4 ～ RC7 为单相阻容吸收器，KA5、KA6、KA9、KA10 为直流 24V 继电器，YV1、YV2、YV3、YV4 为电磁阀和 Z 轴电机抱闸线圈。

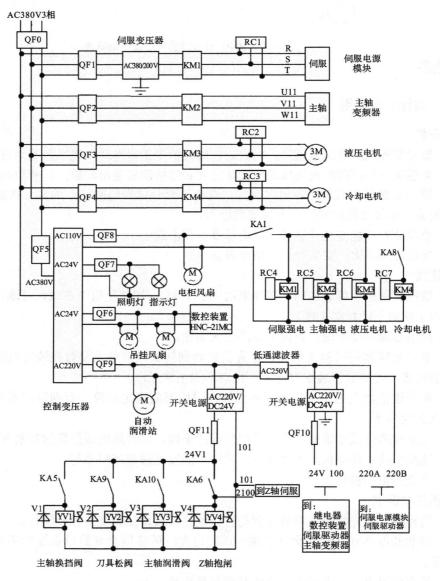

图3-1-6　数控铣床电源系统

2. 数控供电系统抗干扰措施

（1）电源进线应该避免与其他大功率、频繁启动的设备共用一条干线。

（2）用交流稳压器，可消除过压、欠压造成的影响，减小电网波动。

（3）用低通滤波器，滤去电源进线中 50 Hz 基波中的高频分量或脉冲电流。但是，当干扰脉冲幅度过高时，滤波器内部电感元件往往会出现磁饱和，从而导致滤波器功能丧失。

（4）用双绞线间分布电感与分布电容滤去干扰脉冲。双绞线通常用在弱电信号传输电路中。

（5）用隔离变压器，阻断干扰信号传递通道，削弱干扰信号强度。

（6）用直流稳压电源，将 AC220V 交流电转变成稳定的 DC5V、DC12V 或 DC24V，为 CNC 系统提供稳定的直流电源。

（7）交流电路采用阻容吸收器，直流电路采用续流二极管消除干扰。

3. 数控机床的抗干扰

1）数控机床干扰来源

（1）外界电磁干扰。电火花、高频电源、高频感应加热及高频焊接等设备会产生强烈的电磁波，高频辐射能量通过空间传播，如果数控系统受到电磁波的干扰，数控机床将不能正常工作。

（2）供电线路干扰。数控系统对输入电压范围有严格要求，特别是进口的数控系统对电源的要求更高，过电压或欠电压都会引起电源电压监控系统报警。如果供电线路受到干扰，产生的高频谐波，使 50Hz 基波的频率与相位产生漂移，会导致数控系统不能稳定工作。

供电线路的另一种干扰是大电感负载引起的，电感是储能元件，在断电时要把存储的能量释放出来。由于自感电动势很大，在电网中会形成尖脉冲，这种干扰脉冲频域宽，峰值高，能量大，干扰严重。这类干扰脉冲变化迅速，可能不会引起电源监控的报警，一旦干扰脉冲通过供电线路窜入数控系统，就会导致 CPU 停止运行，甚至造成数控系统参数丢失，机床运行瘫痪。

（3）传输线路干扰。数控机床电气控制信号在传递的过程中受到外界干扰，根据其作用方式可分为差模干扰和共模干扰。差模干扰通过泄漏电阻、共阻抗耦合及供配电回路产生干扰。

2）数控机床抗干扰常用措施

干扰的形成必须同时具备干扰源、干扰途径及对干扰敏感的接收电路三个条件，因此，抑制干扰可采取消除或抑制干扰源、破坏干扰途径及削弱接收电路等措施。数控机床常用的抗干扰措施如下：

（1）减少供电线路干扰。数控机床要远离中频、高频及焊接等电磁辐射强的电气设备，避免和启动频繁的大功率设备共用一条动力线，最好采用独立的供电动力线。在电网电压变化较大的地区，数控机床要使用净化稳压器。在电缆线铺设时，动力线和信号线一定要分离，信号线采用屏蔽双绞线，以减少电磁场耦合干扰。特别注意，在数控机床中若主轴采用变频器调速，机床中的控制线要远离变频器。

（2）减少机床电气控制系统干扰。

① 压敏电阻保护。压敏电阻是一种非线性过电压保护元件，对干扰线路的瞬变、尖峰等干扰起一定的抑制作用。压敏电阻漏电流很小，高压放电时通过电流能力大，且能重复使用。

② 阻容吸收保护。电动机启动与停止时，会在电路中产生浪涌或尖峰等干扰，影响数控系统和伺服系统的正常工作。为了消除干扰，在电路中加上阻容吸收器件，图 3-1-6 中冷却泵

电动机输入端 RC3 就是阻容吸收器件。交流接触器的线圈两端，主回路之间通常也要接入阻容吸收器件，有些交流接触器配备有标准的吸收器件，可以直接插入接触器规定的部位。这些电路由于接入阻容吸收器件，改变了电感元件线路阻抗，从而抑制电器产生干扰噪声。

需要注意的是：因为变频器输出端是高频谐波，所以变频器与电动机之间的连线中不可加入阻容吸收器件，否则会损坏变频器。

③ 续流二极管保护。在数控机床电气控制中，直流继电器电磁线圈、电磁阀电磁线圈等必须加装二极管进行续流保护。因为电感元件在断电时线圈中将产生较大自感电动势，在电感元件两端并联一个续流二极管，释放线圈断电时产生的感应电动势，可减少线圈感应电动势对控制电路的干扰，同时对晶体管等驱动元件进行保护。为了减少续流二极管的电流，可串联电阻元件。有些厂家的直流继电器已将续流二极管并接在线圈两端，给使用安装带来了方便。

（3）屏蔽技术。利用金属材料制成屏蔽罩，将需要防护的电路或线路封闭在其中，根据高频电磁场在屏蔽导体内产生涡流效应，一方面消耗电磁场能量，另一方面涡流产生反磁场抵消高频干扰磁场，可以防止电场和磁场的耦合干扰。屏蔽可以分为静电屏蔽、电磁屏蔽和低频屏蔽三种。通常使用的信号线是铜质网状屏蔽电缆，将信号线穿在铁质蛇皮管或普通铁管内，达到电磁屏蔽和低频屏蔽的目的。数控装置的铁质外壳接地，同时起到静电屏蔽和电磁屏蔽的作用。

（4）保证接地良好。数控机床安装中的接地有严格要求，如果数控装置、电气柜等设备不能按照使用手册要求接地，一些干扰会通过"地线"这条途径对机床起作用，数控机床应采用单独铺设接地体和接地线，采用一点接地，提高抗干扰能力。数控机床的地线系统有信号地、框架地、系统地等。

三、数控装置常见故障维修实例

1. 系统屏幕没有显示

故障现象：一台配套华中 HNC 21 系统的数控铣床，闭合电源开关后，其显示屏没有任何显示。

故障分析：检查输入电源是否正常，接线极性是否正确；观察开关电源工作指示灯，灯亮表示交流部分没有故障，应检查 DC24V 输出电路，如果灯不亮，说明交流部分发生了故障，应从主电路开始检查。用万用表测量 XS1 端口的电源线，没有 DC24V 电压，而DC24V 开关电源指示灯亮，经检验，电源经过的端子排的触点出现松动。

故障处理：用螺丝刀紧固后，系统可以正常启动，电源故障排除。

2. 系统电源抗干扰能力不强

故障现象：一台普通数控车床，CNC 启动就断电，且显示器无显示。

故障分析：初步分析可能是某处接地不良，经过对各个接地点的检测处理，故障未排除。检查了 CNC 各个板的电压，用示波器测量发现接口板处电压有较强纹波。

故障处理：在电源两端并接一个小容量滤波电容，机床正常启动，故障由 CNC 系统电源抗干扰能力不强所致。

3. 空气开关跳闸

故障现象：加工中心数控系统在调试过程中，伺服强电上电后数控机床总空气开关马上跳闸。

　　故障分析：该加工中心使用国产数控系统，首先考虑是不是空气开关额定电流选择过小，经计算分析确认所选择的空气开关额定电流符合机床使用要求。用示波器观察机床上电时的电压波形，发现伺服强电在上电时电压冲击较大，进一步分析发现伺服驱动器功率较大，使用时需外接一电抗器与制动电阻。显然电气人员在设计时加了制动电阻，但为了节省成本没有使用阻抗。

　　故障处理：按照要求加上电抗器后，数控机床上电恢复正常。

技能训练

　　（1）数控机床控制变压器绕组匝间短路检查与维修。
　　（2）数控机床直流供电部分检查与维修。
　　（3）配置华中数控装置的铣床电源系统接线图绘制。

问题思考

　　（1）HNC 21 数控装置有哪些接口？具体定义是什么？
　　（2）HNC 21 数控装置是如何与其他功能部件连接的？
　　（3）数控装置使用中应注意哪些事项？
　　（4）数控机床的抗干扰措施有哪些？
　　（5）数控铣床中有哪几种电源？有何要求？

任务二　连接步进驱动器——步进驱动原理与维修

任务导入

　　图 3-2-1 为步进电动机及驱动器。步进式驱动系统主要由步进驱动器和步进电动机两部分组成，驱动器路接收来自数控机床控制系统的进给脉冲信号，并把此信号转换为控制步进电动机各相定子绕组依此通电、断电的信号，使步进电动机运转。步进电动机的转子与机床丝杠连在一起，转子带动丝杠转动，丝杠再带动工作台移动。本任务要求了解步进驱动器接口有哪些；电气如何控制。

步进电动机

步进驱动器

图3-2-1　步进电动机及驱动器

任务目标

知识目标

(1) 掌握步进电动机工作原理，了解步进驱动器的接口定义。

(2) 掌握步进驱动器电气连接。

能力目标

(1) 会连接步进驱动器线路。

(2) 能排除常见步进驱动器单元故障。

任务描述

图 3-2-2 为华中步进驱动器及控制元器件。本任务要求了解 M535 步进伺服驱动器接口含义，通过在华中 HNC 21 装调维修实训装置上训练，掌握伺服驱动器与其他单元连接的方法，绘制出伺服驱动器的电气控制原理图，会排除常见步进驱动器故障。

图3-2-2 华中步进驱动器及控制元器件

相关知识

一、HNC 21 数控装置接口

华中 HNC 21D 脉冲型或 HNC 21F 全功能型连接步进电动机驱动，数控装置通过 XS30 ～ XS33 脉冲接口，控制步进电动机驱动器，最多可控制 4 个步进电动机驱动装置。图 3-2-3 为 HNC 21 连接步进驱动单元总体框图。图 3-2-4 为 HNC 21 连接五相步进驱动单元。

HNC 21 通过接口 XS30 ～ XS33 外接编码器，构成闭环检测，防止步进电动机失步。图 3-2-5 为 HNC 21 与步进驱动单元闭环连接。

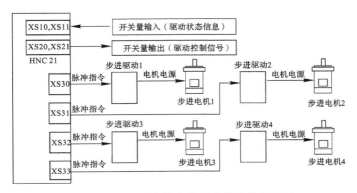

图3-2-3　HNC 21连接步进驱动单元总体框图

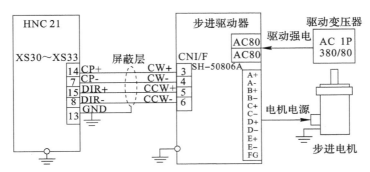

图3-2-4　HNC 21连接五相步进驱动单元

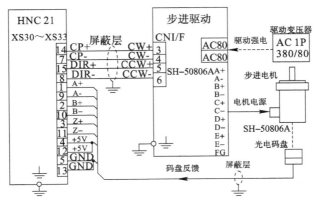

图3-2-5　HNC 21与步进驱动单元闭环连接

二、步进驱动单元

　　M535 是细分型高性能步进驱动器，适合驱动中小型的两相或四相混合式步进电动机，采用双极性等角度恒力矩技术，每秒两万次的斩波频率。在驱动器的侧边装有一排拨码开关组，可以用来选择细分精度以及设置动态工作电流和静态工作电流。57HS13 是四相混合式步进电动机，步距角为 1.8°，静转矩为 1.3 N·m，额定相电流为 2.8 A。图 3-2-6 为 HNC 21 与 M535 的连接。

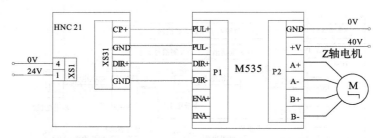

图3-2-6　HNC 21与M535的连接

任务实施

一、步进驱动器接口认识

（1）查阅 M535 驱动器技术手册。

（2）指出各接口名称、功能及接口端子引脚定义。

（3）绘制 M535 驱动器连接功能框图。

二、系统连接

（1）M535 与数控装置之间连接。

（2）M535 使能信号及驱动器电源连接。

（3）步进驱动器与步进电动机连接。

三、步进驱动单元故障排除

（1）步进驱动器通电，M535 使能信号断开与短接，手动转动丝杠，观察工作台状态。

（2）图 3-2-6 中，断开数控系统方向指令信号，手动操作机床坐标轴，观察机床运动状态。

（3）图 3-2-6 中，将步进电动机电源线 A+ 与 A- 进行互换，手动运行 X 轴，观察工作台运动状态。

（4）图 3-2-6 中，手动操作坐标轴，用示波器测量脉冲指令信号，并绘制其波形图。

知识拓展

一、步进驱动器的设置

在步进电动机步距角不能满足要求时，可采用细分驱动功能来驱动步进电动机，细分原理是通过改变相邻（A，B）电流大小，从而改变合成磁场的夹角来控制步进电动机运转。M535 驱动器可提供 2 ～ 256 细分倍数，细分驱动器是将脉冲拍数进行细分或将旋转磁场进行细分，把绕组电流的突然变化变为连续变化，使电动机运行时更加平稳，降低其工作时的噪音。细分电路对于改变电动机的控制精度影响并不大，细分驱动器往往用于减少噪音和提高电动机轴输出的平衡性。

1. M535 细分倍数

表 3-2-1 为 M535 细分倍数设置，通过驱动器面板拨码开关的位置进行设置。详细说

明可查阅相关技术手册。

表 3-2-1 M535 细分倍数设置

细分数 ＼ 拨码开关	SW5	SW6	SW7	SW8
2	1	1	1	1
4	1	0	1	1
8	1	1	0	1
16	1	0	0	1
32	1	1	1	0
64	1	0	1	0
128	1	1	0	0
256	1	0	0	0

注意：如果驱动器的细分数发生了改变，那么系统轴参数中的脉冲当量分子、分母也要相应地发生改变，根据公式，计算出系统轴参数中的脉冲当量分子、分母的比值。

2. M535 驱动器电流

表 3-2-2 为 M535 步进驱动器电流设置，通过驱动器拨码开关位置进行设置。八种组合可以调节电动机的相电流的大小，以驱动不同功率的步进电动机，详细可查阅相关技术手册。

表 3-2-2 M535 步进驱动器电流设置

电流 ＼ 拨码开关	SW1	SW2	SW3
1.3	1	1	1
1.6	0	1	1
1.9	1	0	1
2.2	0	0	1
2.5	1	1	0
2.9	0	1	0
3.2	1	0	0
3.5	0	0	0

如果步进驱动器在一段时间内没有接收到脉冲，就会自动将电流减半，防止驱动器过热。开关 SW4 是半流功能开关，OFF 时半流功能开，ON 时半流功能关。

3. 世纪星 HNC 21 配置步进驱动时的参数

表 3-2-3 为 HNC 21 配置步进驱动的坐标轴参数，详细可查阅相关技术手册。

表 3-2-3　HNC 21 配置步进驱动坐标轴参数

参数名	参数值	参数名	参数值
外部脉冲当量分子	25	伺服内部参数(1)	0
外部脉冲当量分母	256	伺服内部参数(2)	0
伺服驱动	46	伺服内部参数(3)(4)(5)	0
伺服驱动器部件号	0	快移动减速时间常数	100
最大跟踪误差	0	快移动加速时间常数	64
电动机每转脉冲数	200	加工加减速时间常数	100
伺服内部参数(0)	步进电动机拍数4	加工加速度时间常数	64

二、步进电动机的选型与维护

1. 步进电动机选型

步进电动机有步距角、静转矩及电流三要素。

1）步距角选择

电动机的步距角取决于负载精度的要求，将负载的最小分辨率（当量）换算到电动机轴上，每个当量电动机应转动多少角度（包括减速），电动机的步距角应等于或小于此角度。步进电动机步距角一般有 0.36°/0.72°（五相电动机）、0.9°/1.8°（二、四相电动机）、1.5°/3°（三相电动机）等几种。

2）静力矩选择

步进电动机动态力矩一次很难确定，而静力矩依据电动机惯性负载和摩擦负载选择。直接启动（低速）时要考虑惯性负载和摩擦负载，加速启动时要考虑惯性负载，恒速运行时只考虑摩擦负载。一般情况下，静力矩应为摩擦负载的 2～3 倍，静力矩一旦选定，电动机的机座及长度就可以确定了。

3）电流选择

静力矩相同的电动机，由于电流参数不同，其运行特性差别很大，可依据矩频特性曲线选择电动机电流。

4）力矩与功率换算

步进电动机在较大范围内调速，其功率是变化的，一般用力矩来衡量。

2. 步进电动机应用中的注意事项

（1）步进电动机应用于低速场合。转速不超过 1000 r/min，高速时可通过减速装置减速，电动机工作效率高，噪音低。

（2）步进电动机最好不要使用整步状态，因为整步状态时振动大。

（3）转动惯量大的负载应选择大机座号电动机。

（4）电动机在高速或大惯量负载时，采用逐渐升频提速的方法，保证电动机不失步，在减少噪音的同时提高定位精度。

（5）高精度时，应通过机械机构提高电动机速度或采用高细分数的驱动器，也可以采用五相电动机。

（6）电动机不应在振动区内工作。

（7）最好采用同一厂家生产的驱动器和电动机。

（8）根据使用环境选择步进电机，特种步进电机能够防水、防油等。

三、步进驱动系统的常见故障

1. 步进电动机过热

有些系统会报警，用手摸电动机时，会明显感觉过热。可能是工作环境过于恶劣、环境温度过高、参数选择不当（如电流过大，超过相电流）或电压过高等。

2. 步进驱动器尖叫

驱动器或步进电动机发出刺耳的尖叫声，然后电动机停止不转。原因可能是参数设置不当、输入脉冲频率太高或输入脉冲的升速曲线不够理想引起堵转。

3. 工作中停车

在正常工作状况下，发生突然停车的故障。可能是驱动电源故障、驱动器电路故障、电动机绕组烧坏、绕组匝间短路、接地或机械卡死等。

4. 工作噪声特别大

电动机运转噪声大，运行过程中有进二退一现象。可能是电动机运行在低频区或共振区、纯惯性负载频繁正反转、混合式或永磁式转子磁钢退磁或步进电动机定向机构损坏等。

5. 闷车

在工作过程中，某轴有可能突然停止，俗称"闷车"。可能是驱动器故障、电动机绕组相间短路、负载过大或切削条件恶劣、电动机定子与转子之间的气隙过大、电源电压不稳等。

6. 电动机不转

步进驱动器方面可能故障原因是驱动器与电动机连线断线、动力线断线、启动力矩不足、驱动器报警、使能信号被封锁、接口信号线接触不良、系统参数设置不当等；步进电动机方面可能故障原因是电动机机械卡住、指令脉冲太窄、频率过高等；外部故障方面可能故障原因是安装不正确、电动机本身轴承故障等。

7. 步进电动机失步

工作过程中，步进驱动系统的某轴突然停顿，而后继续转动。可能故障原因是负载超过电动机的承载能力、负载忽大忽小、传动间隙大小不均或有弹性变形、电动机工作在振荡失步区或电动机故障等。

8. 机床运转时有抖动

电动机运转不均匀，有抖动，工件加工表面有振纹，光洁度差。可能故障原因是指令脉冲不均匀、宽度窄、电平不正确、存在噪声或与机械发生共振等。

9. 步进电动机定位不准

该故障反映是加工零件尺寸有误差。可能故障原因是加减速时间太短或指令脉冲存在干扰等。

四、步进驱动维修实例

1. 堵转

故障现象：大导程攻丝时，电动机堵转。

故障分析：开环控制数控机床的 CNC 装置的脉冲当量一般为 0.01 mm，Z 坐标轴 G00

指令速度一般为 2000 ～ 3000 mm/min。开环控制的数控机床的主轴采用通用变频器实现无级调速。在进行大导程螺纹加工时，进给轴会产生堵转，这是高速低转矩特性造成的。如果主轴转速选择 300 r/min，那么沿 Z 坐标轴需要用 3000 mm/min 进给速度配合加工，Z 坐标轴步进电动机的转速和负载转矩不能满足使用要求，Z 坐标轴步进电动机会出现堵转。如果将主轴转速降低，Z 坐标轴加工的速度减慢，步进电动机转矩增大，Z 坐标轴步进电动机堵转问题可以得到改善，但主轴在低速运行时转矩变小，主轴会产生堵转。

故障处理：主轴低速运行，攻丝时主轴电动机堵转问题得到改善，但光洁度受到影响。如果在加工过程中，切削量过大，Z 坐标轴步进电动机会产生堵转。

2. 驱动单元功率管损坏

故障现象：过热或过流造成功率管击穿。

故障分析：功率管损坏的原因主要是功率管过热或过流，检查供给功率管的电压是否过高、功率管散热环境是否良好、连线是否可靠及有没有短路现象等。为改善步进电动机高频特性，驱动单元一般采用大于 80V 电压供电，经过整流后，功率管上承受较高的直流电压。如果驱动单元接入电压波动范围大或者有干扰等，就可能引起功率管损坏。

故障处理：可适当降低步进电动机驱动单元输入电压，换取步进电动机驱动器稳定性和可靠性。

3. 加工零件精度差

故障现象：数控机床启动、停车影响工件精度。

故障分析：步进电动机旋转时，其绕组线圈的通断电有一定顺序。以三相六拍为例，启动时，A 相线圈通电，然后各相线圈按照 A → AB → B → BC → C → CA → A 顺序通电。A 相为初始相，每次重新通电时，总是 A 相处于通电状态。当步进电动机旋转一段时间后，机床断电停止运行，步进电动机不一定是在 A 相通电状态下结束。当机床再次启动时，步进电动机又从 A 相开始，与前不同相，步进电动要偏转若干个步距角，工作台位置产生偏差，CNC 对此偏差是无法进行补偿的。

故障处理：断电停车或更换加工零件，进行机床返回参考点操作。

4. 步进电动机驱动器检修

故障现象：一旦启动，驱动器外接保险丝就立即烧毁，设备不能运行。

故障分析：维修人员在检查时，发现一个功率管已损坏，但由于没有资料，弄不清该管的作用，以为是功率驱动的前置推动，换上一个功率管通电后，保险再度被烧，换上的管子亦损坏，分析驱动器存在不正常的大电流。静态检查，发现脉冲环形分配器的线路中，其电源到地端的阻值较小，但也没有短路。根据线路中的元器件数量及其功耗，分析电源到地端的阻值不应如此之小，因此考虑线路中有元器件损坏。通电检查，发现一芯片异常发热，测得该芯片的电源到地的阻值很小，经线路分析，确认该芯片为环形脉冲分配器；为进一步确认该芯片的问题，恢复该芯片的电源引脚，用发光二极管电路替代步进电机各绕组作模拟负载；通电后发光二极管皆亮，即各绕组皆通电，因此确认该芯片已损坏。

故障处理：该芯片市场上没有，在步进电动机驱动器壳体内空间允许的情况下，采用了组合线路，即用 D 触发器和与非门制作一个环形脉冲发生器，仍用发光二极管作模拟负载，通电后加入步进脉冲按相序依次发光。拆除模拟负载，接入主机，通电，设备运行正常。

技能训练

（1）图 3-2-7 为上海开通步进驱动器 KT350 与数控装置的连接，查阅资料，说明工作原理。

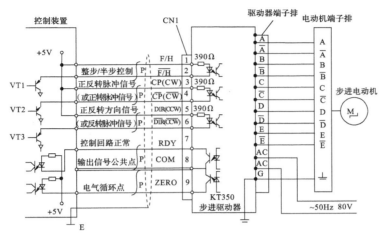

图3-2-7 上海开通步进驱动器KT350与数控装置的连接

（2）图 3-2-8 为西门子 802S Baseline 系统连接，查阅资料，说明步进驱动工作原理。

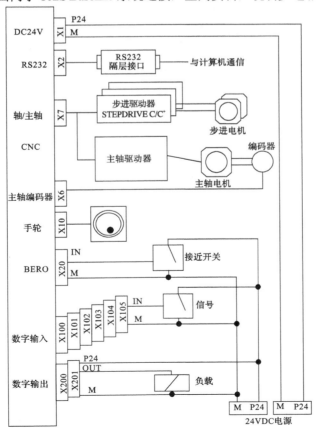

图3-2-8 西门子802S Baseline系统连接

（3）采用多种方法改变步进电动机的旋转方向。

问题思考

（1）根据图 3-2-6 说明 CNC 与驱动器之间信号的功能及作用。

（2）步进驱动系统常见故障有哪些？如何检查排除？

（3）步进电动机选型与维护应注意哪些方面？

（4）数控系统发出一个 0.01 的脉冲当量，工作台移动 0.01mm 吗？

任务三　连接 HSV-16 伺服驱动——交流伺服原理与维修

任务导入

图 3-3-1 为华中 HSV-16 伺服系统电气控制柜。伺服驱动器控制伺服电动机，电动机经过齿轮箱变速，由滚珠丝杠带动工作台移动。本任务要求了解华中 HSV-16 伺服驱动器接口有哪些；伺服驱动器的电气如何控制；通电顺序有何要求。

伺服电动机

电气控制柜

图3-3-1　华中HSV-16伺服系统电气控制柜

任务目标

知识目标

（1）了解 HSV-16 伺服驱动器的接口功能。

（2）掌握 HSV-16 伺服驱动器的电气连接。

能力目标

（1）会连接 HSV-16 伺服驱动器。

（2）能排除 HSV-16 使能信号故障。

任务描述

图 3-3-2 为华中伺服系统及控制元器件。本任务要求掌握华中 HSV-16 伺服驱动器的接口功能定义，通过在华中 HNC 21 装调维修实训装置上训练，掌握 HSV-16 与其他单元

连接的方法，绘制出伺服驱动器电气控制原理图，会排除使能信号故障。

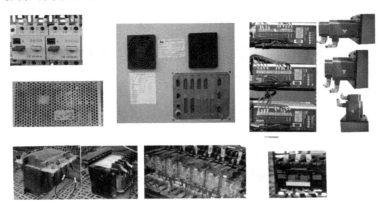

图3-3-2 华中伺服系统及控制元器件

相关知识

一、HSV-16 伺服驱动器

图 3-3-3 为 HSV-16 伺服驱动器接口。

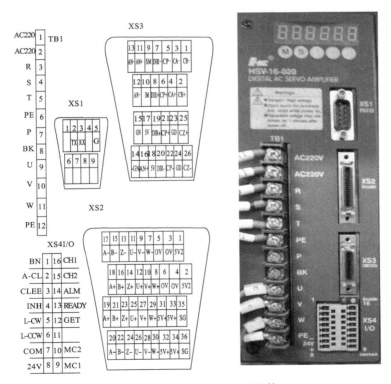

图3-3-3 HSV-16伺服驱动器接口

1. 电源端子 TB1

（1）AC220——控制回路 AC 220 V/50 Hz 电源输入端子。

（2）R、S、T、PE——三相 AC220V/50Hz 主回路电源输入及接地端子。

（3）U、V、W、PE——伺服电机输出及接地端子，接伺服电机。伺服电机输出和电源输入公共一点接地。

（4）P、BK——外接制动电阻，可由此两点接入；若仅用内部制动电阻，则将此两点断开。注意：不能将此两点短接，否则会损坏驱动器。

2. 串口端子 XS1

该端子与控制器或上位机串口连接，以实现串口通信。

3. I/O 控制端子 XS4

该端子具有伺服使能、报警清除、偏差计数器清零、指令脉冲禁止、驱动禁止、DC24V 电源输入、故障连锁输出端子、伺服报警输出、伺服准备好输出、电机过热信号输出等功能。

4. 指令端子 XS3

该端子具有模拟输入指令、伺服电机的光电编码器相脉冲输出、外部指令脉冲输入端子、速度反馈监视、转矩 / 电流监视信号、控制电路 DC5V 电源等功能。

5. 编码器信号端子 XS2

该端子接伺服电动机编码器，有 A、B、Z、U、V、W 信号等。

二、华中进给伺服驱动器的电气控制原理

图 3-3-4 为华中 HSV-16 进给伺服电气控制原理图。合上 QF1，变压器 TC1 得电，X、Y、Z 轴伺服驱动 AC1、AC2 控制电源上电。启动数控系统，继电器 KA2 线圈得电，常开触点闭合。X、Y、Z 轴伺服驱动器正常后，XS4 故障连锁端子接通，继电器 KA3 线圈得电，KA3 常开触点闭合，继电器 KA1 线圈得电。KA1 常开触点闭合，接触器线圈 KM1 得电，接触器 KM1 主触点闭合，X、Y、Z 轴伺服驱动主回路 R、S、T 得电。同时，KA1 常开触点闭合，X、Y、Z 轴伺服驱动模块中 XS4 使能端子 1 与端子 7 连接，伺服驱动模块准备好。

按下操作面板上 X 轴电动机正转按钮 +X，数控装置接口通过 XS30 发出指令，X 轴伺服驱动模块得到指令，X 轴伺服驱动上 U、V、W 有输出，伺服电动机转动 X 轴工作台移动。X 轴伺服电动机反馈信号连接到 X 轴伺服驱动器 XS2 接口。

任务实施

一、华中 HSV-16 伺服驱动器接口认识

（1）查阅华中 HSV-16 伺服驱动器技术手册。

（2）指出接口名称、功能及接口端子引脚含义。

（3）绘制华中 HSV-16 伺服驱动器的连接功能框图。

二、系统连接

（1）华中 HSV-16 与数控装置连接。

（2）HSV-16 使能及报警信号连接。

（3）HSV-16 控制电源连接。

（4）伺服驱动主电源及伺服电动机编码器连接。

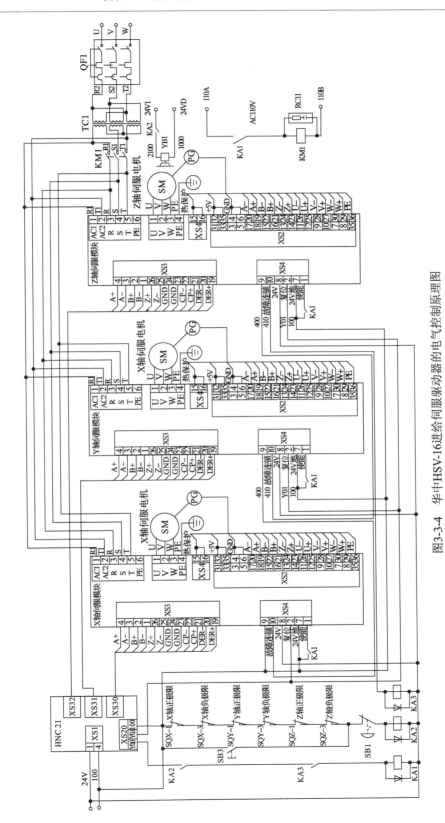

图3-3-4　华中HSV-16进给伺服驱动器的电气控制原理图

三、伺服系统故障排除

（1）断开伺服系统控制电源，观察机床状态，记录系统报警信息。

（2）断开伺服系统一相主电源，观察机床工作状态。

（3）断开数控系统 XS30 指令信号，手动操作 X 轴，观察机床工作状态。

（4）图 3-3-4 中，取下继电器 KA1，观察系统报警信息。

（5）图 3-3-4 中，断开伺服电动机编码器，记录系统报警信息，查阅维修技术手册，了解报警含义。

知识拓展

一、HSV-16 位置控制

图 3-3-5 为 HSV-16 位置控制方式接线。表 3-3-1 为 I/O 控制端子 XS4 的功能及含义，表 3-3-2 为指令端子 XS3 的功能及含义，表 3-3-3 为编码器信号 XS2 的功能及含义。

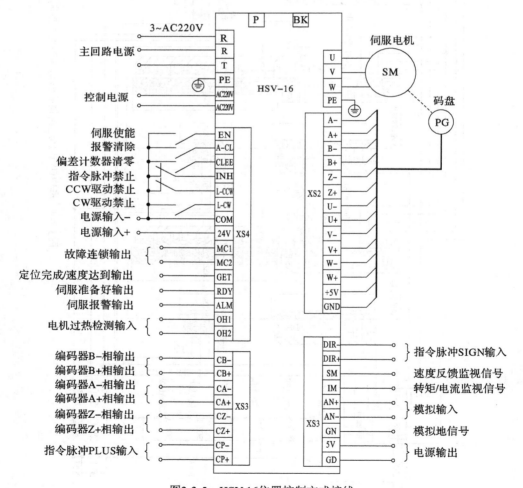

图3-3-5　HSV-16位置控制方式接线

表 3-3-1　I/O 控制端子 XS4 的功能及含义

端子号	端子记号	信号名称	实现功能
1	EN	伺服使能	EN ON—允许驱动器工作；EN OFF—驱动器关闭，停止工作，电机处于自由状态。 注1：当从EN OFF 打到EN ON前，电机必须是静止的； 注2：打到EN ON 后至少需等待50 ms，再输入命令； 注3：可以通过设置参数STA-6屏蔽此功能，或永远使开关置于ON
2	ACL	报警清除	ACL ON—清除系统报警；ACL OFF—保持系统报警
3	CLEE	偏差计数器清零	CLEE ON—位置控制时位置偏差计数器清零
4	INH	指令脉冲禁止	INH ON 指令脉冲输入禁止；INH OFF 指令脉冲输入有效
5	L–CCW	CCW 驱动禁止	OFF CCW 驱动允许；ON CCW驱动禁止。 注1：用于机械超限，当开关ON 时，CCW 方向转矩保持为0 注2：可以通过设置参数STA-8屏蔽此功能或永远使开关OFF
6	L–CW	CW驱动禁止	OFF CW 驱动允许；ON CW 驱动禁止 注1：用于机械超限，当开关ON 时，CW 方向转矩保持为0 注2：可以通过设置参数STA-9屏蔽此功能，或永远使开关置于OFF
7	COM	电源输入–	直流24V，用来驱动输入端子的光电耦合器，需要提供100 mA电流
8	24V	电源输入+	
9	MC1	故障连锁	伺服故障时，继电器常开触点断开
10	MC2		
11	RESERVED	保留	
12	GET	定位完成输出	当位置偏差计数器数值在设定的定位范围时，输出ON
		速度达到输出	当速度达到或超过设定的速度时，速度到达输出ON
13	READY	伺服准备好输出	SRDY ON控制电源和主电源正常驱动器没有报警，伺服准备好输出ON；SRDY OFF主电源未合或驱动器有报警，伺服准备好输出OFF
14	ALM	伺服报警输出	ALM OFF伺服驱动器无报警，输出OFF；ALM ON伺服驱动器有报警，输出ON
15	OH1	电机过热检测	连接电机过热检测传感器
16	OH2		

表 3-3-2　指令端子 XS3 的功能及含义

端子号	端子记号	信号名称	实现功能
1	CB–	编码器B–相输出	伺服电机的光电编码器B相脉冲输出
2	CB+	编码器A+相输出	
3	CA–	编码器A–相输出	伺服电机的光电编码器A相脉冲输出
4	CA+	编码器B+相输出	
26	CZ–	编码器Z–相输出	伺服电机的光电编码器Z相脉冲输出
25	CZ+	编码器Z+相输出	

端子号	端子记号	信号名称	实现功能
5,22	CP–	指令脉冲PLUS输入	外部指令脉冲输入 注:由参数22设定脉冲输入方式有指令脉冲+符号、CCW/CW 指令脉冲、2相指令脉冲三种方式
6,21	CP+		
7,20	DIR–	指令脉冲SIGN输入	
8,19	DIR+		
9	SM	速度反馈监视信号	速度反馈监视模拟量输出,模拟量输出
10	IM	转矩/电流监视信号	转矩/电流监视:模拟量输出
11, 16	AN+	模拟输入正端	模拟输入指令正端
12, 13	AN–	模拟输入负端	模拟输入指令负端
14, 15	GN	模拟地信号	模拟地信号
17, 18	5V	电源输出+	控制电路5V电源和参考地
23, 24	GD	电源输出–	

表 3-3-3 编码器信号 XS2 的功能及含义

端子号	端子记号	信号名称	实现的功能
1, 2	5V2	编码器电源反馈	编码器电源反馈,伺服可根据编码器电源反馈,自动进行电压补偿
31, 32, 33, 35	+5V	电源输出+	伺服电机光电编码器用+5V电源,电缆长度较长时应使用多根芯线并联
3, 4, 5, 6	0V	电源输出–	
17, 20	A–	编码器A–输入	与伺服电机光电编码器A相连接
18, 19	A+	编码器A+输入	
15, 22	B–	编码器B–输入	与伺服电机光电编码器B相连接
16, 21	B+	编码器B+输入	
13, 24	Z–	编码器Z–输入	与伺服电机光电编码器Z相连接
14, 23	Z+	编码器Z+输入	
11, 26	U–	编码器U–输入	与伺服电机光电编码器U相连接
12, 25	U+	编码器U+输入	
9, 28	V–	编码器V–输入	与伺服电机光电编码器V相连接
10, 27	V+	编码器V+输入	
7, 30	W–	编码器W–输入	与伺服电机光电编码器W相连接
8, 29	W+	编码器W+输入	
35, 36	FG	屏蔽层	与电机外壳相接

二、HSV-16 的特点和运行模式

1. 特点

HSV-16 采用最新专用运动控制 DSP、大规模现场可编程逻辑阵列（FPGA）和智能化功率模块（IPM），具有以下特点：

（1）控制简单灵活。修改伺服驱动器参数，可改变伺服驱动器工作方式。对内部参数进行设置使其可适应不同应用环境。

（2）状态显示齐全。设置了一系列状态显示信息，在调试运用中可监控伺服驱动器相关状态参数，出现故障时能显示故障诊断信息。

（3）宽调速比。伺服驱动器的最高转速可设置为 3000 r/min，最低转速为 0.5 r/min，调速比为 1 : 6000（与电机及反馈元件有关）。

（4）体积小巧。　伺服驱动器结构紧凑，体积小巧，非常易于安装拆卸。

2. 运行模式

HSV-16 系列伺服驱动器有五种控制方式：

（1）位置控制方式（脉冲量接口）。通过参数设置，接收三种形式的脉冲指令（正交脉冲、脉冲＋方向、正负脉冲）。

（2）速度控制方式（模拟量接口）。通过参数设置，接收幅值不超过 10 V 模拟量（-10 V ～ +10 V）信号。

（3）转矩控制方式（模拟量接口）。通过参数设置，接收幅值不超过 10 V 模拟量（-10 V ～ +10 V）信号。

（4）JOG 控制方式。无须外部指令，通过按键使驱动器运动，提供测试伺服驱动系统运行方式。

（5）内部速度控制方式。在内部速度控制方式下，以内部设定的速度运行。

三、驱动器系统的使用

1. 安装方法

（1）安装方式。采用底板安装方式，安装方向垂直于安装面。

（2）安装间隔。多台驱动器安装间隔应大于 25 mm，驱动器与电控柜之间间隔应大于 100 mm，尽可能留出较大间隔，以保证良好散热。

（3）散热。为防止驱动器周围温度持续升高，电柜内应有对流风吹向驱动器。

（4）伺服驱动器和伺服电机不适用于强烈振动环境，应防水和防太阳直射。

（5）不可敲击电机或电机轴，防止损坏编码器。

2. 使用注意事项

（1）确保交流主回路电源的电压与伺服驱动器的额定电压一致，选择合适导线以满足电路功率要求。

（2）伺服驱动器在断电后，高压仍会保持一段时间，断电 5 分钟内请勿拆卸电线及触摸端子，否则有触电危险。制动电阻因放电而升温，勿触摸，防止烫伤。

（3）要正确、可靠接地，防止干扰和人身事故发生。

（4）不能进行伺服驱动器耐压试验，否则会造成半导体元器件等的损坏。驱动器输入

输出不能接反，电压加在输出端子上会导致伺服驱动器内部损坏。

（5）切勿将电容、噪声滤波器、接触器接入 U、V、W 输出回路。

（6）控制电路板采用 CMOS 集成电路，维修时不能用手指直接触摸，否则静电感应会损坏集成电路。

（7）伺服电机的额定转矩要大于有效的连续负载转矩，伺服驱动器与伺服电机应配套应用。

四、HSV-16 伺服驱动器的通电要求

1. 通电时序

伺服驱动器电源按以下顺序接通：

（1）通过接触器将电源接入主电路，电源输入端子三相接 R、S、T。

（2）控制电源 AC220V 先于主电路电源接通。接通控制电源后，如果伺服无故障，伺服准备好信号（READY）有效。

（3）主电路电源接通后，延时约 1.5 秒，接收伺服使能（EN）信号，当检测到伺服使能有效时，驱动器输出，电机激励处于运行状态。当检测到伺服使能输入无效或有报警时，控制电路关闭电机，处于自由状态。

（4）当伺服使能与电源一起接通时，控制电路大约在 1.5 秒后接通。

（5）频繁接通、断开电源，可能损坏启动电路。主电路和制动电路接通、断开的频率限制在每分钟 15 次以内。

2. 时序图

图 3-3-6 为 HSV-16 伺服驱动器电源接通时序，图 3-3-7 为 HSV-16 伺服驱动器报警时序。

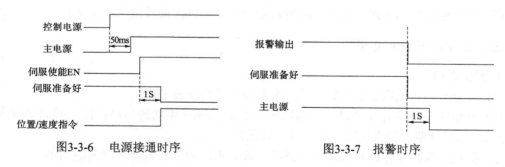

图3-3-6　电源接通时序　　　　图3-3-7　报警时序

技能训练

（1）图 3-3-8 为 HSV-11 型伺服驱动电路位置控制方式的接线，说明其工作原理。

（2）查阅相关技术资料，通过修改 HSV-16 伺服系统参数的方法改变伺服电动机的旋转方向。

（3）设置 HSV-16 伺服驱动器过载故障现象，检查故障产生原因，列出排查方法。

（4）设置 HSV-16 伺服驱动器不能加载主电源故障现象，检查故障产生原因，列出排查方法。

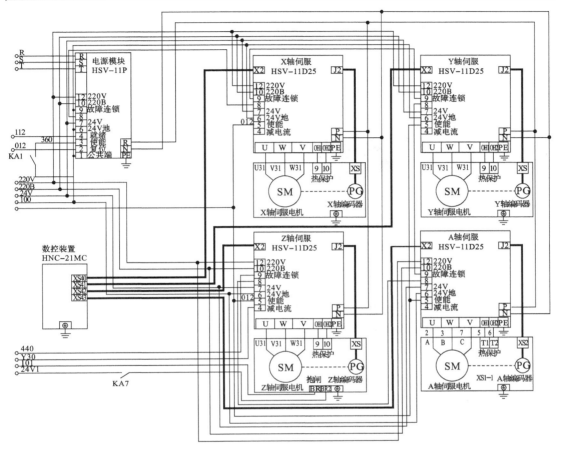

图3-3-8　某铣床HSV-11交流伺服单元连接

问题思考

(1) 图 3-3-4 中，KA1、KA2、KA3 的作用是什么？

(2) 伺服驱动器控制电源和主电源时序的要求是什么？

(3) HSV-16 伺服驱动器的控制方式有哪些？

(4) 驱动器系统在安装与使用中注意的事项有哪些？

任务四　调整主轴转速——变频器主轴原理与维修

任务导入

图 3-4-1 为数控铣床及电气控制柜。世纪星 HNC 21M 数控铣床主轴采用普通鼠笼式异步电动机配简易型变频器，实现主轴的无级调速，主轴电动机一般采用两挡齿轮或皮带变速，主轴的转速在中高速范围。本任务要求了解世纪星 HNC 21M 数控铣床主轴电气控制原理。

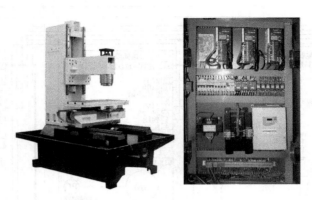

图3-4-1　数控铣床及电气控制柜

任务目标

知识目标

（1）了解 HNC 21M 主轴输出接口定义。

（2）掌握 HNC 21M 主轴驱动的电气连接。

能力目标

（1）会绘制 HNC 21M 主轴系统电气控制原理图。

（2）能排除变频器常见故障。

任务描述

图 3-4-2 为 HNC 21M 模拟主轴系统。本任务要求掌握变频器（东芝 VF-S9）的接口功能定义，掌握模拟主轴系统的连接方法，会排除变频器主轴系统常见故障。

主轴电动机　　　　　　　　　电气控制柜

图3-4-2　HNC 21M模拟主轴系统

相关知识

一、主轴控制接口 XS9

HNC 21M 数控装置通过 XS9PLC 输入 / 输出接口控制各种主轴旋转方向，实现正反转、定向、调速等。还可以外接主轴编码器，实现螺纹车削和铣床上的刚性攻丝功能。

1. XS9 信号定义

XS9 主轴控制接口为 D 型 15 个端子，表 3-4-1 为 XS9 的信号定义。主轴变频器或主轴伺服单元连接前，一定要确认主轴单元模拟指令电压接口的类型，若为 -10V ～ +10V，应使用 AOUT1（6 脚）和 GND，用使能信号控制主轴的启停；若为 0 ～ +10V，应使用 AOUT2（14 脚）和 GND，用开关信号控制主轴的正反转。

表 3-4-1　XS9 信号定义

端子号	信号名	信号含义	端子号	信号名	信号含义
1	SA+	主轴编码器A相位反馈信号	4、12	+5V	编码器DC5V电源
9	SA−		5、13	+5V地	编码器DC5V电源地
2	SB+	主轴编码器B相位反馈信号	6	AOUT1	主轴模拟量−10V～+10V输出
10	SB−		14	AOUT2	主轴模拟量0～+10V输出
3	SZ+	主轴编码器Z脉冲反馈	7、8、15	GND	模拟量输出地
11	SZ−				

2. 与主轴控制相关的输入 / 输出开关量

主轴输入 / 输出开关量信号分别控制主轴电机的旋转方向、启停等，系统接收主轴状态与报警信号等。表 3-4-2 为与主轴控制有关的输入 / 输出开关量信号。

表 3-4-2　与主轴控制有关的输入 / 输出开关量信号

信号说明	标　　号		所在接口	信号名	脚号
	铣	车			
输入开关量					
主轴一挡到位	X2.0	X2.0	XS10	I16	5
主轴二挡到位	X2.1	X2.1		I17	17
主轴三挡到位	X2.2			I18	4
主轴四挡到位	X2.3			I19	16
主轴报警	X3.0	X3.0	XS11	I24	11
主轴速度到达	X3.1	X3.1		I25	23
主轴零速	X3.2			I26	10
主轴定向完成	X3.3			I27	22

续表

信号说明	标　号		所在接口	信号名	脚号
	铣	车			
输出开关量					
系统复位	Y0.1	Y0.1		O01	25
主轴正转	Y1.0	Y1.0		O08	9
主轴反转	Y1.1	Y1.1		O09	21
主轴制动	Y1.2	Y1.2		O10	8
主轴定向	Y1.3		XS20	O11	20
主轴一挡	Y1.4	Y1.4		O12	7
主轴二挡	Y1.5	Y1.5		O13	19
主轴三挡	Y1.6			O14	6
主轴四挡	Y1.7			O15	18

二、主轴模拟量控制原理

图3-4-3为HNC 21M模拟主轴系统控制原理。直流电源DC24V、AC110V电源通电。启动数控系统后，KA1常开触点闭合，合上QF2，KM2线圈得电，KM2主触点闭合，主轴变频器接入AC380V交流电。

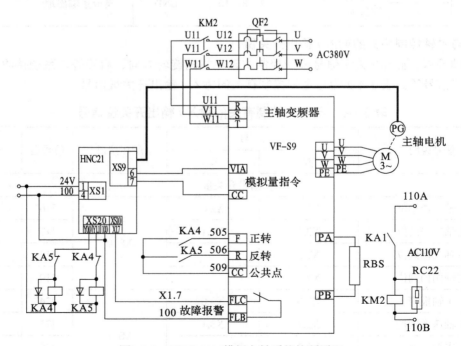

图3-4-3　HNC 21M模拟主轴系统控制原理

在手动操作模式下，按下主轴正转按键，数控系统处理主轴正转指令信号，通过

XS20 发出指令，XS20 接口 Y1.0 输出，继电器 KA4 线圈得电，继电器 KA4 常开触点闭合，主轴变频器 505 与 509 连接，为变频器控制主轴电动机正转做好准备。数控系统处理主轴正转指令信号后，通过 XS9 发出指令，变频器得到模拟电压指令。变频器接收方向控制信号和模拟直流电压信号后，驱动电动机正向旋转。脉冲编码器 PG 转动，数控系统接收主轴旋转反馈信号，数控系统显示主轴正转速度信号。

在手动操作模式下，按下主轴反转按键，数控系统处理主轴反转指令信号后，通过 XS9 发出指令，Y1.1 输出，继电器 KA5 线圈得电，继电器 KA5 常开触点闭合，主轴变频器 506 与 509 连接，为变频器控制主轴电动机反转做好准备。数控系统处理主轴反转指令信号后，通过 XS9 发出指令，变频器得到模拟电压指令。变频器接受方向控制信号和模拟直流电压信号后，电动机反向旋转。脉冲编码器 PG 转动，数控系统接受主轴旋转反馈信号，数控系统显示主轴反转速度信号。

当变频器发生故障时，变频器 FLC 与 FLB 断开，数控系统通过 XS10 中 X1.7 开关量信号接收变频器故障信息，数控装置报警。

三、东芝变频器 VF S9 接口

图 3-4-4 为东芝变频器 VF S9 接线图，具体接线和参数查阅技术手册。

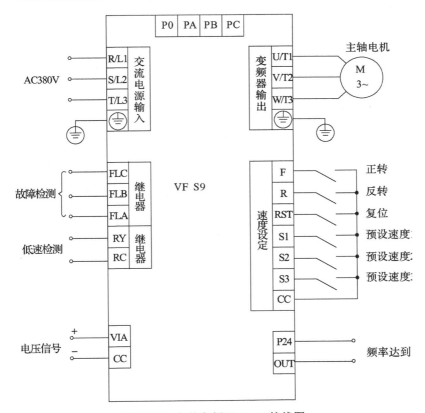

图3-4-4　东芝变频器VF S9接线图

1. 主电路端子

表 3-4-3 为主电路端子的用途及功能。

表 3-4-3　主电路端子的用途及功能

端子记号	端子名称	端子功能说明
R/L1、S/L2、T/L3	交流电源输入	连接工频电源
U/T1、V/T2、W/T3	变频器输出	连接三相异步电动机
PA、PB	制动电阻器	连接制动电阻器
PC	直流主电路负电势	内部主电路负电势端子，直流共用电源由PA端子输入
PO、PA	连接直流电抗器	出厂时用铜片短接，安装DCL前请拆下短接铜片

2. 控制电路端子

1）输入信号

表 3-4-4 为输入控制端子的用途及功能。

表 3-4-4　输入控制端子的用途及功能

名称	端子功能说明	名称	端子功能说明
F	F–CC短路时正转，开路时减速并停止	S2	S2–CC短路时进行预设速度运转
R	R–CC短路时反转，开路时减速并停止	S3	S3–CC短路时进行预设速度运转
RST	当RST–CC短路时，变频保护，保持复位	VIA	多功能模拟输入
S1	S1–CC短路时进行预设速度运转	CC	输入输出公共控制电路的等电位端子

2）输出信号

表 3-4-5 为输出控制端子的用途及功能。

表 3-4-5　输出控制端子的用途及功能

名称	端子功能说明	名称	端子功能说明
P24	24 V直流电源输出	RC、RY	多功能可编程继电器接点输出
OUT	多功能可编程集电极开路输出	FLA、FLB、FLC	多功能可编程继电器接点输出

任务实施

一、HNC 21M 主轴接口认识

（1）指出 XS9 接口功能及端子引脚含义。

（2）指出东芝变频器 VF S9 控制端子定义。

（3）绘制 HNC 21M 与主轴外设连接功能框图。

二、系统连接

（1）数控装置与变频器、主轴编码器信号连接。

（2）变频器正反转控制信号连接。

（3）变频器主电源连接。

三、模拟主轴系统故障排除

（1）断开变频器一相主电源，观察机床主轴工作状态，用万用表测量其电压。

（2）图 3-4-3 中，断开模拟量直流信号，操作主轴，观察机床主轴工作状态。

（3）图 3-4-3 中，取下 KA4，开动主轴观察机床主轴工作状态，分析故障原因。

知识拓展

一、HNC 21 主轴定向及换挡控制

1. 主轴定向控制

HNC 21 数控装置主轴定向有带主轴定向功能主轴驱动单元、伺服主轴及采用机械方式几种方式。

在带主轴定向功能的主轴驱动单元控制中，HNC 21 标准铣床 PLC 程序中定义了相关的输入 / 输出的信号，如表 3-4-2 所示，由 PLC 发出主轴定向命令（Y1.3 输出），主轴单元完成，定向后送回主轴定向完成信号 X3.3。

伺服主轴控制由 PLC 程序控制定向到任意角度。采用机械方式可自行定义有关的 PLC 输入 / 输出点，并编制相应的 PLC 程序。

2. 主轴换挡控制

主轴自动换挡通过 PLC 控制完成，在 HNC 21 标准铣床 PLC 程序和标准车床 PLC 程序中，关于主轴换挡控制的信号如表 3-4-2 所示。

使用主轴变频器或主轴伺服时，根据不同的挡位，PLC 程序确定主轴速度指令模拟电压值。

车床通常为手动换挡，如果安装了主轴编码器，则 PLC 程序要根据主轴编码器反馈的实际转速，自动判断主轴当前的挡位，调整主轴速度指令（模拟电压）值。

二、主轴 D/A 参数调整

主轴 D/A 选用接口 AOUT1 和 AOUT2，应注意 AOUT1 的输出电压范围为 -10 V ～ +10 V，AOUT2 的输出电压范围为 0 V ～ +10 V。如果主轴采用正负模拟电压实现主轴电机的正反转，则使用 AOUT1 接口，其他情况都采用 AOUT2 接口。调整中应注意如下几点：

（1）确认主轴 D/A 相关参数（在硬件配置参数和 PMC 系统参数）的正确性。

（2）检查主轴变频驱动器或主轴伺服驱动器的参数是否正确。

（3）断开数控装置与主轴变频驱动器或主轴伺服驱动器连接电缆，数控装置刚接通电源时，主轴速度控制信号 AOUT1 和 AOUT2 的输出电压应为 10V（XS9 第 6 和 7 脚之间及第 14 和 15 脚之间的电压）。待系统完成自检，进入控制画面后 AOUT1 为 0V（XS9 第 6 和 7 脚之间电压），AOUT2 为 -10 V（XS9 第 14 和 15 脚之间的电压）。若采用 AOUT2 控制主轴转速，在 PLC 程序中应使 AOUT2 的值为 0 V。

（4）连接电缆重新通电，用主轴速度控制指令（S 指令）改变主轴速度，检查速度控制信号 AOUT1、AOUT2 输出电压的变化是否正确。

（5）调整设置主轴变频驱动器或主轴伺服驱动器的参数，使其处于最佳工作状态。

三、变频器常见故障分析与处理

1. 过电压

故障分析与处理：一是电源电压过高，超出了额定电压10%，此时应检查电源电压并加装稳压电源；二是降速过快，负载处于再生发电状态，此时应检查减速时间是否设定得太小，控制器参数是否正确，并调整。

2. 欠电压

故障分析与处理：电源方面，电源电压过低，低于额定电压15％时，应检查电源电压并加装稳压电源，若主电源掉电或缺相，则用万用表检查缺相原因并排除故障；主电路方面，整流器件是否损坏，此时应检查主电路整流二极管，若损坏则按技术规格更换新的元件。

3. 过电流

故障分析与处理：非短路性原因方面，主要是电动机严重过载，应检查机械传动结构是否灵活，检查电动机功率与变频器功率是否匹配；若电动机加速过快，应检查加减速时间参数设置是否过小。

短路性原因方面，主要检查电动机绕组是否匝间或相间短路；采取措施是增加电气绝缘；若负载侧接地，检查电动机的绕组是否接地；若逆变部分同一桥臂的上下两晶体管同时导通，检查触发电路并更换同型号晶体管。

四、常见数控机床主轴伺服系统的故障

1. 外界干扰

故障现象：主轴在运转过程中出现无规律性的振动或转动。

原因分析：主轴伺服系统受电磁、供电线路或信号传输的干扰，主轴速度指令信号或反馈信号受到影响，使得主轴伺服系统误动作。

检查方法：令主轴转速指令信号为零，调整零速平衡电位计或漂移补偿量参数值，观察是否因系统参数变化引起故障。若调整后仍不能消除该故障，则多为外界干扰信号引起的主轴伺服系统误动作。

采取措施：电源进线端加装电源净化装置，动力线和信号线分开，布线要合理，信号线和反馈线要屏蔽，接地线要可靠。

2. 主轴过载

故障现象：主轴电动机过热、CNC装置和主轴驱动装置显示过电流报警。

原因分析：主轴电动机通风系统不良、动力连线接触不良、机床切削用量过大、主轴频繁正、反转等引起电流增加，电能以热能的形式散发出来，主轴驱动系统和CNC装置通过检测，显示过载报警。

检查方法：根据CNC和主轴驱动装置提示报警信息，检查可能引起故障各种因素。

采取措施：保持主轴电动机通风系统良好，保持过滤网清净；检查动力接线端子接触情况；严格按照机床的操作规程，正确操作机床。

3. 主轴定位抖动

故障现象：主轴在正常加工时没有问题，仅在定位时产生抖动。

原因分析：主轴定位一般分机械、电气和编码器三种，若定位机械执行机构不到位，则检测装置信息会产生误差，引起抖动。另外主轴定位要有一个减速过程，如果减速或增益等参数设置不当，也会引起故障。

检查方法：根据主轴定位的方式，主要检查各定位、减速检测元件的工作状况和安装固定情况，如限位开关、接近开关、霍尔元件等。

采取措施：保证定位执行元件运转灵活，检测元件稳定可靠。

4. 主轴转速与进给不匹配

故障现象：当进行螺纹切削、攻丝或要求主轴与进给有同步配合的加工时，出现进给停止，或加工螺纹零件出现乱牙现象。

原因分析：当主轴与进给同步配合加工时，要依靠主轴上的脉冲编码器检测反馈信号，若脉冲编码器或连接电缆线有问题，会引起上述故障。

检查方法：通过调用 I/O 状态数据，观察编码器信号线的通断状态；取消主轴与进给同步配合，用每分钟进给指令代替每转进给指令来执行程序，可判断故障是否与编码器有关。

采取措施：更换维修编码器，检查电缆线接线情况，特别注意信号线的抗干扰措施。

5. 转速偏离指令值

故障现象：实际主轴转速值超过指令给定的转速值。

原因分析：电动机负载过大引起转速降低或低速极限值设定太小，造成主轴电动机过载；测速反馈信号变化引起速度控制单元输入变化；主轴驱动装置故障导致速度控制单元错误输出；CNC 系统输出的主轴转速模拟量（±10 V）没有达到与转速指令相对应的值。

检查方法：空载运转主轴，检测比较实际主轴转速值与指令值，判断故障是否由负载过大引起；检查测速反馈装置及电缆线，调节速度反馈量的大小，使实际主轴转速达到指令值；用备件替换法判断驱动装置故障部位；检查信号电缆线连接情况，调整有关参数使 CNC 系统输出的模拟量与转速指令值相对应。

采取措施：更换、维修损坏的部件，调整相关的参数。

6. 主轴异常噪声及振动

故障分析处理：首先要判别异常噪声及振动发生在机械部分还是在电气驱动部分。若在减速过程中发生，一般是驱动装置再生回路有故障；主轴电动机在自由停车过程中，若存在噪声和振动，则多为主轴机械部分故障；若振动周期与转速有关，应检查主轴机械部分及测速装置，若无关，一般是主轴驱动装置参数未调整好。

7. 主轴电动机不转

故障分析处理：CNC 系统至主轴驱动装置有速度控制模拟量信号和使能控制信号，主轴电动机不转要重点围绕这两个信号进行检查。检查 CNC 系统是否有速度控制信号输出；检查使能信号是否接通。通过 I/O 状态，确定主轴的启动条件如润滑、冷却等是否满足；主轴驱动装置是否故障；主轴电动机是否故障。

技能训练

（1）图 3-4-5 为安川 VS 616G5 变频器，查阅资料，绘制与 HNC 21M 的连接原理图。

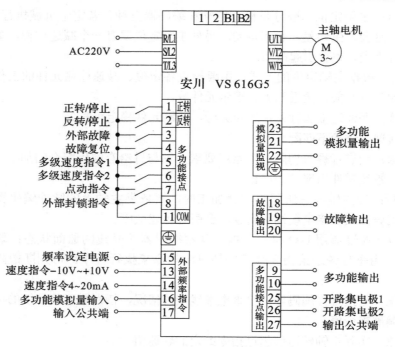

图3-4-5 安川VS 616G5变频器

(2) 变频器控制主轴只有一个旋转方向故障，分析原因，列出诊断方法。

(3) 通过参数设置使变频器控制改变主轴旋转方向。

问题思考

(1) 华中 HNC 21M 系统中的 XS9 信号有哪些？如何连接？

(2) HNC 21M 数控铣床变频器主轴控制，在不改变接线情况下，如何将主轴正转改为反转？

(3) 东芝变频器 VF S9 是如何实现电动机正反转控制的？

(4) 变频器常见故障有哪些？如何检查？

任务五 排查机床急停故障——机床保护环节故障原理与维修

任务导入

图 3-5-1 为华中 HNC 21M 数控铣床及手持单元，图中机床操作面板及手持操作单元面板均有红色蘑菇状的急停按钮。当数控机床出现紧急情况时，为了安全（比如程序错误，或产生碰撞）要立即停止机床运动，操作人员压下急停按钮，控制系统切断动力电源，数控机床停止运动。本任务要求了解数控机床中的保护环节以及机床急停电气控制的连接。

数控铣床　　　　　　　　　手持单元

图3-5-1　华中HNC 21数控铣床及手持单元

任务目标

知识目标

（1）了解 HNC 21M 机床保护环节。

（2）掌握 HNC 21M 超程急停电气控制。

能力目标

（1）会连接 HNC 21M 铣床急停控制电路。

（2）能排除 HNC 21M 机床超程及保护环节故障。

任务描述

图 3-5-2 为 HNC 21M 数控装置急停故障画面。本任务要求查阅有关技术手册，了解 HNC 21M 急停功能，绘制出机床保护环节控制原理图，会排除数控机床超程及保护环节故障。

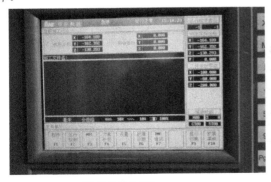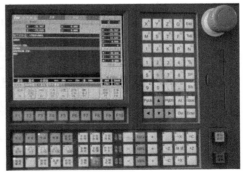

铣床急停报警　　　　　　　　　　车床出错报警

图3-5-2　HNC 21数控装置急停故障画面

相关知识

一、急停报警

急停控制指在紧急情况下，使机床上的所有运动部件制动，在短时间内停止运行。紧停回路中，"急停"开关和"各轴超程"开关相串联，并接入一个中间继电器线圈，继电器的一对触点输入到 CNC 控制单元上。若按下急停按钮或机床运行超程，则中间继电器线圈断电，其常开触点断开；CNC 控制单元输入信号，系统控制主电路断开，进给电动机和主轴电机停止运行，并显示急停报警信息。急停报警可能的原因有：

(1) 面板上的"急停"生效。

(2) 工作台超极限保护生效。

(3) 伺服驱动、主轴驱动器等过载保护生效。

(4) 24 V 控制电源等重要部分发生故障。

(5) 限位开关损坏或急停按钮损坏。

(6) 液压气动等保护电路故障。

(7) 电动机及主回路过载保护生效。

二、HNC 21M 急停电路分析

图 3-5-3 为 HNC 21M 急停与超程连接原理。在正常情况下，急停按钮处于松开状态。按下急停按钮后，其触点断开，急停回路的中间继电器 KA 线圈断电，KA 的常开触点断开驱动装置（如进给轴电动机、主轴电动机、刀架／库电机等）动力电源。同时，连接在 PLC 输入端的中间继电器 KA 的一组触点闭合，向系统发出急停报警。

各轴正负向超程限位开关的常闭触点以串联方式接到回路中，同时每个超程限位开关另有一个常开触点连接到 PLC 输入端，使系统监控超程限位开关的状态。若某轴超程限位开关被压下，则其常闭触点断开，急停回路中中间继电器 KA 线圈断电，自动切断驱动装置动力电源，连接在 PLC 输入端的常开触点向系统发出超程报警信息（发生超程的坐标轴及超程方向），超程指示灯发光。

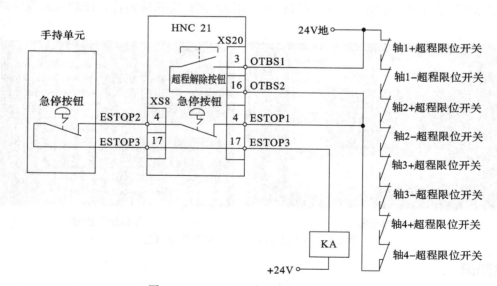

图3-5-3 HNC 21M急停与超程连接原理

HNC 21M 数控装置操作面板设有超程解除按钮，用于机床压下超程限位开关后手工

操作解除超程状态。压下超程解除按钮，使系统复位。在解除超程前，不得松开超程解除按钮。表 3-5-1 为 HNC 21M 急停及超程接口相关的信号含义。

表 3-5-1 HNC 21M 急停及超程接口相关的信号含义

序号	信号名	信号说明	所在接口	接口脚号	接口说明	接口型号
1	ESTOP2	急停回路端子	XS8	4	手持接口	DB25 头孔座针
2	ESTOP3	急停回路端子		17		
				17		
3	ESTOP1	急停回路端子	XS20	4	开关量输出接口	DB25 头针座孔
4	OTBS1	超程解除端子		3		
5	OTBS2	超程解除端子		16		

三、HNC 21M 铣床控制电路

图 3-5-4 为 HNC 21M 某铣床急停与超程控制原理。KA1 为伺服强电允许中间继电器，KA2 为外部允许中间继电器，KA3 为伺服准备好中间继电器，SQX、SQY、SQZ 分别为 X、Y、Z 轴极限限位开关。

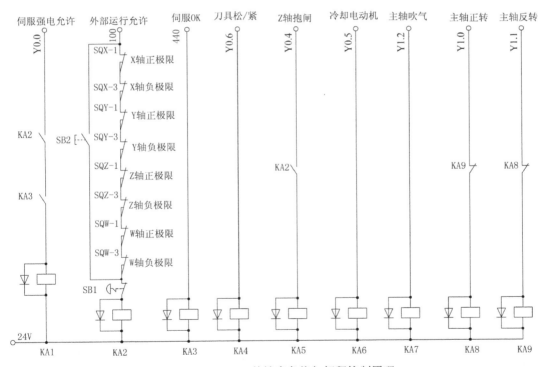

图3-5-4 HNC 21M某铣床急停与超程控制原理

数控系统正常启动完毕，若伺服系统准备好，则 440 与 24V 地接通，伺服准备好中间继电器 KA3 线圈得电，KA3 常开触点闭合。在各轴极限限位开关及急停开关没有压下的情况下，外部允许中间继电器 KA2 线圈得电，KA2 常开触点闭合。当伺服强电允许

PLC 输出时，Y0.0 输出低电平，与 24V 地接通，则伺服强电允许 KA1 线圈得电，则主轴及伺服强电电源接通。

按下急停按钮 SB1，继电器 KA2 线圈断电，KA1 伺服强电允许中间继电器线圈失电，断开动力电源；若有某一个轴超程，极限限位开关 SQ 被压下，同理断开动力电源。且限位开关 SQ 的常开触点闭合，超程信息输入到 PLC 中，系统产生报警。当产生主轴过载等故障时，通过 X1.7 输入到 PLC 中，系统产生报警。当产生冷却电动机过载故障时，通过 X1.5 输入到 PLC 中，系统产生报警（参考附录有关原理图）。

任务实施

一、HNC 21M 接口认识

（1）查阅 HNC 21M 技术手册。

（2）指出有关急停接口名称、功能及接口端子引脚含义。

二、系统连接

（1）数控装置面板急停按钮与行程开关连接。

（2）各行程开关常开与常闭触点连接。

三、急停和超程电气控制故障排除

（1）图 3-5-4 中，用万用表测量 KA1、KA2、KA3 线圈阻值，通电测量继电器两端电压。

（2）图 3-5-4 中，当 X 轴处于正限位时，观察系统报警信息，测量中间继电器 KA1、KA2、KA3 两端的电压。

3. 图 3-5-4 中，断开 KA1 常开触点，观察机床工作状态，说明原因。

知识拓展

一、机床超程

1. 超程

为防止数控机床的部件间发生硬性碰撞，数控机床的各轴向均设置了限位开关。当机床移动部件碰到限位开关时，数控系统提示超程报警，此时机床所有动作都停止。数控机床的超程分为硬件超程与软件超程两种，硬件超程是指机床在移动中碰到了安装在机床上的硬件极限开关，此时机床会出现硬件超程报警；软件超程是指机床在移动时超出了系统中设定的行程极限值，此时机床会出现软件超程报警。为保障机床安全运行，机床的直线轴一般设置有软限位、硬限位或者软限位硬限位结合的行程保护防线，机床设定的软件行程极限一般比硬件极限行程要短 5 ～ 10 mm。

2. 超程解除

1）硬超程解除

华中世纪星 HNC 21M 硬超程解除，需在手动工作方式下，按住超程解除键不放，再按超程的反方向进给键，使工作台向超程的反方向移动，直至超程指示灯熄灭为止。

2）软超程解除

先将机床进行回零操作，在手动或手摇模式下使机床轴运动至超程，记下机床轴坐标位置，将机床行程数据输入到机床参数中。重新启动系统，并回零，检验所设极限是否有效。

二、常见急停故障原因及排除方法

机床一直处于急停状态，不能复位是常见故障现象，有继电器回路断开、系统参数设置错误及 PLC 编程错误等几种原因。

1. 继电器回路断开

从图 3-5-3 中可以看出，引起急停原因有支路断线、限位开关损坏、急停按钮损坏等。如果机床一直处于急停状态，首先应检查继电器 KA 是否吸合，如果吸合而系统仍急停报警，则可以判断故障不是电气线路故障。如果继电器没有吸合，可用万用表对急停线路逐步进行检查，检查急停按钮、行程开关的常闭触点等。若未装手持单元或手持单元上无急停按钮，XS8 接口中 4、17 脚应短接。

2. 系统参数设置错误

若系统参数设置错误，可能使得系统信号不能正常输入输出，或复位后机床工作条件仍不能满足要求，PLC 软件没有向系统发送复位信息等，这样使系统不能正常工作。

3. PLC 程序编写错误

急停回路是为了保证机床的安全运行而设计的，系统各个部分出现故障均会引起急停。表 3-5-2 为常见急停故障现象及解决办法。

表 3-5-2　常见急停故障现象及解决办法

故障现象	故障原因	排除方法
机床一直处于急停状态，不能复位	电气方面	检查急停回路，排除线路方面的原因
	系统参数设置错误，信号不能正常输入输出	正确设置参数
	PLC规定的系统复位所需要的条件未满足，如伺服准备好、主轴驱动准备好等信息	根据电气原理，判断什么逻辑未满足，并进行排除
	PLC程序编写错误	重新调试PLC
	防护门没有关	关闭防护门
数控机床在运行过程中，跟踪误差过大引起急停故障	负载过大或阻力过大，造成伺服电动机的扭矩过大，导致跟踪误差过大	减小负载，改变切削条件
	编码器反馈出现问题，如电缆出现松动	检查编码器的接线是否正确，接口是否松动或者用示波器检查编码反馈回的脉冲是否正常
	伺服驱动器损坏	修理或更换伺服驱动器
	进给伺服驱动系统电压不稳或缺相运行	改善供电电压
	在复位的过程中，打开抱闸时间过早，引起电动机实际位置变动，产生过大跟踪误差	适当延长抱闸电机打开抱闸的时间

续表

故障现象	故障原因	排除方法
伺服单元报警引起的急停	伺服单元如果报警或者出现故障，PLC检测到后使系统处在急停状态，如过载、过流、过压、反馈断线等	找出伺服驱动器报警的原因，将伺服驱动故障排除，重新复位系统
主轴单元报警引起的急停	主轴驱动空气开关跳闸	减小负载或增大空开整定电流
	主轴负载过大	改变切削参数，减小负载
	主轴过压、过流或干扰	改善供电电压及消除干扰
	主轴单元报警或主轴驱动器损坏	清除主轴报警或更换驱动器

三、XK714A 数控铣床电气控制电路（HNC 21M 系统）

1. 主回路分析

图 3-5-5 为 XK714A 数控铣床强电控制原理。图中 QF1 为电源总开关，QF2、QF3、QF4 分别为伺服强电、主轴强电、冷却电动机的空气开关。其中 QF4 带辅助触头，该触点输入到 PLC 作为冷却电动机报警信号。交流接触器 KM1、KM2、KM3 分别控制伺服、主轴、冷却电动机。TC1 为主变压器，将 AC380V 变为 AC200V，供给伺服电源模块，RC1、RC2、RC3 为阻容吸收，当电路断开后，吸收伺服电源模块、主轴变频器、冷却电动机的能量，避免上述器件上产生过电压。

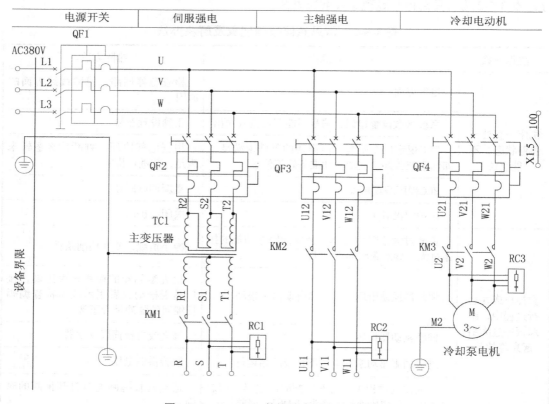

图3-5-5　XK714A数控铣床强电控制原理

2. 电源电路分析

图 3-5-6 为 XK714A 铣床电源原理。图中 TC2 为控制变压器，AC110V 是交流控制回路，AC24V 是工作灯电源。AC220V 是主轴风扇电动机及润滑电动机电源，AC220V 通过低通滤波器，经整流模块 VC1 给数装置、PLC 输入 / 输出模块、24V 继电器线圈、吊挂风扇等提供电源，整流模块 VC2 给 Z 轴电动机提供直流 24V 电源，用于 Z 轴抱闸。

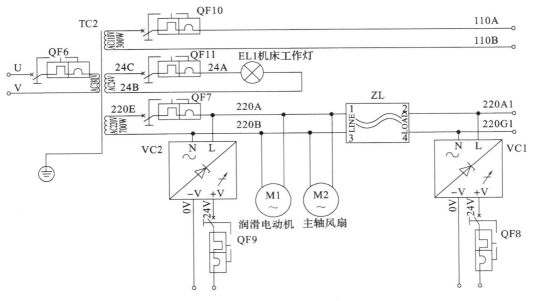

图3-5-6 XK714A铣床电源原理

3. 控制电路分析

1）主轴电动机控制

图 3-5-7 为 XK714A 铣床交流控制原理，图 3-5-8 为 XK714A 铣床直流控制原理。在图 3-5-5 中，先将 QF2、QF3 空气开关合上，图 3-5-8 中可以看到，当未压限位开关、伺服未报警、急停未压下、主轴未报警时，外部运行允许 KA2、伺服 0K KA3 继电器线圈通电，继电器常开触点闭合。当 PLC 输出 Y0.0 发出伺服允许信号时，伺服强电允许 KA1 继电器线圈得电，KA1 常开触点闭合。在图 3-5-7 中，KM1、KM2 交流接触器线圈通电，KM1、KM2 主触点闭合，图 3-5-5 中，给主轴变频器加上 AC380V 电压。当图 3-5-8 中 PLC 输出主轴正转 Y1.0 或主轴反转 Y1.1 有效及主轴转速指令输出时，主轴按指令值的转速正转或反转，主轴速度到达指令值时，主轴速度到达信号给 PLC，主轴正转或反转指令完成。主轴的启动时间、制动时间由主轴变频器内部参数设定。

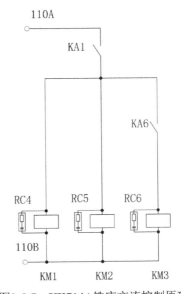

图3-5-7 XK714A铣床交流控制原理

2）冷却电动机控制

当有手动或有自动冷却指令时，图3-5-8中PLC输出Y0.5有效，KA6继电器线圈通电，继电器KA6常开触点闭合，在图3-5-7中KM3交流接触器线圈通电，在图3-5-5中交流接触器主触点闭合，冷却电动机旋转，带动冷却泵工作。

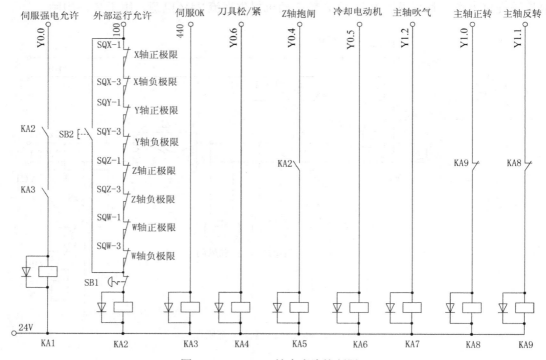

图3-5-8　XK714A铣床直流控制原理

3）换刀控制

手动换刀时，图3-5-8中机床CNC装置控制PLC输出Y0.6有效，继电器KA4线圈通电，KA4常开触点闭合，刀具松/紧电磁阀通电，刀具松开，手动将刀具拔下；延时一定时间后，PLC输出Y1.2有效，继电器KA7线圈通电，KA7常开触点闭合，主轴吹气电磁阀通电，清除主轴锥孔内灰尘；延时一定时间后，PLC输出Y1.2撤销，主轴吹气电磁阀断电。将加工所需刀具放入主轴锥孔后，机床CNC装置控制PLC输出Y0.6撤销，刀具松/紧电磁阀断电，刀具夹紧，换刀结束。

技能训练

（1）数控机床交流供电部分检查与维修。

（2）华中数控装置的铣床换刀控制部分检查与维修。

（3）华中数控装置的铣床控制电路部分检查与维修。

问题思考

（1）急停报警的可能原因有哪些？

（2）HNC-21M是如何实现急停的？

（3）什么是机床超程？如何解除？

（4）举例说明主轴报警引起急停故障的原因及排除方法。

（5）以 XKl640 数控铣床为例，说明电气连锁与保护环节都有哪些。

模块四 数控车床（FANUC 0i Mate TD）原理与维修

任务一 启动 FANUC 0i Mate TD——数控系统连接与维修

任务导入

FANUC 0i Mate TD 数控系统是高精度、高可靠性、高性能价格比的 CNC，可控制三个进给轴，一个主轴，可以很方便地选择各种设定和调整画面。图 4-1-1 为 FANUC 0i Mate TD 数控装置。本任务要求了解数控装置有哪些接口；这些接口是如何连接的。

前面板　　　　　　　　　　　　后面板

图4-1-1　FANUC 0i Mate TD数控装置

任务目标

知识目标

（1）了解 FANUC 0i Mate TD 数控装置接口定义。

（2）掌握 FANUC 0i Mate TD 电气控制原理。

能力目标

（1）会连接 FANUC 0i Mate TD 接口线路。

（2）能排除 FANUC 0i Mate TD 数控装置电源故障。

任务描述

图 4-1-2 为 FANUC 0i Mate TD 数控装置与其他单元实物。本任务要求查阅数控系统有关技术手册，了解数控装置接口功能含义，掌握接口硬件与其他单元的连接，能绘制出数控装置电源电气控制原理图，会排除数控装置电源系统故障。

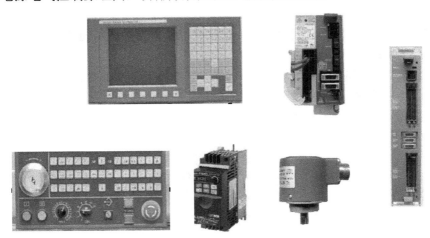

图4-1-2　FANUC 0i Mate TD数控装置与其他单元实物

相关知识

一、数控装置接口

图 4-1-3 为 FANUC 0i Mate TD 数控装置背面接口示意图。

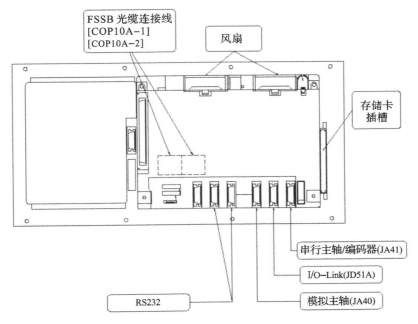

图4-1-3　FANUC 0i Mate TD数控装置背面接口

（1）FSSB 光缆一般接左边插口（若有两个接口），系统总是从 COP10A 到 COP10B，本系统由左边 COP10A 连接到第一轴驱动器的 COP10B，再从第一轴的 COP10A 到第二轴的 COP10B，依次类推。

（2）风扇、电池、软键、MDI 等在系统出厂时均已连接好，不用改动，但要检查是否在运输的过程中有松动的地方，如果有，则需要重新连接牢固，以免出现异常。

（3）伺服检测口不需要连接。

（4）电源线接口（CP1），电源线有三个管脚，电源的正负不能接反，具体接线为：1脚为 24V；2 脚为 0V；3 脚为保护地。

（5）RS232 接口是与电脑通讯的连接口，共有两个，一般接左边一个，右边为备用接口，如果不与电脑连接，则不用接此线（推荐使用存储卡代替 RS232 口，传输速度及安全性都比串口优越）。

（6）模拟主轴的连接，使用变频模拟主轴，主轴信号指令由 JA40 模拟主轴接口引出，控制主轴转速。

（7）主轴编码器接口 JA41。车床系统一般都装有主轴编码器，反馈主轴转速，以保证螺纹切削的准确性。

（8）I/O Link（JD51A）。本接口连接到 I/O 模块（I/O Link），以便于 I/O 信号与数控系统交换数据。

（9）存储卡插槽（系统的正面），用于连接存储卡，可对参数、程序及梯形图等数据进行输入 / 输出操作，也可以进行 DNC 加工。

二、总体连线图

图 4-1-4 为 FANUC 0i Mate TD 数控装置与外设连接。

1. I/O Link 接口（JD51A）

FANUC I/O Link 是一个串行接口，将 CNC、单元控制器、分布式 I/O、机床操作面板连接起来，并在各设备间高速传送 I/O 信号（位数据）。当连接多个设备时，FANUC I/O Link 将一个设备认作主单元，其他设备作为子单元。子单元的输入信号每隔一定周期送到主单元，主单元的输出信号也每隔一定周期送至子单元。0i D/0i Mate D 系列中，JD51A（0i C/0i Mate C 系列中 I/O Link 在 FANUC 主板上的插槽名称为 JD1A，与 JD51A 不同）插座位于主板上。

I/O Link 的两个插座分别叫做 JD1A 和 JD1B，电缆总是从一个单元的 JD1A 连接到下一单元的 JD1B，最后一个单元空置。

2. FSSB 串行伺服总线

主板通过串行伺服总线与伺服驱动器交换数据，FSSB 在主板上的接口名称为 COP10A，通过 2 根光缆连接到伺服驱动的 COP10B。FSSB 在硬件连接方面，遵循从 A 到 B 的规律，即 COP10A 为总线输出，COP10B 为总线输入，需要注意的是光缆在任何情况下不能硬折，以免损坏。FANUC 串行伺服总线采用光缆为载体，信号基本不衰减，不受电磁干扰，提高了系统的稳定性。

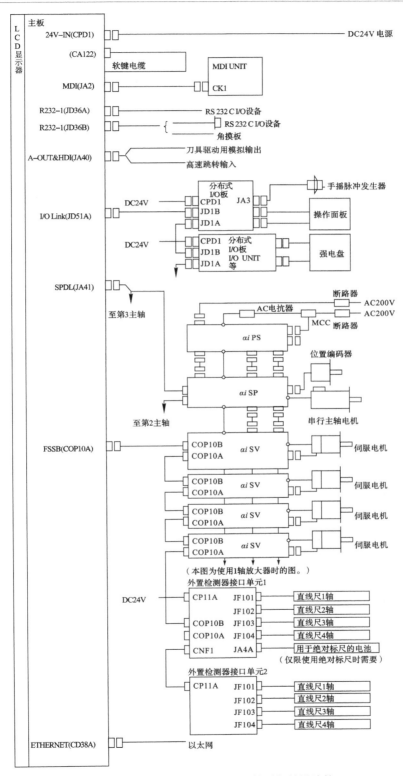

图4-1-4 FANUC 0i Mate TD数控装置与外设连接

三、数控装置连接

图 4-1-5 为 FANUC 0i Mate TD 数控装置控制原理图。HS 为 24 V 开关电源，SB4 为数控装置启动按钮，SB5 为数控装置停止按钮，SB4L、SB5L 为数控装置启动与停止指示灯，KA0 为数控装置供电继电器。正常工作时，指示灯 SB5L 亮，开关电源输出直流 24 V 电压，按下机床操作面板数控系统启动按钮 SB4，KA0 线圈得电吸合，KA0 常开触点闭合，数控装置正常启动。

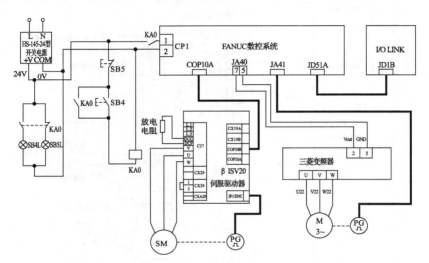

图4-1-5　FANUC 0i Mate TD数控装置控制原理图

任务实施

一、FANUC 0i Mate TD 接口认识

（1）查阅 FANUC 0i Mate TD 技术手册。

（2）指出接口名称、功能及接口端子引脚的含义。

（3）绘制 FANUC 0i Mate TD 连线功能框图。

二、系统连接

（1）数控装置与变频器、I/O LINK 及伺服驱动器的连接。

（2）启停按钮指示灯的连接。

（3）数控装置与电源的连接。

三、数控装置电源系统故障排除

（1）通电前，首先测量各电源电压是否正常。

（2）用万用表测量交流电压，断开变压器次级，观察机床工作状态，用万用表测量次级电压。

（3）用万用表测量开关电源输出电压（DC24V），断开 DC24V 输出端，观察机床工作状态，给开关电源供电，用万用表测量其电压。

（4）图 4-1-5 中，取下 KA0，观察机床工作状态指示灯，按下启动按钮 SB4，用万用表测量数控装置工作电压。

（5）图 4-1-5 中，断开 KA0 一对常开触点，观察机床工作状态指示灯，按下启动按钮 SB4，观察机床工作状态。

知识拓展

一、FANUC 16/18/21/0iA 数控装置

1. FANUC 16/18/21/0iA 的组成及特点

1）数控装置主要特点

（1）结构形式为模块结构，由系统模块和 I/O 模块组成。系统模块除了主 CPU 及外围电路外，还集成了 FROM/SRAM 模块、PMC 控制模块、存储器和主轴模块、伺服模块等。

（2）可使用编辑卡编写或修改梯形图，且携带和备份梯形图操作都很方便。

（3）可使用存储卡来存储或输入机床参数、PMC 顺序程序及加工程序等，操作简单方便。

（4）与 RANUC 0 系列相比，配备了更强大的诊断功能和操作消息显示功能，如报警履历、操作人员的操作履历及帮助功能等。

（5）系统具有的 HRV（高速矢量响应）功能，完善的自动补偿功能，有利于提高零件的加工精度。

（6）FANUC 16 系统最多可控八轴，六轴联动；FANUC 18 系统最多可控六轴，四轴联动；FANUC 21 系统最多可控四轴，四轴联动。

FANUC 0iA 系统由 FANUC 21 系统简化而来，是具有高可靠性、高性价比的数控系统，最多控制四轴。

2）FANUC 0iA 系统的组成

（1）系统主模块。系统主模块包括系统主板和各功能小板（插接在主板上）。系统主板上安装有系统主 CPU（奔腾）、系统管理软件存储器 ROM、动态存储器 DRAM、伺服轴控制卡等。功能小板有用来实现 PMC 控制的 PMC 模块、用来存储系统控制软件 /PMC 顺序程序及用户软件（系统参数、加工程序、各种补偿参数等）的 FROM/SRAM 模块、用于主轴控制（模拟量主轴或串行主轴控制）的扩展 SRAM/ 主轴控制模块以及伺服轴控制模块。

（2）系统 I/O 模块。系统 I/O 模块内有系统用的电源单元板（为系统提供各种直流电源）、图形显示板（可选配件）、用于机床输入 / 输出控制的 DI/DO、系统显示（视频信号）接口、通信接口（JD5A、JD5B）、MDI 控制接口及手摇脉冲发生器控制接口等。

2. FANUC 0iA 数控装置连接

（1）系统主模块的连接。

JD1A——为系统 I/O Link 接口，它是一个串行接口，用于 CNC 与各种 I/O 单元的连接，如机床标准操作面板、I/O 扩展单元及 I/O Link 控制，实现附加轴的 PMC 控制。

JA7A——当机床采用串行主轴时，JA7A 与主轴放大器的 JA7B 连接；当机床采用模拟量主轴时，JA7A 与主轴独立位置编码器连接。

JA8A——为模拟量主轴信号接口，由系统发出的主轴速度信号（0～10 V）作为变频器的给定信号。

JS1A～JS4A——为第 1～4 轴的伺服信号接口，分别与伺服放大器的第 1～4 轴的 JS1B～JS2B（两个伺服放大器）连接。

JF21～JF24——为位置检测装置反馈信号接口，分别与第 1～4 轴的位置检测装置（如光栅尺）连接。

JF25——为绝对编码器的位置检测装置电池接口（标准为 6 V）。

CP8——为系统 RAM 用的电池接口，标准为 3 V 的锂电池。

RSW1——为系统维修专用的开关（正常为"0"位置）。

MEMORY CARD——为 PMC 编辑卡或数据备份用的存储卡接口。

（2）系统 I/O 模块的连接。

CP1A——为 DC24V 输入电源接口，与外部 DC24V 稳压电源连接，作为控制单元的输入电源。

CP1B——为 DC24V 输出电源接口，一般与系统显示装置的输入电源接口连接。

JA1——为系统视频信号接口，与系统显示装置的 JA1（LCD）或 CN1（CRT）接口连接。

JA2——为系统 MDI 键盘的信号接口。

JD5A——为 RS 232 C 串行通信接口 1，是系统串行通信的 0 通道、1 通道的连接接口。

JD5B——为 RS 232 C 串行通信接口 2，是系统串行通信的 2 通道的连接接口。

JA3——为机床面板的手摇脉冲发生器接口。

CBl04～CBl07——为机床侧输入/输出的信号接口。

MINI SLOT——为高速串行总线通信板（可选配件）的插槽，与计算机相连，进行数据通信控制。

图 4-1-6 为 FANUC 0iA 系统连接，（a）图为系统主模块连接图，（b）图为系统 I/O 模块的连接图。

二、FANUC 16i/18i/21i/0iB/0iC 组成及特点

超小型、超薄型的 16i/18i/21i 系列中，控制单元与 LCD 集成于一体，具有网络功能，可进行超高速串行数据通信。其中 16i

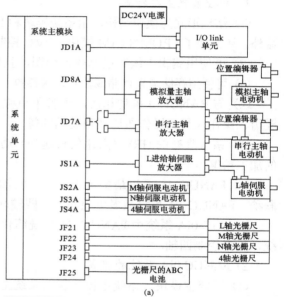

(a)

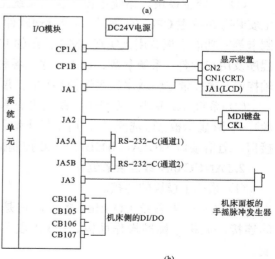

(b)

图4-1-6　FANUC 0iA系统连接
（a）系统主模块；（b）系统 I/O 模块

MB 的插补、位置检测和伺服控制以纳米为单位。16i 最大可控八轴，六轴联动；18i 最大可控六轴，四轴联动；21i 最大可控四轴，四轴联动。

1. 主要特点

（1）以纳米为计算单位。与高速、高精度的数字伺服控制配合，实现高精度加工。使用高速 RISC 处理器，在进行纳米插补的同时，以适合于机床性能的最佳进给速度进给加工。

（2）超高速通信。利用光纤将 CNC 控制单元和多个伺服放大器连接起来，实现高速度的串行数据通信，减少连接电缆，降低故障率。

（3）丰富的网络功能。系统具有内嵌式以太网控制板（21i 为选购件），可与多台计算同时进行高速数据传输，适合构建数据交换的生产系统。

（4）进给伺服高响应。进给伺服系统采用高响应向量 HRV（High Response Vector）控制的高增益系统，实现高速加工。为避免机械谐振，系统增加了 HRV 滤波器。采用高性能系列的交流伺服电动机，高精度的电流检测和高分辨率的脉冲编码器（标准件为 1000000p/rev，选购件为 16000000 p/rev）。

（5）主轴高速。主轴控制采用高速 DSP（Digital Signal Processing），来提高电路的响应性和稳定性，并采用高性能系列的交流主轴伺服电动机。

（6）专用 PMC。PMC 处理器高速处理大规模的顺序控制，用以太网或 RS-232C 通信接口与计算机相连，通过在线远程操作即可进行梯形图的监控和编辑。多窗口画面可以进行高效率的顺序程序开发。

（7）远程诊断。系统可以通过因特网将维护信息发送到服务中心，实现远程故障诊断、处理及信息的反馈。

我国引进中高档数控机床的 FANUC 系统一般为 FANUC 16i/18i 系列。目前，国内数控机床厂家以 FANUC 0iB/0iC 系列为主。

2. FANUC 0iB 系统组成及功能连接

图 4-1-7 为 FANUC 0iB 系统单元，系统单元由主模块和 I/O 两个模块构成。

（1）系统主模块。主模块由主板（又称母板）、CPU 卡（CPU 模块）、显示卡、伺服轴控制卡、FROM/SRAM 存储卡（在伺服控制卡下面）、模拟量主轴控制卡（在显示卡下面）和电源单元等组成。CPU 卡通过 BUS 总线与各功能块通信，实现 CNC 的控制；显示卡用于显示系统文字、图形；伺服控制卡通过高速串行总线（FSSB）实现伺服单元的控制；在 FROM/SRAM 模块中，FROM 用来存储 CNC、数字伺服、PMC、其他 CNC 功能用的系统软件和用户软件（如系统梯形图、宏程序等），SRAM 用来存储系统参数、加工程序、各种补偿值等；模拟量主轴控制卡用于实现模拟量主轴控制（串行主轴控制模块安装在系统母板上）；电源单元为系统提供各种直流 24V 电源。

（2）系统 I/O 模块。I/O 模块包括内置 I/O 模块接口、手摇脉冲发生器及 I/O Link 控制。

3. FANUC 0iB 系统的接口功能

（1）系统存储电池（BATFERY、BAT1）。标准为 3 V 锂电池，作为系统参数、加工程序、各种补偿值的存储备份用。

（2）系统状态指示发光二极管（四个绿色、三个红色）。系统上电初始化的动态显示及故障信息状态显示。

（3）系统存储卡（CNM1B）接口。通过存储卡对系统参数、加工程序、各种补偿值、系统 PMC 参数及梯形图进行备份和恢复。

（4）系统串行通信接口（JD5A、JD5B）。为 RS 232 C 异步串行通信接口，JD5A 为通道 0、1，JD5B 为通道 2。

（5）JA40。为主轴驱动装置为模拟量控制装置的信号接口（0 ～ 10 V 输出）。

（6）JA7A。为主轴驱动装置为串行数字控制装置的信号接口或为模拟量控制主轴时的主轴位置编码器接口。

（7）JA1。为 CRT 显示单元的视频信号接口。

（8）JA2。为 MDI 键盘信号接口。

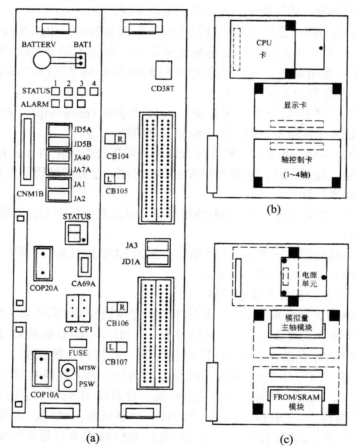

（a）系统单元（主模块和 I/O）；（b）系统主模块上层功能板
（c）系统主模块下层功能板
图4-1-7　FANUC 0iB系统单元

（9）系统状态显示 LED。系统上电初始化的过程及运行状态显示窗口（特别是无系统显示装置时）。

（10）高速串行总线接口（COP20A）。系统显示装置为 LCD 时，作为系统的显示信号和 MDI 键盘信号的串行传输接口（为光缆信号接口）。

（11）CA69A。为伺服检测板接口。

（12）DC24V 输入 / 输出接口（CP1/CP2）。CP1 为系统外部 DC24V 输入接口，一般接外部 24V 稳压电源；CP2 为 DC24V 输出接口，一般用来作为 CRT 的 24V 电源和 I/O 模块单元的 24V 电源。

（13）FUSE。为系统 DC24V 输入电路的熔断器。

（14）COP10A。为高速伺服串行总线（FSSB）接口，是光缆接口。

（15）MTSW、PSW。为维修用的调整开关。

（16）CB104、CB105、CB106、CB107。为系统内置 I/O 模块的 I/O 信号接口。

（17）JA3。为机床手摇脉冲发生器接口。

（18）JD1A。为系统 I/O Link，串行 I/O 的信号接口，一般作为标准 FANUC 机床操作面板及系统 I/O 单元的 I/O 信号接口。

（19）CD38T。为以太网卡（为系统可选件）接口。

4. FANUC 0iB 系统的应用

图 4-1-8 为某数控铣床或加工中心 FANUC 0iB 系统连接。

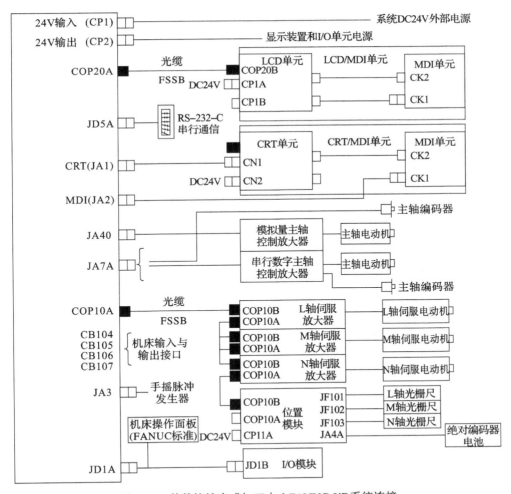

图4-1-8　某数控铣床或加工中心FANUC 0iB系统连接

三、FANUC 0i Mate B/ 0i Mate C 组成及特点

FANUC 0i Mate 系统可靠性强、价格性能比高，是世界上较小的数控系统。FANUC 0i Mate B 系统是在 FANUC 0iB 的基础上开发的，为分离型 CNC 系统。FANUC 0i Mate C 系统是在 FANUC 0iC 的基础上开发的，为超薄的 CNC 系统。国内数控生产厂家将以 FANUC 0i Mate 系统作为性能要求不太高的数控车床、数控铣床的主要配置，取代步进电动机驱动的开环数控系统。

1. 系统的主要特点

（1）基于基本规格，在配置上重视价格性能比。如取消了 FANUC 0iB/0iC 的扩展功能槽板（计算机的高速串行通信、以太网功能）、系统内置的 I/O 模块，使整个系统的体积大大缩小。

（2）进给伺服单元采用可靠性强、价格性能比高的伺服放大器和电动机。进给轴和主轴具有 ID 信息和电动机温度信息等智能化功能，有助于提高系统的稳定性。

（3）主轴驱动单元可以采用模拟量主轴控制（变频器），也可以采用高性能价格比的伺服的串行数字控制，FANUC 0i Mate C 系统一般采用电源模块、主轴模块、进给伺服模块。

（4）系统采用高性能、高速度、高可靠性的 PMC-SA1/SB7 系列，机床的输入 / 输出信号通过外置 I/O 卡及 PMC 与系统进行串行数据通信控制。

（5）显示装置一般采用的 7.2in 黑白液晶 LCD 显示装置或 9in 的单色 CRT。

2. FANUC 0i Mate C 系统的接口功能

FANUC 0i Mate C 的系统结构与 FANUC 0i 系统基本相同，只是取消了扩展小槽功能板，如远程缓冲器串行通信板 DNC1/DNC2、数据服务器板、以太网功能板等。

CP1——系统直流 24V 输入电源接口，一般与机床侧的 DC24V 稳压电源连接。

FUSE——系统 DC24V 输入熔断器（5A）。

JA7A——串行主轴 / 主轴位置编码器信号接口。当主轴为串行主轴时，与主轴放大 JA7B 连接，实现主轴模块与 CNC 系统的信息传递；当主轴为模拟量主轴时，该接口又是主轴位置编码器的主轴位置反馈信号接口。

JA40——模拟量主轴的速度信号接口。CNC 系统输出的速度信号(0 ～ 10 V) 与变频器的模拟量频率设定端相连接。

JD44A——外接的 I/O 卡或 I/O 模块信号接口（I/O Link 控制）。

JD36A——RS 232 C 串行通信接口（0、1 通道）。

JD36B——RS 232 C 串行通信接口（2 通道）。

CA69——伺服检测板接口。

CA55——系统 MDI 键盘信号接口。

CP10A——系统伺服高速串行通信 FSSB 接口（光缆），与伺服放大器的 CP10B 连接。

Battery——系统备用电池（3 V 标准锂电池）。

Fan Unit——系统散热的风扇（两个）。

3. FANUC 0i Mate C 系统的应用

图 4-1-9 为某数控铣床 0i Mate C 系统连接。机床伺服放大器采用 βi 系列伺服驱动模块，该伺服驱动模块集电源模块、主轴模块、伺服模块为一体。

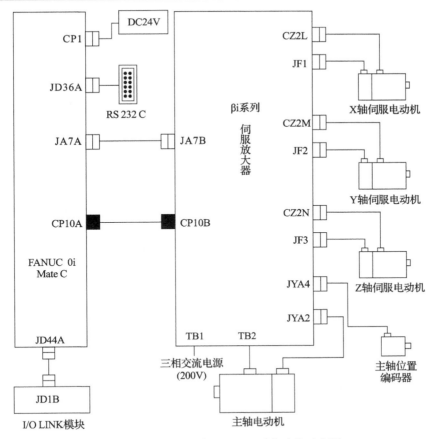

图4-1-9 某数控铣床0i Mate C系统连接示意图

技能训练

（1）FANUC 0iA 系统数控车床电源供电原理图绘制。

（2）FANUC 0i Mate C 系统数控车床系统电源测绘与元件功能说明。

（3）FANUC 0i Mate TD 系统数控车床电源系统接线图绘制。

问题思考

（1）FANUC 0i Mate TD 数控装置有哪些接口？具体含义是什么？

（2）FANUC 0i Mate TD 数控装置是如何连接的？

（3）数控机床维修技能实训考核装置中数控装置如何启动和停止？

任务二 保存机床数据——系统参数备份与调整

任务导入

FANUC 0i Mate 数控系统中参数的数据类型有位、字节、字、双字、实数（每种有机械组、路径、轴、主轴型）几种，位型参数由8位（8个具有不同含义的参数）构成一个数据号，不同类型的数据有效输入范围不同。图4-2-1为FANUC 0i Mate TD数控装置参数。本任务要求了解数控装置有哪些参数；这些参数是如何设置的。

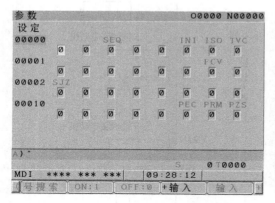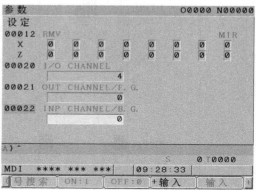

图4-2-1　FANUC 0i Mate TD数控装置参数

任务目标

知识目标

（1）熟悉 FANUC 0i Mate TD 数控装置的参数及设置方法。
（2）了解参数设置对数控系统的作用及影响。

能力目标

（1）会进行 FANUC 0i Mate TD 数控装置参数的备份。
（2）能调整和设置 FANUC 0i Mate TD 数控装置的参数。

任务描述

图 4-2-2 为 FANUC 0i Mate TD 数控装置参数设置画面。本任务要求掌握数控装置的参数功能及参数备份方法，调整和设置数控装置的参数。

相关知识

一、FANUC 0i 系统通用参数

（1）有关"SETTING"的参数（参数号 0000 ～ 0023）：用于设定写保护开关、RS232C 及串行口通道停止位、波特率等。

（2）坐标轴控制和设定单位相关的参数（参数号 1001 ～ 1023）：主要用于设定坐标轴的移动单位、坐标控制方式、伺服轴的设定、坐标的运动方式等。

（3）与机床坐标系设定、参考点、原点等相关的参数（参数号 1201 ～ 1280）：主要用于机床的坐标系的设定，原点的偏移、工件坐标系的扩展等。

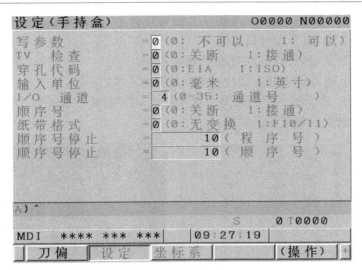

图4-2-2　FANUC 0i Mate TD数控装置参数设置画面

（4）与存储行程检查相关的参数（参数号1300～1327）：主要用于坐标轴保护区域的设定。

（5）与坐标轴进给、快速移动速度、手动速度等相关的参数（参数号1401～1465）：主要用于机床坐标轴在各种移动方式下的移动速度设定，包括快移速度、进给速度、手动移动速度等的设定。

（6）与加减速控制相关的参数（参数号1601～1785）：用于设定各种插补方式下的启动停止时加减速的方式，以及在程序路径发生变化时（如出现转角、过渡等）进给速度的设定。

（7）与程序编制相关的参数（参数号3401～3460）：用于设置编程时的数据格式，设置使用的G指令格式、设置系统缺省的有效指令模态等。

（8）与螺距误差补偿相关的参数（参数号3620～3627）：对螺距误差进行误差补偿，由补偿的方式、补偿的点数、补偿的起始位置、补偿的间隔等参数进行设置。

二、参数查看

（1）按MDI面板上的功能键【SYSTEM】到一次或几次后，再按软键【参数】选择参数页面。

（2）参数页面由多页组成，通过翻页键或光标移动键，显示需要的参数页面，或键盘输入想显示的参数号，然后按软键【检索】显示需要的参数页面。

三、存储卡参数的备份

一般使用CF卡+PCMCIA适配器，需要挑选质量好的卡和适配器，否则将会在系统上不能正常使用。

1. 引导系统参数备份

（1）打开参数开关，将写参数开关设定为1，进行参数修改，按【OFSSET】键显示图4-2-2所示画面。

（2）若 20 号参数数值不为 4，需要将参数设定为 4，系统默认使用存储卡作为输入 / 输出设备。图 4-2-3 为 20 号参数设置画面。

（3）将写参数开关设定为 0，关闭参数设置开关。

（4）系统断电，将存储卡插入到控制单元的存储卡接口上。

（5）开机前按住显示器下面右边两个键（或者 MDI 的数字键 6 和 7），同时启动系统，进入图 4-2-4 所示的引导参数备份画面。

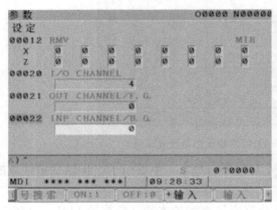

图4-2-3　20号参数设置画面　　　　　　图4-2-4　引导参数备份画面

（6）按下软键【PAGE】，把光标移动到第 7 项 SRAM DATA UNILITY，按下【SELECT】键，显示 SRAM DATA UTILITY 画面。

（7）选择使用存储卡备份数据 SRAM BACKUP，按下【SELECT】键，按软键【YES】，执行数据的备份。如果在存储卡上已经有了同名的文件，会询问"OVER WRITE OK ？"，可以覆盖时，按【YES】键继续操作。

（8）执行结束后，显示 COMPLETE HIT SELECT KEY 信息。按下【SELECT】软键，返回主菜单。

2. 系统数据分别备份

上述 SRAM 数据备份后，还需要进入系统分别备份系统数据。

1）引导系统参数

（1）解除急停。

（2）在机床操作面板上选择的方式为 EDIT（编辑）。

（3）依次按下功能键【SYSTEM】到几次或一次后，再按【参数】，出现图 4-2-5 所示的系统参数备份画面。

（4）依次按下软键【操作】、【文件输出】、【全部】、【执行】，CNC 参数被输出，输出的文件名为 CNC-PARA.TXT。

2）PMC 程序（梯形图）的保存

进入 PMC 画面以后，按软键【I/O】，出现图 4-2-6 所示的 PMC 程序备份画面。

按照上述每项设定，按【执行】键，则 PMC 梯形图按照 PMC1_LAD.001 的名称保存到存储卡上。

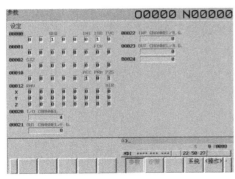

图4-2-5 引导系统参数备份画面

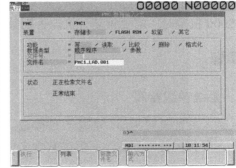

图4-2-6 PMC程序备份画面

3）PMC 参数保存

进入 PMC 画面以后，按软键【I/O】，出现图 4-2-7 所示的 PMC 参数备份画面。

按照上述每项设定，按【执行】键，则 PMC 参数按照 PMC1_PRM.000 的名称保存到存储卡上。

4）螺距误差补偿量的保存

依次按下功能键【SYSTEM】和软键【螺补】，出现图 4-2-8 所示的螺距误差补偿画面。

依次按下【操作】、【文件输出】和【执行】键，输出螺距误差补偿量。输出文件名为 PITCH.TXT。

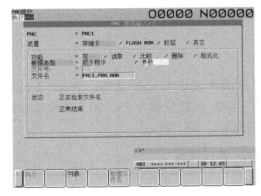

图4-2-7 PMC程序参数画面

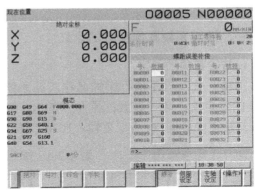

图4-2-8 螺距误差补偿画面

5）其他

如刀具补偿、用户宏程序（换刀用等）、宏变量等也需要保存，操作步骤基本和上述相同，都是在编辑方式下，按【操作】、【输出】、【执行】键即可。

3. 参数设定与修改

（1）打开参数开关，按【OFSSET】键，将写参数开关设定为 1，出现报警 P/S100（表明参数可写）时，可进行参数修改。

（2）按功能键【SYSTEM】和软键【参数】，在 MDI 方式下，输入需要设定或修改的参数号。

（3）按软键【搜索】，找到需要设定或修改参数号的页面，正确修改与设置参数。

（4）参数修改后，将画面写参数开关设定为 0，复位数控装置，解除 P/S100 报警。若出现 P/S000 报警时，需要重新开机，否则数控系统将不能工作。

任务实施

一、系统参数查阅

（1）进入参数设置画面，查看系统参数。
（2）查阅相关技术手册，了解参数含义。

二、系统内部参数备份与恢复

（1）按照参数备份功能菜单要求，将数据备份到 CF 卡上。
（2）按照参数恢复功能菜单要求，将 CF 卡数据恢复到数控装置中。

三、参数修改与设置

（1）查阅技术手册，了解 FANUC 0i Mate TD 参数的功能及设置范围，记录当前的参数数据，分析数据改变后机床可能产生的变化。
（2）使设置参数生效，观察参数改变前后机床的工作状态，并说明原因。
（3）按照参数恢复功能菜单的要求，进行系统参数恢复。

知识拓展

一、数控系统基本参数的含义

1. 与轴有关的参数

1020——表示各轴程序的名称，在系统显示画面显示 X、Y、Z 等。表 4-2-1 为参数 1020 的设定值。数控装置配置车床的 X、Z 轴，1020 参数分别为 88、90；数控装置配置铣床与加工中心的 X、Y、Z 轴，1020 参数分别为 88、89、90。

表 4-2-1　参数 1020 的设定值

轴名称	X	Y	Z	A	B	C	U	V	W
设定值	88	89	90	65	66	67	85	86	87

1022——表示机床设定的各轴为基本坐标系中轴，一般设置为 1，2，3。表 4-2-2 为参数 1022 的设定值。

表 4-2-2　参数 1022 的设定值

设定值	0	1	2	3	5	6	7
含义	旋转轴	基本3轴的X轴	基本3轴的Y轴	基本3轴的Z轴	X轴的平行轴	Y轴的平行轴	Z轴的平行轴

1023——表示机床各轴的伺服轴号，亦可称为轴的连接顺序，一般设置为 1，2，3。设定各控制轴为对应的伺服轴，设置 -128 来屏蔽该伺服轴。

8130——表示数控机床控制的轴数。

2. 与存储行程检测相关的参数

1320——各轴存储行程限位的正方向坐标值。一般指定的为软正限位的值，当机床回零后，该值生效，实际位移超出该值时出现超程报警。

1321——各轴的存储行程限位的负方向坐标值。同参数 1320 基本一样，不同的是指定的是负限位。

3. 与轴进给速度的参数

1423——各轴手动 JOG 的速度。

1424——各轴手动快速进给的速度。

1425——各轴回参考点时，压下减速开关后的速度。

1430——各轴最大切削进给的速度。

4. 与 DI/DO 有关的参数

3003#0 —— 是否使用数控机床所有轴的互锁信号。该参数需根据 PMC 的设计进行设定。

3003#2 —— 是否使用数控机床各个轴的互锁信号。

3003#3 —— 是否使用数控机床不同轴向的互锁信号。

3004#5 —— 是否进行数控机床超程信号的检查。该参数设置为 0 时，检测硬限位，出现超程时有 506，507 报警；参数设置为 1 时，不检测硬限位。

3030——数控机床 M 代码的允许位数。该参数表示 M 代码后边数字的位数，超出该设定则出现报警。

3031——数控机床 S 代码的允许位数。该参数表示 S 代码后数字的位数，超出该设定则出现报警。例如：当 3031=3 时，在程序中出现 S1000 即会产生报警。

3032——数控机床 T 代码的允许位数。

5. 与显示和编辑相关的参数

3105#0——是否显示数控机床的实际速度。

3105#1——是否将数控机床 PMC 控制的移动加到实际速度显示。

3105#2——是否显示数控机床的实际转速、T 代码。

3106#4——是否显示数控机床的操作履历画面。

3106#5——是否显示数控机床的主轴倍率值。

3108#4——数控机床在工件坐标系的画面上，计数器地输入是否有效。

3108#6——是否显示数控机床的主轴负载表。

3108#7——数控机床是否在当前画面和程序检查画面上显示 JOG 进给速度或者空运行速度。

3111#0——是否显示数控机床用来显示伺服设定的画面软件。

3111#1——是否显示数控机床用来显示主轴设定的画面软件。

3111#2——数控机床主轴调整画面的主轴同步误差。

3112#2——是否显示数控机床外部操作的履历画面。

3112#3——数控机床是否在报警和操作的履历中登录外部报警 / 宏程序报警。

3281——数控机床的语言显示，15 为中文简体。

3208#0——MDI 面板的功能键 SYSTEM 无效。

二、使用个人计算机（PC）进行数据的备份和恢复

在引导系统屏幕界面进行数据的备份和恢复操作时，简单方便，容易操作；但同时存在一个问题，就是不能对存储卡上的 PMC 程序和用户数据（包括参数、加工程序和刀具补偿等）进行查看和修改。使用个人计算机（PC）进行数据的备份和恢复便可解决这一问题。

从数控系统的备份到计算机的 PMC 程序，可以在 FANUC 0i 数控系统携带的 FANUC LADDER- III软件（在购买机床时由机床生产厂家提供）中进行查看和修改；而用户数据可在 PC 的文本查看软件（如记事本、Word 等）中进行查看和修改。

在数控系统与计算机之间进行数据备份和恢复操作之前，要先做一些准备工作，包括计算机、通信电缆和通信软件。

计算机方面，目前使用的主流计算机均可满足要求。通信电缆方面，数控系统侧为 25 针接口、计算机侧为 9 针接口的标准 RS232 C 串行通信电缆，连接方法与用 RS232 C 接口传送加工程序时的相同。

在软件方面，PMC 程序的备份和恢复操作，需要在计算机上安装 FANUCLADDER- III软件。用户数据的备份和恢复操作，需要安装 WINDOWS 终端，这是一个 MICROSOFT WINDOWS 操作系统的通信程序，可以通过计算机的 COM 口或 MODEM 等连接方式进行通信。具体操作方法可参阅有关的资料。

技能训练

（1）利用 RS232 进行 FANUC 数控装置串口数据的备份与恢复。

（2）FANUC 0i Mate TD 返回参考点速度参数的设置与验证。

（3）FANUC 0i Mate TD 行程限位参数的设置与验证。

问题思考

（1）请说明系统报警 P/S000 和 P/S001 的含义？

（2）FANUC 0i Mate 参数类型有哪些？如何设置与修改？

（3）用计算机的 RS232 口输入输出数据时，应如何设置通信参数？

任务三　连接 β iSV20——进给伺服系统原理与维修

任务导入

图 4-3-1 为 FANUC 伺服系统驱动十字工作台。伺服驱动器控制伺服电动机，电动机通过滚珠丝杠带动十字工作台移动。伺服驱动器的主电源是三相 220 V 的交流电，通过交流接触器控制，交流接触器的线圈受伺服放大器 CX29 端口控制。本任务要求了解伺服驱动器是如何控制的；掌握驱动器通电

图4-3-1　FANUC伺服系统驱动十字工作台

顺序的要求。

任务目标

知识目标

（1）了解 β iSV20 伺服驱动系统接口。

（2）掌握 β iSV20 伺服驱动器电气连接。

能力目标

（1）会连接 β iSV20 伺服驱动器。

（2）能排除 β iSV20 常见故障。

任务描述

图 4-3-2 为 βi 伺服驱动器及控制元器件实物。本任务要求掌握 β iSV20 伺服驱动器接口功能的含义，通过装调维修实训装置上的训练，掌握接口与其他单元的连接，绘制出伺服驱动器电气控制原理图，会排除伺服系统常见的故障。

图4-3-2　βi伺服驱动器及控制元器件实物

相关知识

一、伺服系统电气控制原理

图 4-3-3 为 FANUC β iSV20 伺服驱动器控制原理。

合上 QF1、QF5，变压器 TC5、TC6 通电，开关电源 DC24V 输出，X、Z 轴伺服驱动器控制电源通过 CX19A/CX19B 接口接入 DC24V，伺服驱动器启动。

启动数控装置，系统自检完成后，X 轴伺服驱动器 CX29 接口继电器常开触点闭合，KA1 继电器线圈得电。

继电器 KA1 常开触点闭合，接触器 KM1 线圈得电。接触器 KM1 主触点闭合，X、Z 轴伺服驱动器接入三相交流 220V，整个系统正常启动。

手动状态下，按下数控机床操作面板上 Z 轴电动机正转按钮 [+Z]，数控装置接口 COP10A 发出指令，通过 X 轴伺服驱动器上的 COP10A，输入到 Z 轴伺服驱动器上的 COP10B，Z 轴伺服驱动器得到指令。

通过 Z 轴伺服驱动器 U、V、W 输出，使得 Z 轴伺服电动机旋转，Z 轴伺服电动机反馈信号通过 JF1/ENC 电缆反馈输入到 Z 轴伺服驱动器。

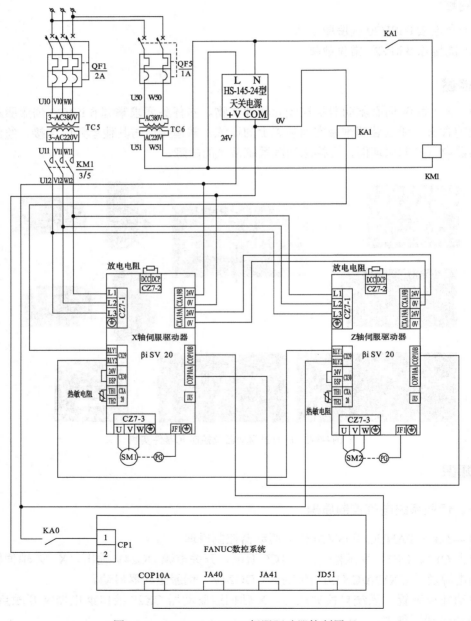

图4-3-3　FANUC βiSV20伺服驱动器控制原理

当出现伺服驱动器过热、反馈信号断线、伺服电动机过电流及超程等故障时，伺服驱动器 CX29 接口触点断开，继电器 KA1 线圈失电，接触器 KM1 线圈失电，X、Z 轴伺服驱动器失去主电源，进给运动停止，数控系统产生报警信息。

二、同步交流伺服电动机速度控制

1. 调速原理

由电动机学基本原理可知，交流电动机的同步转速公式为

$$n = \frac{60f}{p}$$

式中，f 为定子电源频率（Hz），p 为磁极对数。

从上式看出，通过改变加在定子绕组上的交流电频率，可以实现同步交流电动机的速度控制。从控制频率的方法上，可分为它控和自控变频调速系统两种。用独立的变频装置给同步电动机提供变压变频电源，称为它控变频调速系统。用电动机上所带的转子位置检测器来控制变频装置的是自控变频调速系统。

变频装置可分为"交—交"型和"交—直—交"型。前者称为直接式变频器，根据输出波形分为正弦波及方波两种，常用于低频大容量调速；后者称为带直流环节的间接式变频器。数控机床上一般采用的是正弦脉宽调制（SPWM）变频器和矢量变换的SPWM 调速系统。

2. SPWM 变频器

SPWM 是 PWM 调制变频器的一种，是与正弦波等效的一系列等幅而不等宽的矩形脉冲波。SPWM 采用的是正弦规律脉宽调制原理，具有功率因数高、输出波形好等优点。SPWM 可用硬件电路实现，也可以用软件或者软件与硬件结合的办法实现。

用硬件电路实现 SPWM，就是用一个正弦波发生器产生可以调频调幅的正弦波信号（调制波），用三角波发生器生成幅值恒定的三角波信号（载波），将它们在电压比较器中进行比较，输出SPWM 调制电压脉冲。图 4-3-4 所示为 SPWM 调制原理。

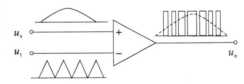

图4-3-4　SPWM调制原理

三角波电压 u_t 和正弦波电压 u_s 分别接在电压比较器的"−"、"+"输入端上。当 $u_t <$ u_s 时，电压比较器输出高电平；反之则输出低电平。SPWM 脉冲宽度（电平持续时间长短）由三角波和正弦波交点之间的距离决定，两者的交点随正弦波电压的大小而改变。因此，在电压比较器的输出端输出幅值相等而脉冲宽度不等的电压信号。

图 4-3-5 为 SPWM 调制波形。三角波 u_t 为载波，正弦波 u_s 为调制波，u_o 为输出的调制波。矩形脉冲 u_o 作为逆变器开关元件的控制信号，通过调节正弦波 u_s 的频率和幅值，便可以相应地改变逆变器输出电压基波的频率和幅值。

图 4-3-6 为 SPWM 变频主电路。图中 VT$_1$ ～ VT$_6$ 是逆变器的六个功率开关管。交流电经三相整流和电容滤波后形成直流电压 U_s，作为大功率晶体管构成的逆变器主电路电源。在矩形脉冲 u_o 的控制信号作用下，输出的三相频率和电压均可调整等效正弦波脉宽调制波 SPWM。

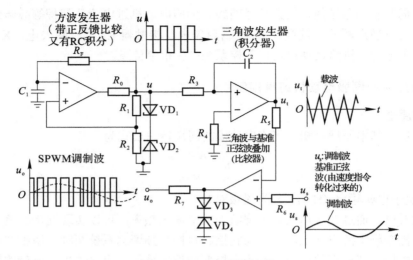

图4-3-5　SPWM调制波形

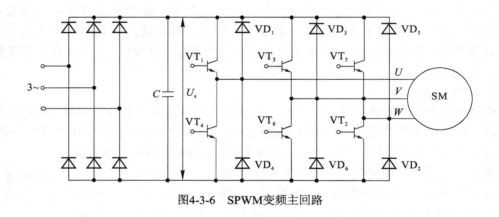

图4-3-6　SPWM变频主回路

任务实施

一、FANUC β iSV20 伺服驱动器接口认识

（1）查阅 FANUC β iSV20 伺服驱动器技术手册。

（2）指出接口名称、功能及接口端子引脚含义。

（3）绘制 FANUC β iSV20 伺服驱动器连接功能框图。

二、系统连接

（1）FANUC β iSV20 与数控装置之间光缆连接。

（2）FANUC β iSV20 温度检测信号连接。

（3）FANUC β iSV20 控制电源连接。

（4）伺服驱动主电源及伺服电动机编码器接口连接。

三、伺服系统故障排除

（1）断开伺服系统直流 24V 控制电源，观察系统报警信息。

（2）断开伺服系统一相主电源，观察机床工作状态，用万用表测量其电压。

（3）断开光缆连接，观察系统报警信息，并查阅维修技术手册。

（4）图 4-3-3 中，断开驱动器 CX29 信号，记录系统报警信息，查阅维修技术手册，了解报警含义。

（5）图 4-3-3 中，断开伺服电动机编码器，记录系统报警信息，查阅维修技术手册，了解报警含义。

知识拓展

一、交流伺服电动机的分类和特点

直流电动机具有优良的调速性能，但存在需要经常维护、最高转速受到限制的问题，而且还存在结构复杂、制造成本高等缺点。随着技术的发展，新型功率开关器件、专用集成电路和新的控制算法的不断出现，使得交流电动机调速系统的调速性能有了很大的提高，已成为伺服系统的主流。

1. 分类和特点

交流伺服电动机可分为异步型和同步型。

异步型交流伺服电动机，又称为交流感应电动机。转子由空心的（鼠笼状或杯状）非磁性材料（如铜或铝）制成，当转子转速与定子通入交流电产生旋转磁场的转速存在差值时，转子中的导体切割旋转磁场产生电流，电流与旋转磁场相互作用，使转子受到电磁力的作用而转动，其方向与旋转磁场方向一致。异步型交流伺服电动机具有转子重量轻、惯量小、响应速度快等特点。

同步型交流伺服电动机的转子受到定子电路旋转磁场的吸引，与旋转磁场的转速始终保持同步。当电源电压和频率固定不变时，同步型交流伺服电动机的转速是固定不变的。当改变供电电源频率时，可获得与频率成正比的转速，而且在较宽的调速范围内，机械特性非常硬。

同步型交流伺服电动机，按转子结构又分为电磁式及非电磁式两大类。非电磁式又分为磁滞式、永磁式和反应式，其中磁滞式和反应式同步电动机存在效率低、功率因数低、功率容量小等缺点。数控机床的进给伺服系统，多采用永磁式交流伺服电动机，它的结构简单、运行可靠、效率高。

2. 永磁式交流伺服电动机

1）结构

图 4-3-7 为永磁交流伺服电动机纵剖面。永磁同步电动机主要由定子、转子和检测元件（转子位置传感器和测速发电机）组成。定子有齿槽，内有三相绕组，形状与普通感应电动机的定子相同。但其外形呈多边形，且无外壳，以利于散热，避免电动机发热影响机床精度。转子由多块永久磁铁和铁芯组成，此结构的气隙磁密度较高，极数多，同一种铁芯和磁铁可以装成不同极数的电动机。

2）工作原理

图4-3-8为永磁交流伺服电动机工作原理。图中只画了一对永磁转子，当定子三相绕组通上交流电源后，就会产生一个旋转磁场，旋转磁场将以同步转速 n_s 旋转。根据磁极的同性相斥、异性相吸的原理，定子旋转磁极与转子的永磁磁极互相吸引，带动转子一起同步旋转。当转子加上负载转矩之后，转子磁极轴线将落后定子磁场轴线一个 θ 角，随着负载增加，θ 角也随之增大，负载减小时，θ 角也随之减小。只要不超过一定限度，转子始终跟着定子的旋转磁场以恒定的同步转速 n_s 旋转。当负载超过一定极限后，转子不再按同步的转速旋转。

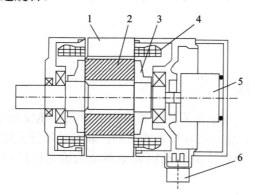

1—定子；2—永久磁铁；3—压板；4—定子三相绕组；
5—脉冲编码器；6—出线盒
图4-3-7　永磁交流伺服电动机纵剖面

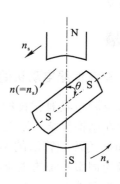

图4-3-8　永磁交流伺服
电动机工作原理

永磁同步电动机的缺点是启动比较困难。当三相电源供给定子绕组时，虽已产生旋转磁场，但转子处于静止状态，因惯性较大而无法跟随旋转磁场转动。解决的办法是在转子上装启动绕组，常采用笼型启动绕组。笼型启动绕组使永磁同步电动机如同感应电动机一样产生启动转矩，使转子开始转动，然后电动机再以同步转速旋转；另一种方法是在设计中减小转子的惯量或采用多对磁极，使永磁交流伺服电动机能直接启动。另外，还可以在速度控制单元中采取措施，让电动机先在低速下启动，然后再提高到所要求的速度。

3）永磁同步伺服电动机的特点

（1）机械特性硬。交流伺服电动机的机械特性（转速与转矩关系曲线）非常硬，接近水平直线。另外，断续工作区范围大，尤其是在高速区，这有利于提高电动机的加、减速能力。

（2）高可靠性。用电子逆变器取代了直流电动机的换向器和电刷，交流伺服电动机的工作寿命由轴承所决定。

（3）热容量大。交流伺服电动机的能量主要损耗在定子绕组与铁芯上，散热容易；而直流电动机的能量损耗主要在转子上，散热困难。

（4）转子的惯量小，电动机的加速度高，响应快。

3. 矢量变换控制的 SPWM 调速系统

直流电动机能获得优异的调速性能，主要是调整互相独立的两个变量 φ 和 I_a。而交流电动机却不一样，其定子与转子间存在着强烈的电磁耦合关系，不能形成像直流电动机那样的独立变量，是一个高阶、非线性、强耦合的多变量控制系统。

矢量变换控制调速系统，应用了处理多变量系统的现代控制理论及坐标变换和反变换数学工具，建立起一个与交流电动机等效的直流电动机模型，通过对该模型的控制，实现对交流电动机的控制，从而得到与直流电动机相同的优异控制性能。等效的概念，是将三相交流变换为等效的直流电动机的电枢电流和励磁电流，然后和直流电动机一样，对电动机的转矩控制；再通过相反的变换，将被控制的等效直流还原为三相交流，这样三相电动机的调速性能就完全可以体现直流电动机的调速性能了。

矢量变换控制的 SPWM 调速系统，是通过矢量变换得到相应的交流电动机的三相电压控制信号的。该系统实现了转矩与磁通的独立控制，控制方式与直流电动机相同，可获得与直流电动机相同的调速控制特性，满足了数控机床进给驱动的恒转矩、宽调速的要求。

交流永磁同步电动机矢量变频控制是转子位置定向的矢量控制。由电动机上的转子位置检测装置（如光电编码器）测得转子位置，经正弦信号发生器得到三个正弦波位置信号，由这三个正弦波的位置信号去控制定子三个绕组的电流。

系统主回路由脉宽调制逆变器、永磁同步电动机、转子位置检测器、电流传感器以及速度传感器组成。控制回路由速度调节器、矢量控制单元、电流调节器、SPWM 生成器以及驱动电路、三相正弦信号发生器、转速反馈变换回路组成。

二、与伺服控制有关的参数

模拟伺服进给通过可调电阻进行调整，交流及全数字伺服系统通过参数进行调整。速度环和位置环参数调整是否正确直接影响伺服系统的性能，具体设置查阅有关技术手册。

1. 速度环参数作用

（1）速度环增益调整用于减小机械振荡。

（2）零点漂移调整用于克服电气参数的漂移，从而造成无输入信号时伺服电动机缓慢转动。

（3）测速反馈深度调整用于改善速度环控制的机械特性。

（4）滞后时间常数调整用于改变速度给定信号的响应时间，调整速度环的稳定性。

2. 位置环参数作用

（1）位置环增益：影响进给速度和跟随误差，位置环增益越大，系统反应越灵敏，跟随误差越小，但稳定性较差。位置环增益应调整到一个合适的值。若每个进给轴位置环增益不同，则加工零件会产生轮廓误差。

（2）加速度：影响伺服驱动单元速度给定电压，影响伺服系统加减速的特性。

（3）位置偏差：指定坐标轴运动到指令位置偏差范围，若超差，则会出现系统报警。

（4）反向间隙补偿：用于反向间隙补偿，可根据数控机床的实际情况加以调整。

（5）丝杠螺距误差补偿：机床长期运行后，由于机械磨损造成丝杠螺距误差增大，从而要对丝杠螺距误差补偿。

三、进给伺服系统常见故障

进给伺服系统故障通常有三种表现方式：一是在显示器或操作面板上显示报警内容或

报警信息；二是在进给伺服驱动单元上用报警灯或数码管显示；三是进给运动不正常，但无报警信息。进给伺服系统常见的故障有：

（1）超程。当进给运动超过系统软件设定的行程范围，或机床移动到极限位置压下限位开关时，就会发生超程报警。一般出现故障时会在显示器上报警或通过指示灯显示，利用机床操作面板的"超程解除"键或手动移动坐标轴，可排除硬件限位超程故障。

（2）过载。当进给运动的负载过大，频繁正、反向运动以及进给传动链润滑状态不良时，均会引起过载报警。一般会在显示器上显示伺服电机过载、过热或过流等报警信息。同时，在强电柜中的进给驱动单元上，用指示灯或数码管提示驱动单元过载、过电流等信息。

（3）窜动。进给时出现窜动的原因可能有：测速信号不稳定，如测速装置故障、测速反馈信号干扰等；速度控制信号不稳定或受到干扰；接线端子接触不良，如螺钉松动等。若窜动发生在由正向运动向反向运动的瞬间，一般是由于进给传动链的反向间隙或伺服系统增益过大所致。

（4）爬行。发生在启动加速段或低速进给时，一般是由于进给传动链的润滑状态不良、伺服系统增益过低及外加负载过大等因素所致。尤其要注意的是，伺服电动机和滚珠丝杠连接用的联轴器，由于连接松动或联轴器本身的缺陷，造成滚珠丝杠转动和伺服电动机的转动不同步，从而使进给运动忽快忽慢，产生爬行。

（5）振动。分析机床振动周期是否与进给速度有关。如与进给速度有关，振动一般是由该轴的速度环增益太高或速度反馈故障造成的；若与进给速度无关，振动一般是由位置环增益太高或位置反馈故障造成的；如振动在加减速过程中产生，往往是系统加减速时间设定过小造成的。

（6）伺服电动机不转。数控系统输入到进给驱动单元除了速度控制信号外，还有使能控制信号，一般为直流开关量信号。伺服电动机不转的原因有：数控系统是否有速度控制信号输出；使能信号是否接通；通过显示器观察 I/O 状态，分析机床 PLC 梯形图，以确定进给轴的启动条件，如润滑、冷却等是否满足；对带电磁制动的伺服电动机，电磁制动是否释放；进给驱动单元是否故障；伺服电动机是否故障。

（7）位置误差报警。当伺服轴运动超过位置允差范围时，数控系统就会产生位置误差过大的报警，包括跟随误差、轮廓误差和定位误差等。位置误差报警的主要原因有：系统设定的允差范围过小；伺服系统增益设置不当；位置检测装置有污染；进给传动链累积误差过大；主轴箱垂直运动时平衡装置（如平衡油缸等）不稳定。

（8）漂移。当指令值为零时，坐标轴仍移动，从而造成位置误差，可通过漂移补偿和零速调整来消除。

（9）回参考点故障。机床不能回参考点或回的不准。

四、常见故障诊断实例

1.伺服驱动单元过载

故障现象：某立式加工中心，配备 FANUC 0 系统及 α 系列伺服驱动单元，出现加工中心不能正常工作，显示器显示 414 号报警，同时 α 伺服驱动单元报警显示号码"9"。

故障分析：查阅数控系统维修说明书可知，414 号报警为"X 轴的伺服系统有错误，当错误的信息输出至 DGNOS N0720 时，伺服系统报警"；根据 414 号报警显示内容，检查机床参数 DGNOS N0720 上的信息，发现第 4 位为"1"，正常情况下，该位应为"0"；查阅技术资料得知 DGNOS N0720 第 4 位由"0"变"1"，表示伺服系统异常电流报警；根据 α 系列伺服驱动单元报警显示号码"9"，查阅伺服系统维修资料得知"9"号报警表示过电流，原因一般为晶体管模块损坏。因此检查伺服驱动单元晶体管模块，用万用表测得电动机电源输入端阻值只有 6Ω，低于正常值的 10Ω，从而得出故障为伺服驱动单元晶体管模块损坏。

故障处理：更换相同的晶体管功率模块，若没有相同的备件，可选择工作电流、反向截止电压、频率、功耗等参数相近的晶体管模块替代。

2. 进给电动机过载

故障现象：一台配有 FANUC 11M 系统的加工中心不能正常工作，同时显示 SV023 和 SV009 报警。

故障分析：查阅数控系统报警代码可知 SV023 报警表示伺服电动机过载。可能的原因是：电动机负载太大；速度控制单元的热继电器设定错误；伺服变压器热敏开关不良；再生反馈能量过大，电动机的加减速频率过高；速度控制单元印制线路板上设定错误。SV009 报警表示移动时误差过大，可能的原因是：数控系统位置偏差量设定错误；伺服系统超调；电源电压太低；位置控制部分或速度控制单元不良；电机输出功率太小或负载太大等。

综合上述两种报警产生的原因，发现电动机负载过大的可能性最大。测量机床空运行时的进给电动机电流，结果超过电动机的额定电流。将该伺服电动机拆下，在电动机不通电的情况下，手动转动电动机转子轴，结果转动很费力，说明故障出在机械部分。打开电动机发现磁钢部分脱落，造成了电动机超载。

故障处理：采用环氧树脂胶或其他强力胶，将脱落的磁钢体粘牢，电机恢复正常。

3. 某数控铣床误差寄存器报警

故障现象：机床配置 FANUC 3MA 数控系统，在运行过程中，Z 轴产生"31"号报警。

故障分析：查阅数控机床维修手册得知，"31"号报警表示位置控制环节中误差寄存器内容大于参数规定值。根据"31"号报警提示，人为调整，加大误差寄存器设定值，用手摇脉冲发生器驱动 Z 轴，"31"号报警消除，但又产生了"32"号报警。"32"号报警表示 Z 轴误差寄存器的内容超过最大值；将设定参数再调小，"32"号报警消除，但"31"号报警又出现。反复修改机床参数，均不能排除故障。将位置控制诊断号 DGNOS 800（X轴）、801（Y 轴）和 802（Z 轴）调出，发现 X 轴的位置偏差 800 号在 -1 与 -2 间变化，Y轴的位置偏差 801 号在 +1 与 -1 间变化，而 Z 轴的位置偏差 802 号为 0，无任何变化，说明 Z 轴控制有故障。为进一步确定故障是在 Z 轴控制单元还是在编码器上，采用交换法，将 Z 轴和 Y 轴驱动单元输出到电动机的电缆和编码器反馈信号同时互换，此时诊断号 801数值变为 0，802 数值有了变化，这说明 Z 轴位置控制单元没有问题，故障出在与 Z 轴伺服电动机同轴连接的编码器上。

故障处理：更换 Z 轴上的编码器，故障消除。

4. 卧式加工中心，调试时出现振动

故障现象：一台配置 FANUC 6MB 数控系统的卧式加工中心，采用 6RB2060 脉宽调速系统，该卧式加工中心在安装调试中，Z 坐标轴出现"冲动"，机床主开关跳闸，显示器显示"1021"号报警。

故障分析：机床主开关跳闸，说明驱动电流很大，而机床正处于调试阶段，因此检查连接线错误是关键。检查速度反馈电缆线及连接件情况，重点检查反馈极性信号，因为如果反馈极性信号接错，会出现正反馈，检查后发现正确没问题；查阅故障诊断手册表明"1021"号报警是 Z 坐标轴的伺服驱动单元故障，对速度单元进行调零，故障仍然存在；由伺服系统原理图知道，Y 坐标轴伺服驱动单元和 Z 坐标轴伺服驱动单元型号一样，将它们调换使用，故障没有消除；通过显示器查看 Z 坐标轴诊断数据 DGNOS 802，发现位置调节为负数，因此可以判断 Z 坐标轴的位置反馈信号有问题。

故障处理：把电动机电枢线以及测速反馈线的极性同时对调，故障排除。

5. 上例的卧式加工中心在运行半年之后伺服单元故障报警。

故障现象：X 坐标轴突然停车，产生"1020"号报警显示。

故障分析："1020"号报警表明 X 坐标轴伺服驱动单元有故障。根据电气图知道 X 坐标轴伺服驱动单元与工作台旋转轴（A 轴）伺服驱动单元相同，将两者交换使用，X 坐标轴恢复正常，而 A 轴出现上述故障，因此可以确定故障出在原 X 坐标轴伺服驱动单元内；采用对比测量法，将两块伺服驱动单元电路板对比测量，重点检查输入电源部分和大功率驱动模块部分，在伺服驱动单元电路板中检查出一个滤波电容被击穿。

故障处理：用同型号的电容更换，若没有同型号的电容，应选用耐压值高、容量较大的滤波电容，并且在安装时注意电容的极性。

技能训练

（1）如图 4-3-9 所示为 β iSVPM 交流伺服单元连接，说明各器件的功能。

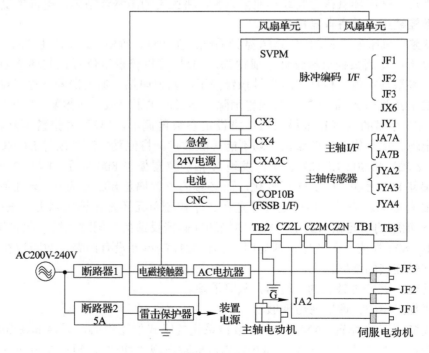

图4-3-9　β iSVM交流伺服单元连接

（2）查阅相关技术资料，通过修改 βiSV20 伺服系统参数方法改变伺服电动机的旋转方向。

（3）设置 βiSV20 伺服驱动器过载故障现象，检查故障产生原因，列出排查方法。

（4）设置 βiSV20 伺服驱动器不能加载主电源故障现象，检查故障产生原因，列出排查方法。

问题思考

（1）图 4-3-3 中，变压器 TC5、TC6 有何作用？

（2）FANUC 伺服驱动器控制电源和主电源通断电有顺序要求吗？为什么？怎样实现？

（3）SPWM 含义是什么？是如何产生的？

（4）查阅资料，说明伺服系统有哪些参数？说明含义。

（5）伺服系统常见的故障有哪些？如何排查？

（6）速度环、位置环增益参数有何作用？

任务四　连接变频器——模拟主轴伺服系统原理与维修

任务导入

图 4-4-1 为 FANUC 系统数控机床主轴。机床主轴主传动是旋转运动，传递切削力，是机床的主运动。数控机床主轴能在很宽范围内实现转速连续可调，并且稳定可靠。当机床有螺纹加工功能、C 轴功能、准停功能和恒线速度加工时，主轴电动机需要装配检测元件，对主轴速度和位置进行控制。在中、高档数控机床中，主轴运动采用直流伺服驱动或交流伺服驱动，有的机床使用变频器实现主轴无级调速。本任务要求了解主轴伺服驱动有何要求；如何控制。

模拟量控制主轴

串行交流主轴

图4-4-1　FANUC系统数控车床主轴

任务目标

知识目标

（1）了解模拟主轴伺服系统接口定义。

(2) 掌握模拟主轴伺服系统电气连接。

能力目标

(1) 会连接模拟主轴驱动器。

(2) 能排除主轴伺服常见故障。

任务描述

图 4-4-2 为 FANUC 0i Mate TD 系统模拟量主轴控制元件。本任务要求掌握变频器（三菱 FR-D700）接口的功能含义，通过在装调维修实训装置上训练，掌握接口与其他单元的连接，绘制出系统模拟量主轴电气控制的原理图，会排除变频器常见的故障。

图4-4-2　FANUC 0i mate TD系统模拟量主轴控制元件

相关知识

一、FANUC 0i Mate TD 模拟量主轴控制原理

图 4-4-3 为 FANUC 0i Mate TD 模拟量主轴控制原理。合上 QF2、QF5，变压器 TC5、TC6 通电，开关电源上电。启动系统后，KA0、KA1 常开触点闭合，KM2 线圈得电，KM2 常开触点闭合，三菱变频器接入 380V 交流电。

选定手动操作模式，按下主轴正转按键，数控系统处理主轴正转指令信号，PMC 地址 Y8.0 输出信号，继电器 KA2 线圈得电，继电器 KA2 常开触点动作，三菱变频器 STF 与 SD 短接，为变频器控制主轴电动机正转做好准备。数控系统处理主轴正转指令信号后，通过 JA40 向三菱变频器发出指令，三菱变频器接受方向控制信号和模拟直流电压信号后，变频器 U、V、W 输出，电动机旋转。脉冲编码器 PG 转动，脉冲信号通过数控系统 JA41 接受主轴旋转反馈信号，数控系统显示主轴旋转速度。

若主轴反转，PMC 地址 Y8.1 输出信号，继电器 KA3 线圈得电，继电器 KA3 常开触点动作，三菱变频器 STR 与 SD 短接，为变频器控制主轴电动机反转做好准备。数控系统处理主轴反转指令信号后，通过 JA40 向三菱变频器发出指令，三菱变频器接受方向控制信号和模拟直流电压信号后，变频器 U、V、W 输出，电动机反向旋转。脉冲编码器 PG 转动，脉冲信号通过数控系统 JA41 接受主轴旋转反馈信号，数控系统显示主轴反向旋转速度。

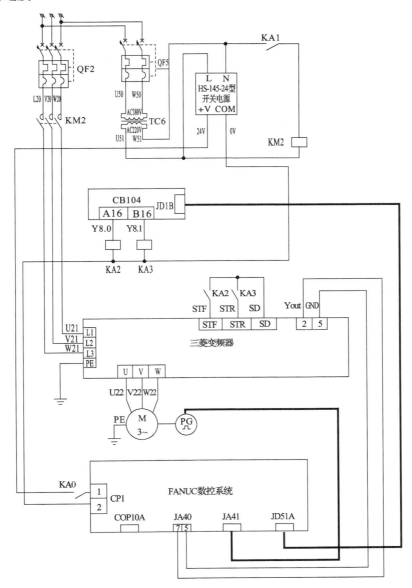

图4-4-3　FANUC 0i Mate TD模拟量主轴控制原理

二、FANUC 0i Mate TD 模拟量主轴输出接口

FANUC 0i Mate TD 系统主轴控制采用模拟主轴或串行主轴，模拟主轴是系统通过 JA40 输出 0 ～ 10V 的模拟电压给变频器，控制主轴电动机的转速；JA41 接主轴旋转编码器。图 4-4-4 为 FANUC 0i Mate TD 模拟量主轴连接。

图 4-4-5 为 FANUC JA40 接口与变频器之间信号。JA40 中 SVC 与 ES 端子输出 0 ～ 10V 的模拟电压，ENB1 与 ENB2 端子输出开关量使能信号。

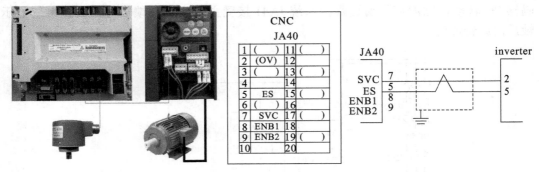

图4-4-4 FANUC 0i Mate TD模拟量主轴连接   图4-4-5 FANUC JA40接口与变频器之间信号

三、三菱通用变频器 FR-D700 接口

图 4-4-6 为三菱通用变频器 FR-D700 接线。

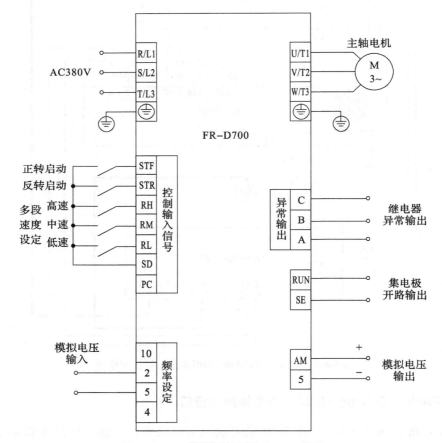

图4-4-6 三菱通用变频器FR-D700接线

1. 主电路端子

表 4-4-1 为主电路端子用途及功能说明。

表 4-4-1　主电路端子

端子记号	端子名称	端子功能说明
R/L1、S/L2、T/L3	交流电源输入	连接工频电源
U、V、W	变频器输出	连接三相异步电动机
+、PR	制动电阻器	连接制动电阻器
+、−	连接制动单元	制动单元连接
+、P1	连接直流电抗器	拆下端子+和P1间的短路片，连接直流电抗器

2. 控制电路端子

部分的端子可以通过 Pr.178 ～ Pr.182、Pr.190、Pr.192（输入输出端子功能）选择端子功能。

1）输入信号

表 4-4-2 为输入控制端子的用途及功能说明。

表 4-4-2　输入控制端子及功能说明

种类	端子记号	端子名称	端子功能说明	
接点输入	STF	正转启动	STF信号ON时为正转、OFF时为停止指令	STF、STR同时ON时变成停止指令
	STR	反转启动	STR信号ON时为反转、OFF时为停止指令	
	RH、RM、RL	多段速度选择	用RH、RM和RL信号的组合可以选择多段速度	
	SD	接点输入公共端（漏型）	接点输入端子（漏型逻辑）	
		外部晶体管公共端（源型）	源型逻辑时当连接晶体管输出（即集电极开路输出），例如编程控制器（PLC）时，将晶体管输出用的外部电源公共端接到该端子时，可以防止因漏电引起的误动作	
		DC24V电源公共端	DC24V 0.1A电源（端子PC）的公共输出端子，与端子5及端子SE绝缘	
	PC	外部晶体管公共端（漏型）	漏型逻辑时当连接晶体管输出（即集电极开路输出），例如编程控制器（PLC）时，将晶体管输出用的外部电源公共端接到该端子时，可以防止因漏电引起的误动作	
		接点输入公共端（源型）	接点输入端子（源型逻辑）的公共端子	
		DC24V电源	可作为DC24V、0.1A的电源使用	

种类	端子记号	端子名称	端子功能说明
频率设定	10	频率设定用电源	作为外接频率设定（速度设定）用电位器时的电源使用
	2	频率设定（电压）	如果输入DC0～5V（或0～10V），在5V（10V）时为最大输出频率，输入输出成正比；通过Pr.73进行DC0～5V（初始设定）和DC0～10V输入的切换操作
	4	频率设定（电流）	如果输入DC4～20mA（或0～5V，0～10V），在20mA时为最大输出频率，输入输出成比例；只有AU信号为ON时端子4的输入信号才会有效（端子2的输入将无效）；通过Pr.267进行4～20mA和DC0～5V、DC0～10V输入的切换操作；电压输入（0～5V/0～10V）时，请将电压／电流输入切换开关切换至"V"
	5	频率设定公共端	频率设定信号（端子2或4）及端子AM的公共端子，不要接大地
PTC热敏电阻	10 2	PTC热敏电阻输入	连接PTC热敏电阻输出，将PTC热敏电阻设定为有效（Pr.561≠"9999"）后，端子2的频率设定无效

2）输出信号

表4-4-3为输出控制端子的用途及功能说明。

表4-4-3　输出控制端子及功能说明

种类	端子记号	端子名称	端子功能说明
继电器	A、B、C	继电器输出（异常输出）	指示变频器因保护功能动作时输出停止；异常时B–C间不导通（A–C间导通），正常时B–C间导通（A–C间不导通）
电极开路	RUN	变频器正在运行	变频器输出频率为启动频率（初始值0.5 Hz）或以上时为低电平，正在停止或正在直流制动时为高电平
	SE	集电极开路输出公共端	RUN的公共端子
模拟	AM	模拟电压输出	从多种监视项目中选一种输出，输出信号与监视项目大小成比例

3）生产厂家设定用端子

表4-4-4为生产厂家设定用端子的用途及功能说明。

表4-4-4　生产厂家设定用端子及功能说明

种类	端子功能说明
S1	勿连接任何设备，否则可能导致变频器故障；另外，不要拆下连接在端子S1–SC、S2–SC间的短路片；任何一个短路用电线被拆下后，变频器都将无法运行
S2	
SO	
SC	

任务实施

一、FANUC 0i Mate TD 主轴连接接口的认识

（1）指出 JA40、JA41 接口功能及接口端子引脚含义。

（2）指出三菱通用变频器 FR-D700 控制端子含义。

（3）绘制 FANUC 0i Mate TD 与主轴外设连接功能框图。

二、系统连接

（1）数控装置与变频器、主轴编码器信号连接。

（2）变频器正反转控制信号连接。

（3）变频器主电源连接。

三、模拟量主轴故障排除

（1）断开变频器一相主电源，观察机床主轴工作状态，用万用表测量其电压。

（2）图 4-4-3 中，断开 KA1 触点，观察工作机床主轴状态。

（3）图 4-4-3 中，取下 KA2 中间继电器，观察工作机床主轴状态，分析故障原因。

（4）图 4-4-3 中，断开编码器，观察并记录工作机床状态，分析故障原因。

知识拓展

一、FANUC 0i Mate TD 与串行主轴放大器

1. 与一体化伺服 SVPM 连接

图 4-4-7 为 FANUC 0i Mate TD 串行主轴放大器。CZ2L、CZ2M、CZ2N 分别对应三个进给伺服电动机动力线接口；TB2 为主轴伺服电动机动力线接口；TB1 为一体型放大器电源三相 200V 输入端；TB3 为备用（主回路直流侧端子）。

2. FANUC 0i Mate TD 主轴连接形式

图 4-4-8 为 FANUC 0i Mate TD 主轴连接，主轴根据情况可以配置多个，具体查阅技术手册。

图4-4-7　FANUC 0i Mate TD串行主轴放大器　　　图4-4-8　FANUC 0i Mate TD主轴连接

二、与主轴有关的参数

1. 系统参数

图 4-4-9 为 FANUC 模拟主轴参数设置画面。表 4-4-5 为与主轴有关的部分参数，其他参数查阅 FANUC 0i Mate TD 参数说明书。

表 4-4-5　与主轴有关的部分参数

参数号	一般设定值	参数说明
3716	0	主轴电机的种类：0—模拟主轴；1—串行主轴
3717	1	分配给各主轴的主轴放大器号：0—放大器尚未连接；1—使用连接于1号放大器号的主轴电机；2—使用连接于2号放大器号的主轴电机；3—使用连接于3号放大器号的主轴电机
3718	80	此参数设定在位置显示画面等上，添加到主轴速度显示中的下标
3720	4096	主轴编码器脉冲数
3730	1000	主轴速度模拟输出的增益调整
3735	0	主轴最低钳制速度
3736	1400	主轴最高钳制速度
3741	1400	主轴最大速度
3772	0	主轴上限钳制，设为0不钳制
8133#5	1	不使用串行主轴

2. 变频器参数

1）FR-D700 操作面板

图 4-4-10 为变频器操作面板。具体查阅 FR-D700 操作说明书。

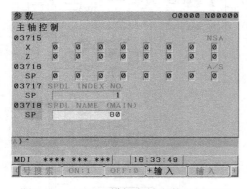

图4-4-9　FANUC模拟主轴参数设置画面　　　图4-4-10　变频器操作面板

2）FR-D700 参数设置

表 4-4-6 为 FR-D700 变频器的主要参数，具体查阅 FR-D700 操作说明书。

表 4-4-6　变频器主要参数

序号	参数代号	初始值	设置值	功能说明
1	P1	120	可调	上限频率（Hz）
2	P2	0	0	下限频率（Hz）
3	P3	50	50	电机额定频率
4	P4	50	50	多段速度设定（高速）
5	P5	30	30	多段速度设定（中速）
6	P6	10	10	多段速度设定（低速）
7	P7	5	2	加速时间
8	P8	5	0	减速时间
9	P73	1	0	模拟量输入选择
10	P77	0	0	参数写入选择
11	P79	0	3	运行模式选择
12	P125	50	可调	端子2频率设定增益频率
13	P160	9999	0	扩展功能显示选择
14	P161	0	1	频率设定、键盘锁定操作选择
15	P178	60	60	STF端子功能选择
16	P179	61	61	STR端子功能选择
17	P180	0	0	RL端子功能选择
18	P181	1	1	RM端子功能选择
19	P182	2	2	RH端子功能选择

三、主轴常见故障诊断实例

1. 过电流报警

故障现象：在加工时主轴运行突然停止，驱动器显示过电流报警。

故障分析：检查交流主轴驱动器主回路，发现再生制动回路故障，主回路的熔断器均熔断，经更换熔断器后机床恢复正常。但机床正常运行数天后，再次出现同样故障。分析可能存在的主要原因有：主轴驱动器控制板不良；连续过载；或绕组存在局部短路。了解现场实际加工情况，过载的原因可以排除；考虑到换上元器件后，驱动器可以正常工作数天，故主轴驱动器控制板不良的可能性也较小；因此，可能性最大的是绕组存在局部短路。

故障处理：仔细测量绕组的各项电阻，发现U相对地绝缘电阻较小，证明该相存在局部对地短路。拆开检查发现，内部绕组与引出线的连接处绝缘套已经老化，经重新连接后，对地电阻恢复正常。再次更换元器件后，机床恢复正常，故障不再出现。

2. 主轴高速异常振动

故障现象：配置某系统的数控车床，当主轴高速（3000 r/min 以上）旋转时，车床出现异常振动。

故障分析：数控机床的振动与机械系统的设计、安装、调整以及机械系统的固有频率、主轴驱动系统的固有频率等因素有关，其原因通常比较复杂。但在本车床上，由于故障前交流主轴驱动系统工作正常，可以在高速下旋转，且主轴在超过 3000 r/min 时，在任意转速下振动均存在，可以排除机械共振的因素。检查机床机械传动系统的安装与连接，未发现异常，且在脱开主轴电动机与机床主轴的连接后，在控制面板上观察主轴转速、转矩或负载电流值显示，发现其中有较大的变化，因此初步可以判定故障在主轴驱动系统的电气部分。

故障处理：仔细检查车床的主轴驱动系统连接，发现该车床主轴驱动器的接地线连接不良，线重新连接后，车床恢复正常。

3. 不执行螺纹加工

故障现象：配置 FANUC 0 TD 系统的数控车床，在自动加工时，发现车床不执行螺纹加工程序。

故障分析：数控车床加工螺纹，其实质是主轴的转角与 Z 轴进给之间进行的插补。主轴的角位移通过主轴编码器进行测量。在本机床上，由于主轴能正常旋转与变速，分析故障原因主要为：主轴编码器与主轴驱动器之间的连接不良；主轴编码器故障；主轴驱动器与数控装置之间的位置反馈信号电缆连接不良。经查主轴编码器与主轴驱动器的连接正常，能正常显示主轴转速，说明主轴编码器的 A、-A、B、-B 信号正常；再利用示波器检查 Z、-Z 信号，可以确认编码器零脉冲输出信号正确。根据数控系统的说明书进一步分析螺纹加工功能与信号的要求，可以知道螺纹加工时，系统进行的是主轴每转进给动作，因此它与主轴的速度到达的信号有关。

故障处理：在 FANUC0 TD 系统上，主轴的每转进给动作与参数 PRM24.2 的设定有关，当该位设定为"0"时，Z 轴进给时不检测"主轴速度到达"信号；设定为"1"时，Z 轴进给时需要检测"主轴速度到达"信号。在本机床上，检查发现该位设定为"1"，因此只有"主轴速度到达"信号为"1"时，才能实现进给。通过系统的诊断功能，检查发现当实际主轴转速显示值与系统的指令值一致时，才能实现进给，但"主轴速度到达"信号仍然为"0"。进一步检查发现，该信号连接线断开；重新连接后，螺纹加工动作恢复正常。

4. 螺纹加工出现"乱牙"

故障现象：某配套数控车床，在 G32 车螺纹时，出现起始段螺纹"乱牙"的故障。

故障分析：数控机床加工螺纹，其实质是主轴的角位移与 Z 轴进给之间进行的插补，"乱牙"是由于主轴与 Z 轴进给不能实现同步引起的。由于该机床使用的是变频器作为主轴调速装置的，主轴速度为开环控制，在不同的负载下，主轴的启动时间不同，且启动时的主轴速度不稳，转速亦有相应的变化，因此导致了主轴与 Z 轴进给不能实现同步。

故障处理：解决以上故障的方法有如下两种：

（1）通过在主轴旋转指令（M03）后、螺纹加工指令（G32）前增加 G04 延时指令，保证在主轴速度稳定后，再开始螺纹加工。

（2）更改螺纹加工程序的起始点，使其离开工件一段距离，保证在主轴速度稳定后，再真正接触工件，开始螺纹的加工。

5. 工件表面出现周期性振纹

故障现象：某配套 FANUC 0 T 系统的数控车床，在加工过程中，发现在端面加工时，表面出现周期性波纹。

故障分析：数控机床端面加工时，表面出现振纹的原因很多，在机械方面如：刀具、丝杠、主轴等部件的安装不良、机床的精度不足等都可能产生以上问题。但该车床故障为周期性出现，且有一定规律，根据通常的情况，应与主轴的位置检测系统有关，仔细观察振纹与 X 轴的丝杠螺距相对应，因此维修时再次针对 X 轴进行检查。

检查该车床的机械传动装置，其结构是伺服电动机与滚珠丝杠间通过同步齿形带进行连接，位置反馈编码器采用的是分离型布置。检查发现 X 轴的分离式编码器安装位置与丝杠不同心，存在偏心，即编码器轴心线与丝杠中心不在同一直线上，从而造成了 X 轴移动过程中的编码器的旋转不均匀，反映到加工中，则是出现周期性波纹。

故障处理：重新安装、调整编码器后，车床恢复正常。

6. 变频器过压报警

故障现象：某配套 FANUC 0 TD 系统的数控车床，主轴电动机驱动采用三菱公司的 E540 变频器，在加工过程中，变频器出现过压报警。

故障分析：仔细观察车床故障产生的过程，发现故障总是在主轴启动、制动时发生，因此，可以初步确定故障的产生与变频器的加 / 减速时间设定有关。当加 / 减速时间设定不当时，如主电动机起 / 制动频繁或时间设定太短，变频器的加 / 减速无法在规定的时间内完成，则通常容易产生过电压报警。

故障处理：修改变频器参数，适当增大加 / 减速时间后，故障消除。

技能训练

（1）图 4-4-11 为欧姆龙 3G3JZ 变频器接线，查阅资料，绘制与 FANUC 0i Mate TD 连接控制原理图。

（2）查阅相关技术资料，选择 FANUC 串行主轴，绘制与 FANUC 0i Mate TD 连接控制原理图。

问题思考

（1）FANUC 串行主轴和模拟量主轴指令信号有何不同？

（2）变频器为什么要接制动电阻？

（3）数控机床中主轴变频器一般有哪些功能参数？如何实现主轴正反转？

（4）主轴伺服系统常见的故障有哪些？如何排查？

（5）变频器主轴控制，若编码器与主轴齿轮比不是 1 : 1，应设置哪些参数才能正确显示？

（6）编码器在主轴伺服控制中有哪些作用？

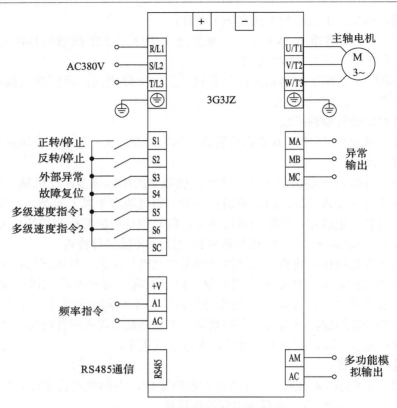

图4-4-11 欧姆龙3G3JZ变频器接线

任务五 排查四工位电动刀架故障——电动刀架原理与维修

任务导入

图4-5-1为数控车床电动刀架。电动刀架是一种简单自动换刀装置,工位有四、六工位等多种形式。电动刀架必须具有良好强度和刚性,以承受粗加工的切削力,同时还要保证每次转位重复定位的精度。本任务要求了解数控系统PMC控制换刀的过程;如何通过PMC梯形图判断四工位电动刀架的故障。

立式

卧式

图4-5-1 数控车床电动刀架

任务目标

知识目标

（1）了解四工位电动刀架的结构。

（2）掌握电动刀架电气控制原理。

能力目标

（1）会连接 FANUC 系统四工位电动刀架电气控制线路。

（2）会通过 PMC 梯形图判断刀架电气故障。

任务描述

图 4-5-2 为 FANUC 0i Mate TD 数控系统 PMC 梯形图监控画面。本任务要求掌握四工位电动刀架硬件连接，利用 PMC 梯形图监控四工位电动刀架运行，判断刀架发生的部位，会排除电动刀架常见故障。

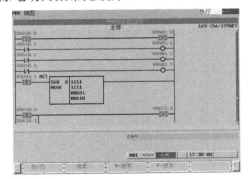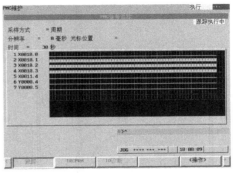

图4-5-2　FANUC 0i 数控系统PMC梯形图监控画面

相关知识

一、电动刀架结构及工作原理

1. 四工位电动刀架结构

图 4-5-3 为四工位电动刀架结构。当机床执行加工程序中的换刀指令时，刀架自动转位换刀。其换刀过程如下：

1）刀架抬起

当数控装置发出换刀指令后，电动机 1 正转，并经联轴器 2 带动蜗杆轴 3 转动，从而带动蜗轮丝杠 4 转动。蜗轮的上部外圆柱加工有螺纹，所以该零件称为蜗轮丝杠。刀架体 7 的内孔加工有螺纹，与蜗轮上的丝杠旋合。蜗轮丝杠内孔与刀架中心轴外圆是滑配合，在转位换刀时，中心轴固定不动，蜗轮丝杠环绕中心轴旋转。当蜗轮丝杠开始转动时，刀架 7 和刀架底座 5 上的端面齿处于啮合状态，且蜗轮丝杠轴向固定，因此刀架体 7 不能转动只能轴向移动，直至刀架体 7 抬起。当刀架体抬至一定距离时，端面齿脱开，完成刀架抬启动作。

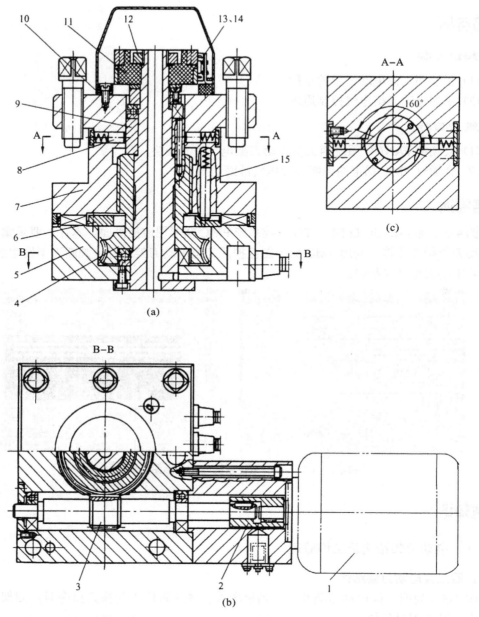

1—电动机；2—联轴器；3—蜗杆轴；4—蜗轮丝杠；5—刀架底座；6—粗定位盘；7—刀架体；
8—球头销；9—转位套；10—电刷座；11—发信体；12—螺母；13、14—电刷；15—粗定位销
图4-5-3 四工位电动刀架结构

2）刀架转位

刀架抬起后，由于转位套 9 用销钉与蜗轮丝杠 4 连接，因此随蜗轮丝杠一起转动，当刀架抬起端面齿完全脱开时，转位套恰好转过 160°（如 A-A 剖面图所示），球头销 8 在弹簧的作用下向下进入转位套 9 的槽中，带动刀架体转位。粗定位信号，下并由微动开关发出信号给数控装置。

3）刀架定位

刀架体转动时带着电刷座 10 转动，当转到指定的刀号时，粗定位销 15 在弹簧力的作用下进入粗定位盘 6 的槽中进行粗定位，同时电刷 13、14 接触导通，使电动机反转。由于粗定位槽的限制，刀架体不能转动，使其在该位置垂直向下移动，刀架体 7 和刀架底座 5 的端面齿啮合实现精确定位。

4）刀架夹紧

电动机继续反转，此时蜗轮丝杠停止转动，蜗杆轴 3 继续转动，端面齿间夹紧力不断增加，转矩不断增大，达到一定值时，在传感器的控制下电动机 1 停止转动，从而完成一次转位。

发信装置由发信体 11、电刷 13、电刷 14 组成。电刷 13 负责发信，电刷 14 负责位置判断。当刀架定位出现过位或不到位时，可松开螺母 12，调整发信体 11 与电刷 14 的相对位置。

2. 霍尔式无触点发信盘

霍尔式无触点发信盘将霍尔元件、稳压电路、放大器、施密特触发器和集电极开路门等集成于一体，当受到磁场作用时，集电极开路门状态发生变化，通过驱动电路输入到数控系统 PMC 中，检测刀位变化。图 4-5-4 为霍尔发信盘安装及应用。图中，霍尔集成元件共有三个接线端子，1、3 端之间是 +24V 直流电源电压，2 端是输出信号端，判断霍尔集成元件的好坏，可用万用表测量 2、3 端的直流电压，人为将磁铁接近霍尔集成元件，若万用表测量数值没有变化，再将磁铁极性调换，若万用表测量数值还没有变化，说明霍尔集成元件已损坏。

有些型号的电动刀架，采用光电开关来进行刀位检测，其控制方式类似于霍尔式接近开关。用光电式接近开关代替霍尔式接近开关，用遮光片代替磁铁。有些型号的电动刀架采用光电编码器检测刀位信号。

3. 电动刀架工作过程

数控装置发出换刀信号→刀架电动机正转使锁紧装置松开且刀架旋转→检测刀位信号→刀架电动机反转定位并夹紧→延时→换刀动作结束。

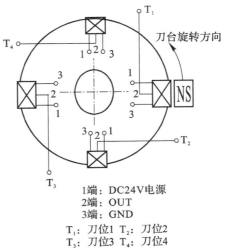

1端：DC24V电源
2端：OUT
3端：GND

T_1：刀位1　T_2：刀位2
T_3：刀位3　T_4：刀位4

图4-5-4　霍尔发信盘安装及应用

二、电动刀架电气控制

1. 六工位电动刀架

图 4-5-5 为六工位电动刀架控制原理。电动刀架采用蜗杆蜗轮传动，刀架电动机正转实现刀架松开并进行分度，反转进行锁紧并定位。电动机正反转由接触器 KM6、KM7 控制，刀架的松开和锁紧靠微动行程开关 SQ1 进行检测，刀架的分度由刀架电动机后端的角度编码器进行检测。

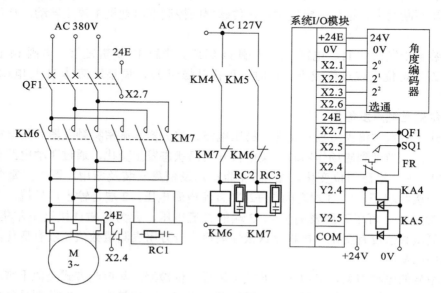

图4-5-5 六工位电动刀架控制原理

机床接收到换刀指令（程序的 T 码指令）后，刀架电动机正转进行松开并分度控制，刀架分度并到位后，通过电动机反转进行锁紧和定位控制。要进行刀架锁紧到位信号的检测，只有检测到该信号，才能完成 T 代码功能。电动机有过载、短路保护。

图 4-5-5 中 X2.1、X2.2、X2.3 为实际刀号检测输入信号地址，X2.6 为位置选通信号地址，系统发出刀架分度指令，刀架电动机正转（输出继电器 Y2.4 为"1"），通过蜗杆蜗轮传动松开锁紧凸轮，凸轮带动刀盘转位，同时角度编码器发出转位信号（X2.1、X2.2、X2.3），当刀架转到换刀位置，刀架电动机经过定时器延时后，切断刀架电动机正转输出信号 Y2.4，经过延时后，系统发出刀架电动机反转输出信号 Y2.5，电动机开始反转，进行定位，锁紧凸轮进行锁紧并发出刀架锁紧到位信号（X2.5），切断刀架电动机反转运转输出信号 Y2.5，从而完成换刀自动控制。在换刀整个过程中，当换刀过程超时、电动机过载温升过高（X2.4）及断路器 QF1（X2.7）信号动作时，系统立即停止换刀动作并发出系统换刀故障信息。

2. 四工位电动刀架

图 4-5-6 为四工位电动刀架控制原理。电动机正反转由接触器 KM3、KM4 控制，手动按下换刀指令按键，刀架电动机正转（输出继电器 Y8.4 为"1"），继电器 KA5 线圈得电，刀架正转控制接触器 KM3 线圈得电，刀架正转电动机抬起并转动。霍尔元件 SQ7、

SQ8、SQ9、SQ10 依次发出转位信号，继电器 KA13、KA14、KA15、KA16 线圈依次得电，继电器常闭触点通过分线器模块输入转位信号（X10.0、X10.1、X10.2、X10.3）。松开手动换刀指令按键，刀架电动机停止（输出继电器 Y8.4 为"0"），刀架电动机反转（输出继电器 Y8.5 为"1"），继电器 KA6 线圈得电，刀架反转控制接触器 KM4 线圈得电，接触器 KM4 主触点闭合，刀架反转锁紧。延时一段时间，输出继电器 Y8.5 断开，继电器 KA6 线圈失电，换刀结束。

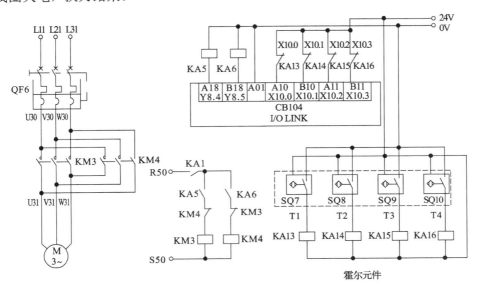

图4-5-6　四工位电动刀架控制原理

任务实施

一、四工位电动刀架 PMC 地址认识

（1）查阅技术手册，找出手动换刀按键 PMC 输入地址。

（2）指出刀架电机正反转 PMC 输出地址。

（3）指出刀架霍尔元件 PMC 输入地址。

二、刀架线路连接

（1）电动刀架电动机主回路连接。

（2）电动刀架控制回路连接。

三、电动刀架故障排除（以图 4-5-6 四工位电动刀架为例）

（1）图 4-5-7 为电动刀架 PMC 输入监控画面。手动操作控制使电动刀架旋转，观察 X10.0、X10.1、X10.2、X10.3 以及 X11.4 输入信号的状态变化。

（2）图 4-5-8 为电动刀架 PMC 梯形图监控画面。执行手动操作，观察输出信号 Y8.4、Y8.5 的状态变化。

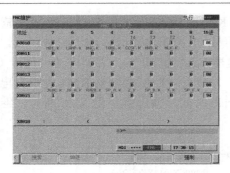 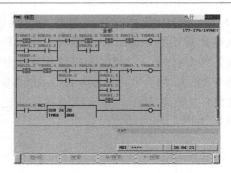

图4-5-7　电动刀架PMC输入监控画面　　　　图4-5-8　电动刀架PMC梯形图监控画面

（3）图 4-5-6 中，断开刀架电动机主回路一相电源，手动换刀操作，观察故障现象，说明原因。

（4）图 4-5-6 中，取下继电器 KA6，手动换刀操作，观察故障现象，说明原因。

知识拓展

一、盘形回转刀架

图 4-5-9 所示为数控车床盘形回转刀架。其工作原理如下：当电动机 11 通电时，尾部的电磁制动器在 30 ms 以后松开，电动机开始转动，通过齿轮 10、9、8 带动蜗杆 7 旋转，从而使蜗轮 5 转动。蜗轮内孔有螺纹，与轴 6 上的螺纹配合。这时轴 6 不能回转，当蜗轮转动时，使得轴 6 沿轴向向左移动，因为刀架 1 与轴 6、活动鼠牙盘 2 是固定在一起的，所以刀盘和鼠牙盘也向左移动，鼠牙盘 2 和 3 脱开。在轴 6 上有两个对称

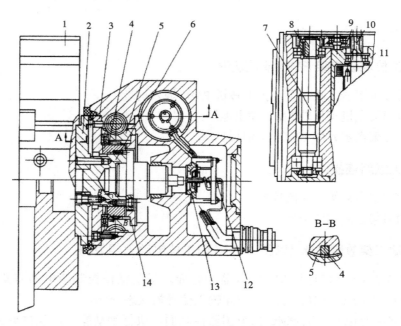

1—刀盘；2、3—鼠牙盘；4—滑块；5—蜗轮；6—轴；7—蜗杆；
8、9、10—齿轮；11—电动机；12—微动开关；13—小轴；14—圆盘；
4-5-9　数控车床盘形回转刀架

槽，内装滑块4，在鼠牙盘脱开后，蜗轮转到一定角度与蜗轮固定在一起的圆盘14上的凸起便碰到滑块4，蜗轮便通过14上的凸块带动滑块4，连同轴6、刀盘一起进行转位。

当转到要求位置之后，电刷选位器发出信号，使电动机反转，圆盘14上的凸块与滑块脱离，不再带动轴6转动，蜗轮与轴6上的螺纹使轴6右移，鼠牙盘2、3结合定位，电磁制动器通电，维持电动机轴上的反转力矩，以保证鼠牙盘之间有一定的压紧力。最后电动机断电，同时轴6右端的小轴13压下微动开关12，发出转位结束信号。刀架的选位由刷形选位器进行选位。松开、夹紧位置检测则由微动开关12实现。

二、电动刀架常见故障分析

电动刀架常见故障有换刀指令失效、刀架转位不停、刀架电动机无法正常启动、刀架无法锁紧等。表4-5-1为电动刀架常见故障原因和排除措施。

表4-5-1　电动刀架常见故障原因和排除措施

故障现象	原因分析	排除措施
换刀指令失效	刀架电动机三相电源缺相造成转矩较小	用万用表检查三相电源电压，确保电源电压正常
	接触线圈发生不同程度老化或损坏	更换老化或损坏接触器
	电动机相序错误，导致电动机通电后逆时针旋转，电动机非正常制动	调整三相电源中的两相，保证电机转动正确
	控制刀架继电器出现故障	更换刀架继电器
	接触器主触点熔焊或断路	更换接触器
刀架转位不停	刀架体内磁钢磁极方向相反，发信盘与磁钢位置不一致或不精确	将刀架体的磁钢磁极方向调整一致，检查发信盘与磁钢位置是否平行
	发信盘电源断路，没有正常的电源供应，发信盘不能运行	拆除刀架体上盖，检查发信盘的电源，若是断路应及时更换处理
	发信盘霍尔元件出现断路，每个霍尔元件都有一个固定的刀位，如果其中的一个霍尔元件出现问题，就会造成刀架转位不停	发信盘固定在一个整体密封装置内，先用万用表对发信盘接线柱电阻进行检测，如果两侧电阻值不一致则表示发信发生损坏，更换新的发信盘
	刀架体内发信盘接地线短路或断路，刀架停止信号不能及时传输到系统中	用万用表检查发询盘接地线是否短路或断路
刀架无法正常启动	刀架电动机缺相或相序相反	电源接通时如果听到刀架电动机出现异常声响，立刻切断电源，调整电动机相序
刀架无法锁紧	刀架装配时，可能存在积累误差，导致反靠销、离合销产生装配误差	检查反靠销、离合销装配尺寸
	没有正确设置系统PMC刀具锁紧时间参数	重新设定系统PMC刀具锁紧时间参数，通常将其周期设置为1秒
	刀架电动机无法接收到反转信号，丝杠螺母副卡死	对刀架机械结构进行检查，调整丝杠螺母副位置

续表

故障现象	原因分析	排除措施
上刀体转位不精确	反转装置不能正常运行	检查弹簧有无损害或老化，反靠销是否能够进行灵活定位
	霍尔元件在圆周方向与磁钢发生不同程度的偏离，造成上刀体转位过大或过小；	调整霍尔元件在圆周方向上的位置
	弹簧片触点与发信盘触点偏离。	检查发信盘夹紧螺母，如果出现松动要对弹簧片触点位置和发信盘触点位置进行调整
上刀架体不能旋转到所需刀位	部分霍尔元件与磁钢之间失去作用信号	检查发信盘，及时更换发信盘
	部分霍尔元件出现短路或断路	更换霍尔元件
	发信盘内霍尔元件没有对应好刀位信号	调整发信盘，重新连接信号线

三、刀架常见故障诊断实例

1. 换刀时噪声大

故障现象：四工位刀架换刀时一直伴随有"呼啦，呼啦"的噪声。

故障分析：换刀时，电动机带动蜗杆，蜗杆带动蜗轮实现换刀。电动机和蜗杆及两端的轴承换刀时高速旋转，很容易造成磨损，而传动部件磨损会产生较大的噪声。操作人员反映换刀时除有噪声外，电动机没发热，加工精度也稳定。初步断定是蜗杆两端轴承失效引起的噪声。

故障处理：关闭机床电源，拆下电动机及刀架底座，取出蜗杆，发现右端轴承磨损严重，原因是操作人员长期使用乳化液，没有及时润滑。更换轴承并加注润滑油后，噪声消除。

2. 换刀指令失效

故障现象：换刀时刀架上体不动，一段时间后，系统报警。

故障分析：该机床用来粗加工零件，平常用一把刀，吃刀量比较大，对加工精度没严格要求。零件需要两把刀加工，换刀时才发现上述故障，初步断定是蜗轮蜗杆机械卡死。

故障处理：拆下刀架上体、电动机及刀架底座，取下主轴，将主轴和蜗轮蜗杆分离时，发现蜗杆和主轴已卡死。刀架润滑情况良好，主轴上端有明显磨损痕迹，说明操作人员切削用量不合理（吃刀量选择过大），刀架承受较大外力，造成刀架主轴弯曲。更换主轴，重新安装，故障排除。

3. 刀架转动突然停止

故障现象：CKA6150转动中，刀架转动时突然停止，再次转动刀位，刀架主回路断路器跳闸。

故障分析：该故障一般发生在刀架的霍尔元件、电机和相关的线路上。经检验四个霍尔元件都正常，电机转动也正常，判断故障可能在刀架传输电缆上。经仔细检查，发现电气柜到通往刀架的电缆线外皮磨损，导致电动机动力线与地短路。

故障处理：更换电缆线，刀架恢复正常。

4. 刀架旋转不停

故障现象：输入第一把刀指令信号（如 T0101）后，刀架旋转不停。

故障分析：原因可能是刀位信号丢失、连接线虚接、刀架无电源或霍尔元件损坏。确认是否是第一把刀的刀位信号问题，按下操作面板上的复位键，重新输入其他刀指令（如 T0202），若第二把刀刀位信号正常，可断定第一把刀刀位信号断开或霍尔元件损坏。若换刀不正常，则确认刀架电源线存在虚接或断路。检查发现第二把刀正常换刀，确认第一把刀的刀位信号有问题。

故障处理：关闭系统电源，打开刀架，发现第一把刀的刀位信号线虚接，重新焊接，故障排除。

5. 刀架不能夹紧

故障现象：刀架旋转正常，但不能正常夹紧。

故障分析：首先检查夹紧开关是否松动，其次用万用表检查其相应控制继电器是否能正常工作，触点接触是否可靠。若仍不能排除，应考虑刀架内部机械配合是否松动。刀架内齿盘上的碎屑，也会造成夹紧不牢而使定位不准，因此应清洁内齿盘。

故障处理：拆开刀架，检查发现定位销折断。更换定位销，故障排除。

6. 某一刀位找不到

故障现象：一台 FANUC 0i 系统四工位数控车床，发生三号刀位找不到，其他刀位能正常换刀。

故障分析：调出 PMC 程序，手动换刀，当到三号刀位时，正转输出继电器有输出，而刀架刀位判断信号没有输出。检测三号刀位信号转换继电器，发现继电器触点、线圈正常，判断是霍尔元件有问题。用万用表检测，判断霍尔元件损坏。

故障处理：更换霍尔元件，故障解决。

7. 换刀中刀架电动机瞬时停止

故障现象：FANUC 0i 系统的数控车床，四工位刀架在换刀过程中，刀架电机有瞬时停止现象。

故障分析：手动换刀，通过 PMC 的诊断功能，观察刀架正转输出信号正常。可能是外围电路出现问题，检查发现控制刀架正转的中间继电器触点接触不良。

故障处理：采用交换法，更换控制刀架的中间继电器，刀架恢复正常。

8. 换刀过程出现错误刀位号

故障现象：维修刀架后，换刀能够正常进行，但刀架端盖上的刀位号与换刀指令输入的刀位号不一致。

故障分析：在机床换刀过程中，两个地方有刀位号：一是输入刀具指令，二是刀架端盖上有刀位号。机床换刀结束后，两处刀位号应保持一致，端盖上的刀位号顺序不能更改。发现原因是更换霍尔元件时，线路连接出现错误。

故障处理：调整霍尔元件的接线。

技能训练

（1）四工位电动刀架换 T4 刀时，刀架一直旋转、无法找到刀位，并出现换刀超时报警，通过 PMC 梯形图分析原因。

（2）更换四工位电动刀架发信盘，调试刀架。

问题思考

（1）电动机是如何带动刀架旋转的？刀架是如何定位的？

（2）电动刀架的输入输出信号有哪些？怎样监控？

（3）叙述交换法在电动刀架维修中的应用。

任务六　自动返回原点——返回参考点原理与维修

任务导入

图 4-6-1 为 X 轴返回原点示意图。数控机床一般都采用增量式的编码器或增量式光栅尺作为位置检测反馈元件，机床断电后失去了各坐标位置的记忆，因而在每次开机后首先让各坐标轴回到机床的一个固定点上，重新建立起机床坐标系。回参考点的位置不准将影响零件的加工精度，严重时会出现撞车事故。本任务要求了解数控系统如何控制返回参考点；有哪些返回方式；如何判断及排除机床返回参考点过程中的故障。

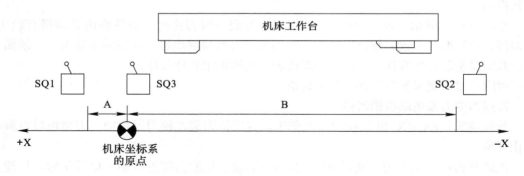

图4-6-1　X轴返回原点示意图

任务目标

知识目标

（1）了解数控机床返回参考点过程。

（2）掌握返回参考点电气控制原理。

能力目标

（1）会连接 FANUC 系统返回参考点电气控制线路。

（2）会通过 PMC 梯形图判断返回参考点故障。

任务描述

图 4-6-2 为 FANUC 0i Mate TD 系统返回参考点，本任务要求掌握数控车床回参考点输入输出控制的 PMC 信号；通过装调维修实训装置训练，掌握电气控制原理及线路连接；会排除车床回参考点的常见故障。

操作界面　　　　　　　　　　　参考点开关

图4-6-2　FANUC 0i Mate TD系统返回参考点

相关知识

一、FANUC 0i Mate TD 回参考点原理

FANUC 0i Mate TD 系统采用增量式返回参考点，手动参考点返回方式下，工作台快速接近参考点开关，经减速开关减速后，以低速寻找栅格作为车床零点。图 4-6-3 为回参考点时序图。回参考点应满足以下条件：

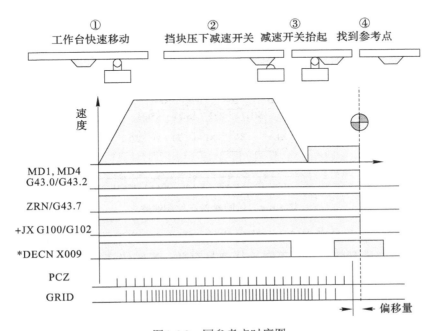

图4-6-3　回参考点时序图

（1）回参考点（ZRN）方式有效，对应 PMC 地址 G43.7=1，同时 G43.0 和 G43.2 同时为 1。

（2）轴选择有效，对应 PMC 地址 G100 ～ G102=1。

（3）减速开关触发，有效对应 PMC 地址 X9.0 ～ X8.3 或 G196.0 ～ 3 从 1 到 0 再到 1。

（4）电气栅格被读入，找到参考点。

（5）参考点建立，CNC 向 PMC 发出完成信号。

二、电气控制原理

图 4-6-4 为返回参考点控制线路，SQ1、SQ3 分别是 X 轴正负极限检测接近开关，SQ4、SQ6 分别是 Z 轴正负极限检测接近开关，SQ2、SQ5 分别是 X 轴、Z 轴返回参考点接近开关。接近开关 SQ1、SQ2、SQ3、SQ4、SQ5、SQ6 触发动作，相对应的中间继电器 KA7、KA8、KA9、KA10、KA11、KA12 线圈动作，其常开或常闭触点经 CB104 输入到 PMC 地址 X8.0、X9.0、X8.2、X8.1、X9.1、X8.3 中。

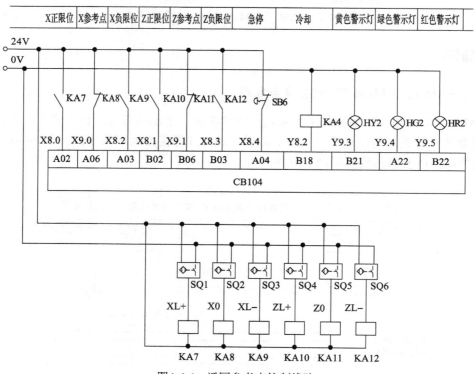

图4-6-4 返回参考点控制线路

表 4-6-1 为车床返回参考点输入/输出信号，图 4-6-5 为返回参考点梯形图及波形。当 G120.7 系统回零信号有效，X 轴正向选择信号有效，X 轴快速移动到参考点附近。当碰到参考点开关后，在减速信号的控制下，以低速继续前移，脱开挡块后，再找零标志。当到达测量系统零标志发出的栅格信号时，X 轴制动，当速度为零后，再以低速前移参考点偏移量，准确停止于参考点。

表 4-6-1　车床返回参考点输入 / 输出信号

输入信号	信号含义	输出信号	信号含义
X8.4	急停按钮	G120.7	系统回零
X8.0	X轴"正"向限位开关	G100.0	X轴正向选择信号
X9.0	X轴"参考点"开关	G100.2	Z轴正向选择信号
X8.2	X轴"负"向限位开关	F94.0	X轴回零结束
X8.1	Z轴"正"向限位开关	F94.2	Z轴回零结束
X9.1	Z轴"参考点"向限位开关	Y14.2	X轴回零结束指示
X8.3	Z轴"负"向限位开关	Y14.0	Z轴回零结束指示
X15.1	X轴选择	X15.3	Z轴选择

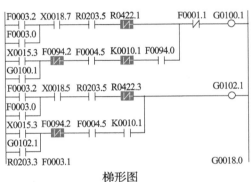
梯形图

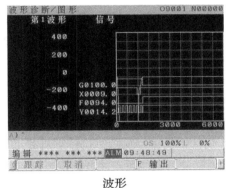
波形

图4-6-5　返回参考点梯形图及波形

任务实施

一、返回参考点 PMC 地址认识

（1）查阅技术手册，找出手动返回参考点按键 PMC 输入地址。

（2）指出 X 轴返回参考点 PMC 输入输出地址。

（3）指出 Z 轴返回参考点 PMC 输入输出地址。

二、电路连接

（1）X 轴返回参考点控制输入线路连接。

（2）Z 轴返回参考点控制输入线路连接。

三、返回参考点电气控制故障排除

（1）图 4-6-4 中，取下 KA8，手动返回参考点操作，观察机床工作状态，分析故障现象和原因。

（2）图 4-6-4 中，取下 X9.0 的输入端子，在监控画面中观察信号现象，分析故障现象和原因。

知识拓展

一、数控机床回参考点方式

数控机床的位置检测装置无论是采用脉冲编码器、感应同步器、磁栅或光栅，只有增量式的有开机回参考点。如果采用是绝对式，在机床调试时第一次开机后，通过参数设置配合机床回零操作调整到合适的参考点，以后每次开机，不必再进行回参考点操作。数控机床返回参考点的方式，因数控系统类型和机床生产厂家设置的不同而有差异，常用的返回参考点方式有两类，即栅格方式和磁性开关方式。

1. 栅格方式

采用栅格方式时，可通过移动栅格（可由系统参数设定）来调整参考点位置。位置检测装置随伺服电机旋转产生栅点或零标志位信号，在机械本体上安装一个减速撞块和减速开关，当减速撞块压下减速开关时，伺服电机减速并继续向参考点运行。当减速撞块离开减速开关后，减速开关释放，数控系统检测到的第一个栅点或零标志位信号即为机床参考点，此时伺服电机停转，坐标轴定位。该方法的特点是机床如果接近原点的速度小于某一固定值，则进给轴总是停止在同一点，也就是说，在进行回参考点操作后，机床参考点的保持性好。目前大部分机床采用栅格方式。

2. 磁性开关方式

当采用磁性开关方式时，可通过移动接近开关来调整其参考点位置。在机械本体上安装磁铁及磁感应参考点开关或者接近开关，当磁感应参考点开关或接近开关检测到参考点信号后，伺服电机立即停止，该停止点被认作机床的参考点。该方法的特点是软件及硬件简单，但参考点位置随着伺服电机速度的变化而成比例地漂移，即参考点不确定。

二、栅格方式返回参考点方式

用脉冲编码器或光栅尺作为位置检测的数控机床，多采用栅格法来确定机床的参考点。脉冲编码器或光栅尺均会产生零标志信号，脉冲编码器的零标志信号又称一转信号。每产生一个零标志信号相当于坐标轴移动一个距离，将该距离按一定等分数分割得到的数据即为栅格间距，其大小由机床参数确定。当伺服电动机（带脉冲编码器）与滚珠丝杠采用 $1:1$ 直联时，一般设定栅格间距为丝杠螺距，光栅尺的栅格间距为光栅尺上两个零标志之间的距离。采用这种增量式检测装置的数控机床一般有以下四种回参考点的方式：

（1）图 4-6-6 为返回参考点波形图 1。先用手动方式以速度 V1 快速将轴移到参考点附近，然后启动回参考点操作，轴便以速度 V2 慢速向参考点移动。碰到参考点开关后，数控系统即开始寻找位置检测装置上的零标志。当到达零标志时，发出与零标志脉冲相对应的栅格信号，轴即在此信号作用下速度制动到零，然后再前移参考点偏移量而停止，所停位置即为参考点。偏移量的大小通过测量由机床参数设定。

（2）图 4-6-7 为返回参考点波形图 2。回参考点时，轴先以速度 V1 向参考点快速移动，碰到参考点开关后，在减速信号的控制下，减速到速度 V2 并继续前移，脱开挡块后，再找零标志。当到达测量系统零标志发出的栅格信号时，轴即制动到速度为零，然后再以 V2 速度前移参考点偏移量而停止于参考点。

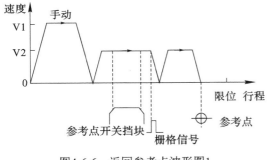

图4-6-6　返回参考点波形图1

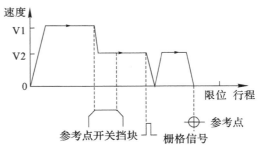

图4-6-7　返回参考点波形图2

（3）图 4-6-8 为返回参考点波形图 3。回参考点时，轴先以速度 V1 快速向参考点移动，碰到参考点开关后速度制动到零，然后反向以速度 V2 慢速移动，到达测量系统零标志发出的栅格信号时，轴即制动到速度为零，再前移参考点偏移量而停止于参考点。

（4）图 4-6-9 为返回参考点波形图 4。回参考点时，轴先以速度 V1 向参考点快速移动，碰到参考点开关后制动到速度为零，再反向微动直至脱离参考点开关，然后又沿原方向微动撞上参考点开关，并且以速度 V2 慢速前移，到达测量系统零标志产生的栅格信号时，轴即制动到速度为零，再前移参考点偏移量而停止于参考点。

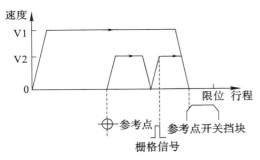

图4-6-8　返回参考点波形图3

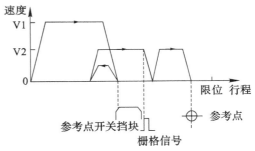

图4-6-9　返回参考点波形图4

三、FANUC 系统绝对式返回参考点

采用绝对位置编码器，即便是系统关断电源，一旦零点建立无需每次开机回零。断电后的机床位置偏移被保存在电机编码器 SRAM 中，并通过伺服放大器上的电池保存编码器 SRAM 中的数据。

当更换电机或伺服放大器后，由于将反馈线与电机航空插头脱开，或电机反馈线与伺服放大器脱开，必将导致编码器电路与电池脱开，因此会将 SRAM 中的位置信息丢失，从而需重新建立零点。图 4-6-10 为绝对式回零方式波形图。

四、常见返回参考点故障分析

在实际工作当中，就必须了解与返回参考点有关的知识，在维修前要知道机床属于哪一种返回参考点方式，常见的参数有哪些。一般维修时不需要修改参数，但如果是绝对式编码器返回参考点故障就需要修改参数，这就需要理解参数的含义，返回参考点的方式不同，故障也不相同。表 4-6-2 为返回参考点故障原因和排除故障措施。

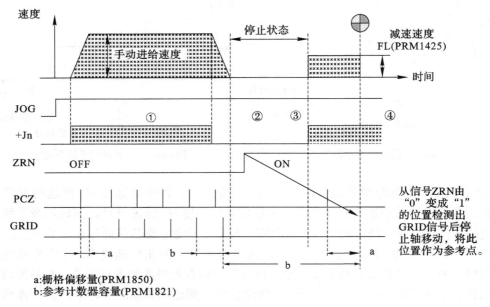

图4-6-10　绝对式回零方式波形图

表 4-6-2　返回参考点故障原因和排除措施

故障现象	原因分析	排除措施
偏离参考点一个栅格间距	减速挡块安装位置不正确或减速挡块太短	减小接近参考点速度，重新调整挡块位置或减速开关位置，或适当增加挡块长度
随机偏差，没有规律	外界干扰，如连接不良，信号电缆与电源靠得太近	确认屏蔽接地良好，电缆分开布线
	脉冲编码器电源电压过低	检查脉冲编码器电源
	脉冲编码器损坏	示波器检测脉冲编码器信号
	伺服电机与工作台联轴器连接松动	固定伺服电机与工作台间联轴器
	伺服轴电路板或伺服放大器板不良等	更换伺服轴电路板
不能正常返回参考点，有报警	回参考点减速开关产生的信号或零标志位脉冲信号失效，原因是因为脉冲编码器断线或脉冲编码器的连接电缆断线	采用示波器检测零标志位脉冲信号零标志位
	返回参考点时，机床开始移动点距参考点太近	检查机床上挡块和参考点开关，观察PLC接口的I/O状态指示，确定故障点
数控系统突然产生"没有准备好状态"报警	多数为返回参考点减速开关失灵，触头压下后不能复位	检查减速开关复位弹簧或更换减速开关

五、回参考点常见故障诊断实例

1. 回参考点超程报警

故障现象：某配套 FANUC 加工中心开机后在回参考点过程中，发生超程报警。

故障分析：经检查，发现该机床在回参考点时，当压下减速开关后，坐标轴无减速动作，由此判断故障原因应在减速检测信号上。通过系统的输入状态显示，发现该信号在回参考点减速挡块压合与松开的情况下，状态均无变化，对照原理图检查线路，确认该轴的回参考点减速开关由于切削液的侵入而损坏。

故障处理：更换参考点开关，故障消除。

2. 不执行返回参考点操作

故障现象：在返回参考点过程中，不执行动作，并出现"未返回参考点"报警。

故障分析：分析可能是参数改变了，应检查指令倍率比（CMR）、检测倍乘比（DMR）、回参考点快速进给速度、接近原点的减速速度、面板快速倍率及进给倍率开关等。

故障处理：检查发现指令倍率为零，重新设定指令倍率。

3. X 轴偏移固定值

故障现象：某台经济型数控车床（FANUC 0 T 数控系统），X 轴经常出现原点漂移，每次漂移量为 10 mm 左右。

故障分析：每次漂移量基本固定，怀疑与 X 轴回参考点有关，检查相关参数没有发现问题。检查减速挡块及接近开关，发现挡块与接近开关距离太近。

故障处理：重新调整减速挡块位置，将其控制在该轴丝杠螺距（该轴的螺距为 10 mm）的一半，约为 6 mm 左右，故障排除。

4. 定位随机每次有不同的值

故障现象：一台 FANUC 0 系统的数控机床，回参考点动作正常，但参考点位置随机性大，每次定位都有不同的值。

故障分析：参考点位置随机性变化，大都由于编码器零脉冲不良、电机与丝杠的联轴节松动、滚珠丝杠间隙增大、电机转矩过低及伺服调节不良而引起跟随误差过大等原因造成的。由于机床回参考点动作正常，证明机床回参考点功能有效。检查发现，参考点位置虽然每次都在变化，总是处在参考点减速挡块放开后的位置上。因此，可以初步判定故障的原因是由于脉冲编码器零脉冲不良或丝杠与电机之间的连接不良引起的故障。为确认问题的原因，鉴于故障机床伺服系统为半闭环结构，维修时脱开了电机与丝杠间的联轴器，检查发现，丝杠与联轴器间间隙过大，产生连接松动。用手动压参考点减速挡块，进行多次回参考点试验发现每次回参考点完成后，电机总是停在某一固定的角度上，证明脉冲编码器零脉冲无故障，问题的原因应在电机与丝杠的连接上。

故障处理：更换联轴器，重新安装后机床恢复正常。

5. 加工零件尺寸超差

故障现象：某数控车床，发生 Z 轴方向加工尺寸不稳定，尺寸超差而且呈现无规律性，但系统又无任何报警指示，导致加工工件报废。

故障分析：经询问了解该车床回参考点过程正常，根据故障现象，分析机械传动部分和伺服控制部分应该正常，故障的原因是由不确定性因素引起的，可能是机械部分松动或某电子元件性能不稳造成的。根据先机械后电气原则，先对回参考点机械控制结构检查，发现参考点开关轴紧固螺钉出现松动，导致在加工过程中压块位置产生无规律的移动，引起回参考点的无规律漂移，致使Z轴位移尺寸超差，加工工件报废。

故障处理：重新调整，紧固压块，故障消失。

6. 找不到零点

故障现象：某机床在回参考点过程中有减速过程，找不到零点。

故障分析：机床轴回参考点有减速过程，说明减速信号已经到达系统，减速开关及相关电气没有问题，故障可能出在编码器上。用示波器测量编码器的波形，找不到零脉冲，确定编码器有问题。

故障处理：将编码器拆开，观察里面灰尘或油污，将编码器清理干净，用示波器测量，发现零脉冲信号，重新安装，故障排除。

7. 急停报警

故障现象：某数控车床（系统为FANUC）回参考点时，X轴动作正常，车床出现X轴硬件超程急停报警，但Z轴回参考点正常。

故障分析：根据故障现象和返参控制原理，判定减速信号正常，故障原因可能是X轴进给电机伺服放大器控制电路板不良或系统轴板故障。因为Z轴回参考点正常，可以采用交换法判断故障的部位，把伺服放大器与伺服电机电缆对调，进行返回参考点操作，发现故障转移到Z轴上，故判定故障出现在伺服放大器上。

故障处理：更换伺服放大器，车床恢复正常。

8. 立式数控铣床，Z轴不能返回参考点

故障现象：立式数控铣床，执行Z轴返回参考点操作，按回零键时有减速，在寻找机床参考点时出现急停报警，更换一个行程开关后，现象依旧。

故障分析：经PMC诊断，Z轴在回参考点操作时，减速信号X9.2由"$1 \rightarrow 0 \rightarrow$"，缺少了减速开关脱开后再次变为"1"的过程。检查零限位与硬限位挡块，发现轴零限位和硬限位挡块距离太近，怀疑Z轴限位挡块位置因振动或撞击，造成位置改变，回零减速后就碰到了硬限位，产生超程报警。

故障处理：先安装零限位挡块，再安装硬限位挡块，然后调整系统软行程的参数。

技能训练

（1）工作台极限行程开关、回参考点开关的安装与调整。

（2）Z轴回零无法找到一转信号，分析故障原因，列出诊断方法。

问题思考

（1）叙述数控机床返回参考点的工作原理。

（2）返回参考点的输入信号有哪些？怎样监控？

（3）数控机床返回参考点的方式有哪几种？

（4）FANUC系统中有关数控机床返回参考点的参数有哪些？

模块五　加工中心（西门子 802D 系统）原理与维修

任务一　启动 802D 数控装置——数控系统连接与维修

任务导入

SINUMERIK 802D sl 集数字控制器、可编程控制器、人机操作界面于一体，通过 PROFIBUS DP 总线与外部设备连接，通过 Drive-CliQ 总线与 SINAMICS S120 驱动连接，实现简便、可靠、高速的通信。图 5-1-1 为 SINUMERIK 802D sl 数控装置。本任务要求了解数控装置供电电源是直流还是交流；数控装置有哪些接口；这些接口是如何连接的。

前面板

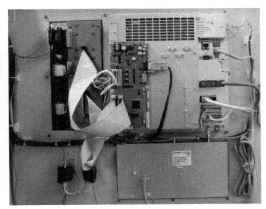
后面板

图5-1-1　SINUMERIK 802D sl数控装置

任务目标

知识目标

（1）了解 SINUMERIK 802D sl 数控装置接口定义。

（2）掌握 SINUMERIK 802D sl 电气控制原理。

能力目标

(1) 会连接 SINUMERIK 802D sl 接口。

(2) 能排除 SINUMERIK 802D sl 数控装置电源故障。

任务描述

图 5-1-2 为 802D sl 数控装置与其他单元的连接。本任务要求查阅数控系统有关技术手册；通过在 802D 加工中心装调维修实训装置上训练，了解数控装置接口功能含义；掌握数控装置硬件接口与其他单元的连接方法，能绘制数控装置电源电气控制原理图；会排除数控装置电源故障。

图5-1-2　802D sl数控装置与其他单元的连接

相关知识

一、数控装置接口

图 5-1-3 为 802D sl 数控装置背面接口与实物。

1. 802D s1 接口含义

X40——三芯端子式插座（插头上已标明 24V，0V 和 PE）。

X5——以太网插座，通过工业 Ethernet 连接到一台 PC，但设备必须装备有一块 Ethernet 卡以及相应的软件。

X8——RS232C 接口（9 芯针式 D 型插座），可连接 PC，用于数据交换。

X10——USB 外设接口。

X9——PS/2 键盘接口，外接键盘。

X6——PROFIBUS 总线接口（9 芯孔式 D 型插座），与外设模块进行通信。

X1、X2——高速驱动接口，与进给伺服驱动器连接。

X20——数字 I/O 高速输入输出接口（12 芯端子插头），用于 16 个数字输入或 8 个数字输入和 8 个数字输出，一般用于驱动器使能与控制使能。

X30——手轮接口，可以连接两个电子手轮。

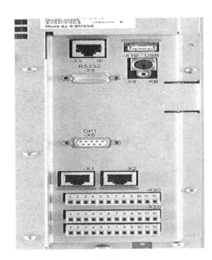 

接口　　　　　　　　　　　　　实物连接

图5-1-3　802D sl数控装置背面接口与实物

2. SINUMERIK 802D sl 组件

图 5-1-4 为 SINUMERIK 802D sl 的部分组件。

（1）操作面板 CNC（PCU），配有 CNC 全键盘（纵向或横向）。

（2）机床控制面板，机床运行所需的按键和开关。机床控制面板有如下两种型号：

① 机床控制面板 MCP，通过模块 PP72/48 连接。

② 机床控制面板 MCP 802D sl，通过 MCPA 模块连接。

（3）MCPA 模块，为 SINUMERIK 802D sl 补充 / 扩展组件。它配备了以下端口：

① 连接模拟主轴，用于 ±10V（X701）模拟输出。

② 连接外部机床控制面板（X1，X2）。

③ 连接快速输入 / 输出的 1 字节输入和输出端。

（4）输入输出 PP72/48 模块。802D sl 系统最多可配置三块 PP72/48 模块，模块提供 72 个数字输入和 48 个数字输出。每个模块有三个 50 芯插槽，插槽中包括了 24 位数字量输入和 16 位数字量输出（驱动能力为 0.25 A）。

PP72/48 模块没有外壳，通过 PROFIBUS-DP 与数控系统连接。组件有以下端口和显示：

① PROFIBUS-DP 接口（最大 12MB/s）。

② 72 个数字输入和 48 个数字输出。

③ 机载状态显示，由 4 个诊断 LED 构成。

（5）驱动外设 SINAMICS S120。802D sl 和驱动 SINAMICS S120 间的通信由"DRIVE-CliQ"（Drive Component Link With IQ）实现。

（6）闪存卡（CF 卡）接口。数控装置前面板设置闪存卡（CF 卡），用于开机调试数据、NC 程序、用户数据、参数设定等。

MCPA模块　　　　　　PP72/48模块　　SINAMICS S120

图5-1-4　SINUMERIK 802D sl的部分组件

二、总体连线图

图 5-1-5 为加工中心系统框图。系统由双轴功率模块、单轴功率模块、SMC30 模块、PP72/48 模块、X/Y/Z 轴电机、主轴伺服驱动器、主轴伺服电机、手持操作盒、限位信号、参考点信号、主轴定位完成信号、刀库计数信号、松刀 / 紧刀到位信号、刀库正反转信号、冷却信号和润滑信号等组成。主轴采用交流伺服驱动系统，进给驱动为西门子系统功率模块。图 5-1-6 为 802D sl 数控装置与外设的连接。

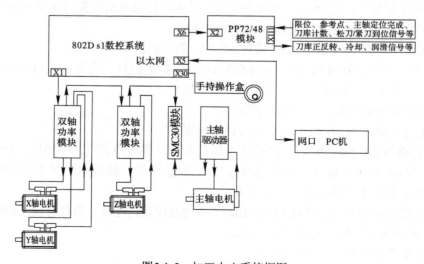

图5-1-5　加工中心系统框图

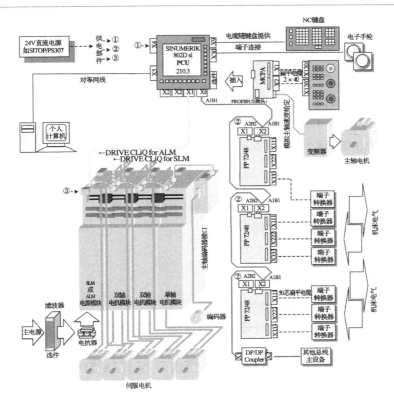

图5-1-6　802D sl数控装置与外设的连接

三、数控装置连接

图 5-1-7 为数控加工中心实训装置供电原理。SB2 为数控装置启动按钮，SB1 为数控装置停止按钮，SBL1、SBL2 分别为数控装置与停止启动指示灯，KA0 为数控装置供电继电器。

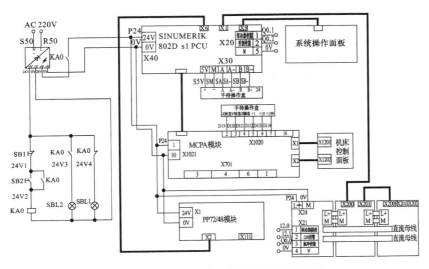

图5-1-7　数控加工中心实训装置供电原理

任务实施

一、SINUMERIK 802D s1 接口及组件认识

（1）查阅 SINUMERIK 802D sl 技术手册。

（2）指出接口及组件名称、功能及接口端子引脚含义。

（3）绘制 SINUMERIK 802D sl 数控机床功能框图。

二、系统连接

（1）数控装置与 PCU、PP72/48、SIMODRIVE 设备连接。

（2）PP72/48 模块与机床操作面板连接。

（3）数控装置与电源连接。

三、数控装置电源故障排除

（1）通电前，首先测量各电源电压是否正常。

（2）用万用表测量交流电压，断开变压器次级，观察机床工作状态，用万用表测量次级电压。

（3）用万用表测量开关电源输出电压（DC24V），断开 DC24V 输出端，观察机床工作状态，给开关电源供电，用万用表测量其电压。

（4）图 5-1-6 中，取下 KA0，观察机床工作状态指示灯，按下启动按钮 SB2，用万用表测量数控装置工作电压。

（5）图 5-1-6 中，断开 KA0 一对常开触点，观察机床工作状态指示灯，按下启动按钮 SB2，观察机床工作状态。

知识拓展

一、SINUMERIK 810 系统

西门子 SINUMERIK 810 系统是中档数控系统，产品有 GA1、GA2、GA3 三种型号，系统功能强，使用方便，硬件采用模块化结构，便于维修，并且体积小。车床使用 810T 系统，铣床及加工中心使用 810M 系统，磨床使用 810G 系统，冲床使用 810N 系统。

1.810 系统特点

（1）CPU 采用 80186 通道式结构的 CNC 装置。有主和辅两个通道，两个通道以同一方式工作，通道由 PLC 控制同步。

（2）可控制 2～5 个坐标轴，实现三轴插补联动。基本插补功能有任意两坐标的直线和圆弧插补、任意三坐标的螺旋线插补、三坐标直线插补。

（3）可通过屏幕对话、图形功能和软键菜单操作或编程，还可以用图形模拟来调试程序。采用极坐标、圆弧半径及轮廓描述编程（蓝图编程）。

（4）诊断功能完善。系统有内部安全监控、轮廓监控、主轴监控和接口诊断等。在屏幕上显示数据、系统报警、PLC 报警和 PLC 操作信息等。

（5）采用集成式PLC，最大128点输入/64点输出，用户程序容量12KB，小型扩展控制箱（EU）可以安装SINUMERIKI/0模块，也可选用SIMATIC U系列模块和WF725/WF726定位模块。

（6）自动加工的同时，可以输入程序。数据和程序可通过RS232C接口或20 mA电流环接口传输。

2. 810系统硬件结构

图5-1-8为810系统硬件模块原理。由CPU模块、系统存储器模块、位置测量控制模块、接口模块、文字、图形处理器模块、电源模块、监视器控制单元、I/O子模块等组成。

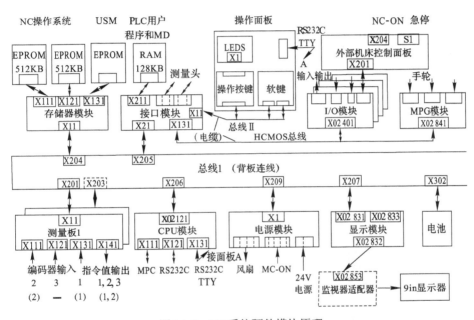

图5-1-8　810系统硬件模块原理

二、SINUMERIK 810/840D 系统

810/840D是全数字化数控系统，采用模块化结构，将CNC和驱动控制集成在一块板子上，便于操作、编程和监控。

810D/840D是由数控及驱动单元（CCU或NCU）、MMC、PLC三部分组成，在集成系统时，将SIMODRIVE 611D驱动和数控单元（CCU或NCU）放在一起，用总线互相连接。MMC（Man Machine Communication）包括OP（Operation panel）单元、MMC、MCP（Machine Control Panel）三部分；PLC包括电源模块PS（Power Supply）、接口模块IM（Interface Module）和信号模块SM（Signal Module）三部分。

810D的核心被称为CCU（Compact Control Unit）单元，810D是840D的一个简易版，810D最多控制五个轴。图5-1-9为810D系统连接示意图，图5-1-10为840D系统连接示意图。

1. 840D 的功能及特点

（1）控制类型。采用32位微处理器，用于完成CNC连续轨迹控制以及内部集成式

PLC 控制。

（2）机床配置。可实现钻、车、铣、磨、切割、冲及激光加工等，最多可控制三十一个进给轴。其插补功能有样条插补、三阶多项式插补和曲线表插补，为加工各类曲线曲面零件提供便利，此外还具备进给轴和主轴同步操作功能。

图5-1-9　810D系统连接示意图

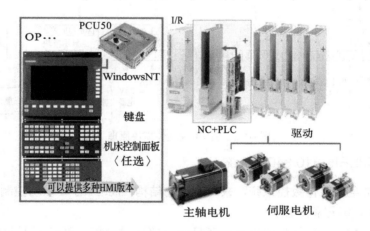

图5-1-10　840D系统连接示意图

（3）操作方式。操作方式有 AUTOMATIC（自动）、JOG（手动）、TEACH IN（示教）、MDA（手动数据）等。

（4）轮廓和补偿。可进行轮廓检测，进行刀具、螺距误差、测量系统误差及反向间隙补偿等。

（5）安全保护功能。设置软极限开关，进行工作区域限制。同时还可对主轴进行监控。

（6）NC 编程。具有高级语言编程，可进行公制、英制尺寸或混合尺寸编程。程序编制与加工可同时进行，系统具备 1.5 兆字节的用户内存，用于零件程序、刀具偏置、补偿的存储。

（7）PLC 编程。PLC 以标准 SIMATICS7 模块为基础，程序和数据内存可扩展到 288KB，I/O 模块可扩展到 2048 个输入／输出。

（8）操作部分硬件。提供标准的 PC 软件、硬盘、奔腾处理器，用户可在 MS-Windows98/2000 下开发自定义的界面。

（9）显示部分。提供语言有中文、英语、德语、西班牙语、法语、意大利语。显示屏上可显示程序块、电动机轴位置、操作状态等信息。

（10）数据通信。加工过程中可通过通用接口进行数据输入／输出。用 PCIN 软件进行串行数据通信，用 SINDNC 软件通过标准网络进行数据传送。

2. 系统连接

图 5-1-11 为 840D 系统连接。

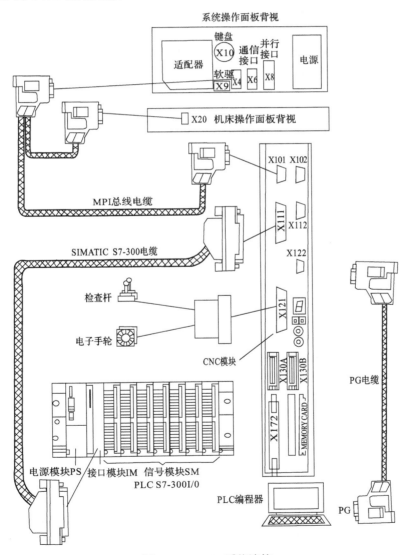

图5-1-11　840D系统连接

三、SINUMERIK 802 系统

1. 802 系列系统简介

802 系列系统包括 802S、802C、802D 系列系统，802S/C 系列系统包括 802S/Se/S Baseline、802C/Ce/C Baseline 等型号。

1）802S/C 系统

802S 和 802C 具有相同的硬件和软件，相同的 PLC 编程语言（Micro/WIN 编程工具 PLC802V2.1），系统控制三个进给轴和一个主轴。可三轴控制 / 三轴联动，系统带有 ±10 V 的主轴模拟量输出接口。802S 使用步进电动机驱动，802C 使用交流伺服驱动。

2）802Se/Ce 系统

802Se 系统采用了一体化的结构设计，将操作面板、机床控制面板、5.7 英寸单色液晶显示器、ECU、I/O 模块整合在一起，并使用薄膜覆盖的键盘和机床面板，提高了面板的防护等级，使系统更加紧凑，结构简单，具有更高的电磁兼容性和抗干扰能力，可靠性高。预装 PLC 应用程序，带一个 16 点输入与 16 点输出的 I/O 模块，允许另配一个 I/O 模块。

3）802S Baseline/C Baseline 系统

802S Baseline/C Baseline 是在 802Se/Ce 的基础上开发的产品，是经济型 CNC 控制系统，其特性如下：

（1）将数控单元，操作面板，机床操作面板和输入输出单元高度集成，结构紧凑。

（2）结构坚固且节省空间，可独立于其他部件进行安装。

（3）机床调试配置数据少，系统与机床匹配更快速、更容易；具有友好的编程界面，保证生产的快速进行。

（4）操作面板提供编程和机床控制动作的按键，同时还提供 12 个带有 LED 的用户自定义键。

（5）输入 / 输出为 48 个 24V 的直流输入和 16 个 24V 的直流输出，驱动能力为 0.5A。

4）802D 系统

802D 采用了 PROFIBUS 的系统结构，将显示面板，NC 和 PLC 系统集成于一体。最大控制四个进给轴和一个数字或模拟主轴。SINUMERIK802D 系统采用了 10.4 英寸液晶显示器，具有图形仿真功能。PLC 采用 Micro/WIN 编程工具 PLC802V3.0。802D 和 810D 是传统 810T/M 系统的替代产品。802D 采用数字驱动系统 SIMODRIVE611U 驱动及 1FK7 系列伺服电动机；基于 Windows 的调试软件可以便捷地设置驱动参数，并对驱动器的参数进行动态优化。随机提供标准的 PLC 子程序库和实例程序，简化了制造厂设计过程，缩短了设计周期。

技能训练

（1）SINUMERIK 802D sl 加工中心系统接线图绘制。

（2）PP72/48、SIMODRIVE 等组件控制电源故障检查与排除。

问题思考

（1）SINUMERIK 802D sl 数控装置有哪些接口？具体含义是什么？

（2）802S 和 802C 有何区别？

（3）SINUMERIK 802D sl 数控装置供电电源是多少？如何启动和停止？

（4）Drive-CliQ 与 PROFIBUS 总线在 802D 数控系统中有什么作用？

任务二　备份系统参数——机床数据设置与调整

任务导入

SINUMERIK 802D sl 数控系统中参数比较多，主要有 NC 机床数据、设定数据、PLC 数据、刀补参数、零点偏置参数、R 参数等。图 5-2-1 为 802D sl 数控装置参数显示界面。本任务要求了解系统有哪些参数；这些参数是如何设置的。

通用数据　　　　　　　　　　　　　轴机床数据

图5-2-1　802D sl数控装置参数显示界面

任务目标

知识目标

（1）熟悉 SINUMERIK 802D sl 数控装置参数与设置方法。

（2）了解不同参数对数控系统运行的作用及影响。

能力目标

（1）会进行 SINUMERIK 802D sl 数控装置参数的备份。

（2）能调整和设置 SINUMERIK 802D sl 数控装置参数。

任务描述

图 5-2-2 为 SINUMERIK 802D sl 数控装置参数备份画面。本任务要求了解数控系统参数功能；掌握系统参数备份方法；会调整和设置参数。

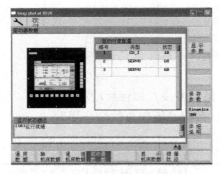

驱动器数据　　　　　　　　　　802D数据

图5-2-2　SINUMERIK 802D sl数控装置参数备份画面

相关知识

一、SINUMERIK 802D s1 机床数据

1. 数据类型及数值范围

（1）BOOLEAN：布尔值，1（TRUE）或 0（FALSE）。

（2）字节，有 8 位数值。作为整数值范围为 -128 至 127；作为十六进制数值范围为 00 至 FF；作为 ASCII 字符集的字符。

（3）STRING，字符串（最大 16 个字符）。

（4）WORD，有 16 位数值。作为整数数值范围为 -32768 至 32767；作为十六进制数值范围为 0000 至 FFFF。

（5）UNSIGNED WORD，有 16 位数值。作为整数数值范围为 0 至 65535；作为十六进制数值范围为 0000 至 FFFF。

（6）INTEGER，有 16 位数值。整数数值范围为 -32768 至 32767。

（7）DWORD，有 32 位数值。作为整数数值范围为 -2147483648 至 2147483647；作为十六进制数值范围为 0000 0000 至 FFFF FFFF。

（8）UNSIGNED DWORD，有 32 位数值。作为整数数值范围为 0 至 4294967295；作为十六进制数值范围为 0000 0000 至 FFFF FFFF。

（9）DOUBLE，有 64 位数值。浮点值数值范围为 $\pm 4.19 \times 10^{-307}$ 至 $\pm 1.67 \times 10^{308}$。

2. 机床数据参数

（1）显示机床数据。表 5-2-1 为显示机床数据。具体参数可查阅 SINUMERIK 802D sl 相关技术手册。

表 5-2-1　显示机床数据

参数号	机床参数标识符 数据类型	预设值	最小值	最大值	数据说明
202	FIRST_LANGUAGE 字节、十进制	1	1	2	设定每次系统上电后自动显示的语言
203	DISPLAY_RESOLUTION 字节、十进制	3	0	5	公制定义线性轴小数点位数，通常只用于回转轴

参数号	机床参数标识符 数据类型	预设值	最小值	最大值	数据说明
204	DISPLAY_RESOLUTION_INCH 字节、十进制	4	0	5	英制定义线性轴小数点位数
205	DISPLAY_RESOLUTION_SPINDLE 字节、十进制	1	0	5	定义主轴速度的小数位的显示。
212	USER_CLASS_WRITE_SEA 字节、十进制	7	0	7	设定数据写保护级

（2）通用机床数据。表 5-2-2 为通用机床数据。具体参数可查阅 SINUMERIK 802D sl 相关技术手册。

表 5-2-2 通用机床数据

参数号	机床参数标识符 数据类型	预设值	最小值	最大值	数据说明
10000	AXCONF_MACHAX_NAME_ TAB[0]...[4] STRING		1	15	机床坐标轴名称，车削 X1、Z1、SP、A1、B1，铣削X1、Y1、Z1、SP、A1
14510	USER_DATA_INT[0]...[31] DWORD、十进制	0	−32768	32767	用户机床数据，在PLC中计算（以整型值显示）
14512	USER_DATA_HEX[0]...[31] 字节、十六进制	0	0	0X0FF	用户机床数据，在PLC中计算
14516	USER_DATA_PLC_ALARM[0]...[31] 字节、十六进制	0			用户数据，在PLC中计算

（3）通道专用机床数据。表 5-2-3 为通道专用机床数据。具体参数可查阅 SINUMERIK 802D sl 相关技术手册。

表 5-2-3 通道专用机床数据

参数号	机床参数标识符 数据类型	预设值	最小值	最大值	数据说明
20050	AXCONF_GEOAX_ASSIGN_ TAB[0]...[2] 字节	1，2，3	0	5	定义通道内的几何轴，车削（1，0，2），铣削（1，2，3）
20070	AXCONF_MACHAX_USED[0]...[4] 字节	1，2，3，4，5	0	5	通道内有效的机床轴号，车削（1，2，3，0，0），铣削（1，2，3，4，5），0 表示未定义机床坐标轴给通道轴

续表

参数号	机床参数标识符	预设值	最小值	最大值	数据说明
	数据类型				
20080	AXCONF_CHANAX_NAME_TAB[0]...[4]	1	15		在工件坐标系中显示通道轴,用于程序中。车削X、Z、SP,铣削X、Y、Z、SP、A
	STRING				

(4)轴专用机床数据。表5-2-4为轴专用机床数据。具体参数可查阅 SINUMERIK 802D sl 相关技术手册。

表 5-2-4　轴专用机床数据

参数号	机床参数标识符	预设值	最小值	最大值	数据说明
	数据类型				
30600	FIX_POINT_POS	0.0			使用G75编程时,此机床数据用于定义到达固定点的位置
	双字节				
33050	LUBRICATION_DIST	100000000	0.0		激活润滑脉冲所移动的距离
	双字节				

二、试车数据备份与恢复

无论是数据备份还是数据恢复,都是在进行数据的传送。传送的原则:一是设备两端通信口参数需设定一致,二是准备接收数据的一方先准备好,处于接收状态。试车数据包括:机床数据、设定数据、R 参数、刀具参数、零点偏移、螺距误差补偿值、用户报警文本、PLC 用户程序、零件加工程序、固定循环等。

1. 试车数据输出至电脑(以 802D 为例)

(1)连接 RS232 标准通信电缆。电脑及 802D 同时断电,严禁两端或一端带电连接,否则容易烧毁通信接口。

(2)设置 802D 系统参数。图 5-2-3 为 802D 系统通信口设置参数画面,按【RS232 设置】软菜单键,用光标向上键或光标向下键进行参数选择,通过【选择/转换】键改变参数设定值,按【存储】软菜单键保存通信设置参数。

(3)按【ALT】+【N】键,进入系统操作区域,图 5-2-4 为 802D 系统数据传输画面。

(4)启动电脑上 WINPCIN 软件,点击【RS232 Config】按钮,图 5-2-5 为 WINPCIN 通信参数设置画面。设置电脑侧通信接口参数,与 802D 系统通信口参数一致。点击【Save&Activate】按钮保存并激活设定的通信接口参数,点击【Back】按钮返回。

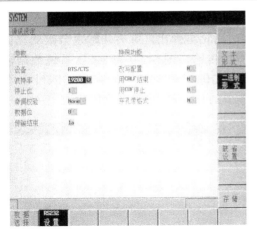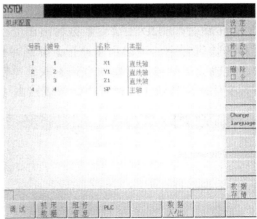

图5-2-3　802D系统通信口设置参数画面　　　　图5-2-4　802D系统数据传输画面

（5）在 WINPCIN 软件中点击【Receive Data】按钮，出现如图 5-2-6 所示参数文件保存对话框，给参数文件起名同时确定保存的目录。输入文件名后回车，出现如图 5-2-7 所示的参数文件接收画面。

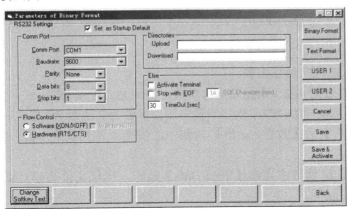

图5-2-5　WINPCIN通信参数设置画面

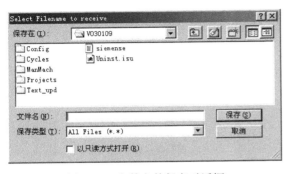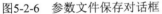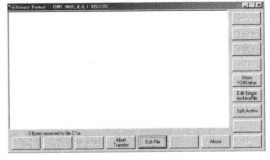

图5-2-6　参数文件保存对话框　　　　图5-2-7　参数文件接收画面

（6）图 5-2-8 为 802D 系统数据选择画面。在 802D 系统上，点击【数据入 / 出】功能软菜单键，点击【数据选择】功能，通过上下光标移动键选择试车数据文件，按【读出】

软菜单键，参数文件传输到电脑侧。

（7）传输时，802D 上会有数据输出在进行中时对话框弹出，并有传输字节数变化以表示正在传输进行中，可以用【停止】软菜单键停止传输，图 5-2-9 为 802D 系统数据输出画面。传输完成后可用【错误登记】软菜单键查看传输记录。在电脑 WINPCIN 中，会有字节数变化表示传输正在进行中，可以点击【Abort Transfer】按钮停止传输。

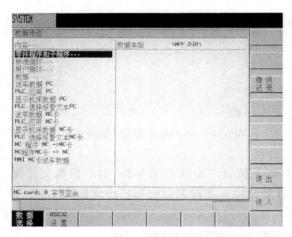

图5-2-8　系统数据选择画面　　　　图5-2-9　802D系统数据输出画面

2. 试车数据输出至电脑 2（以 802D 为例）

（1）连接 RS232 标准通信电缆。

（2）802D 上，设置 802D 系统通信口参数，必须为二进制 PC 格式，步骤同上。

（3）电脑上，启动 WINPCIN 软件，设定接口参数为二进制 PC 格式，步骤同上。

（4）在 802D 系统上【数据入/出】功能中，按【读入】软菜单键，802D 系统处于等待数据输入状态。

（5）在 WINPCIN 软件中点击【Send Data】按钮，出现文件选择对话框，输入正确的试车数据文件名并回车。

（6）在传输时，802D 系统出现警告框，会要求用户确认读入试车数据，按【确认】软键菜单后，传输继续。在整个传输过程中，系统会要多次自动复位启动，整个过程大约要 5 分钟，一般不要中途中止传输。在传输结束后，系统恢复标准通信接口设定，并关闭口令。

任务实施

一、系统参数查阅

（1）进入参数设置画面，查看系统参数。

（2）查阅相关技术手册，了解参数含义。

二、系统参数备份与恢复

（1）将试车数据传输到 PC 上，完成数据备份。

（2）从 PC 上进行试车数据恢复。

三、参数修改与设置

（1）了解参数功能及设置范围，分别修改显示机床数据、通用机床数据、通道专用机床数据。

（2）机床生效等级有 PO（重新启动）、RE（复位键）、CF（更新软菜单键）、IM（立即生效），查阅手册，使参数生效，观察参数改变前后机床的工作状态。

（3）进行系统参数恢复。

知识拓展

一、SINUMERIK 802D sl 数据保护

1. 系统数据存储

在 SINUMERIK 系统内，有静态存储器 SRAM 与高速闪存 FLASH ROM 两种存储器。静态存储器区存放工作数据（可修改），高速闪存区存放数据备份、出厂数据、PLC 程序、文本及系统程序等。图 5-2-10 为参数存储区示意。

工作数据区内的数据内容有：机床参数、刀具参数、零点偏移、设定数据、R 参数、螺距补偿、固定循环、加工程序。特别注意：系统工作时是按静态存储器 SRAM 区的数据进行工作的，通常修改的机床数据和零件加工程序等都在

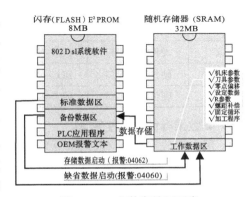

图5-2-10　参数存储区示意

SRAM 区，SRAM 区中的数据有可能会丢失，需要进行数据备份。

2. 系统三种启动方式

启动方式分为方式 0（正常上电启动）、方式 1（缺省值上电启动）、方式 3（按存储数据上电启动）三种。

（1）方式 0，正常上电启动，即以静态存储器区的数据启动。启动时，系统检测静态存储器，当发现静态存储器掉电时，如果做过内部数据备份，则系统自动将备份数据装入工作数据区后启动；如果没有备份，则系统会将出厂数据区的数据写入工作数据区后启动。

（2）方式 1，缺省值上电启动。以出厂数据启动，制造商机床数据被覆盖。启动时，出厂数据写入静态存储器的工作数据区后启动，启动完后显示已经装载标准机床数据报警，复位后可清除报警。

（3）方式 3，按存储数据上电启动。以高速闪存 FLASH 内的备份数据启动。启动时，备份数据写入静态存储器的工作数据区后启动，启动完后显示已经装载备份数据报警，复位后可清除报警。

通常系统断电后，SRAM 区的数据由高能电容维持，可在断电情况下保持数存不少于 50 小时（一般情况下可在 7 天左右）。对于长期不通电的机床，SRAM 区的数据将丢失。当重新上电时，系统会根据电容上电压的情况，在启动过程中自动调用备份数据区中上一次存储的机床数据（方式 3 启动），若没有做过数据存储则在启动过程中自动调用出厂数

据区中数据（方式 1 启动）。

3. 数据存储保护级

西门子系统的数据存储分八级保护，其中硬件四级，软件密码四级。0 级最高，7 级最低，高级兼容低级。表 5-2-5 为机床数据保护级别。激活后一直保持，即使系统重新启动，密码也不会复位，要及时关闭密码。

表 5-2-5 机床数据保护级别

保护级	保护方式	激活方法	说 明
0	密码		西门子保护级（西门子内部人员）
1	密码		系统保护级
2	密码	密码：EVENING（缺省值）	机床制造商保护级
3	密码	密码：CUSTOMER（缺省值）	有资格用户保护级
4	硬件PLC接口	PLC–NCK接口V26000000.7	机床最终操作保护级
5	硬件PLC接口	PLC–NCK接口V26000000.6	机床最终操作保护级
6	硬件PLC接口	PLC–NCK接口V26000000.5	机床最终操作保护级
7	硬件PLC接口	PLC–NCK接口V26000000.4	机床最终操作保护级

4. 数据存储（机内存储）

用户修改完数据（任何数据）后做数据存储操作。具体操作步骤如下：

（1）按【Alt+N】键，进入诊断操作区域，进行数据存储。图 5-2-11 为 802D 系统数据存储画面，右垂直菜单条出现数据存储菜单功能。

（2）按【数据存储】功能菜单键，出现数据存储对话框。图 5-2-12 为 802D 系统数据存储对话框画面，确认是否要保存数据。

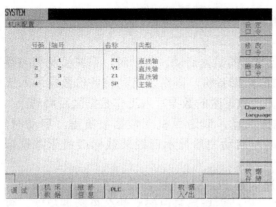
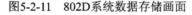

图5-2-11 802D系统数据存储画面

图5-2-12 802D系统数据存储对话框画面

（3）按【确认】键，进行数据存储操作，屏幕出现数据存储过程对话框。图 5-2-13 为 802D 数据储存过程画面，按【中断】键，可返回原画面，退出数据存储操作。

（4）数据存储结束，返回原操作画面，在屏幕底部出现数据存储结束提示。图 5-2-14 为 802D 数据存储结束画面。

注意：关闭口令后进行数据存储。数据存储需要十几秒的时间，此间不要做任何操作，不能断电！

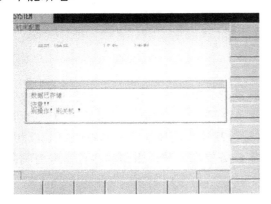 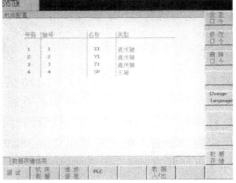

图5-2-13　802D系统数据存储过程画面　　　　图5-2-14　802D系统数据存储结束画面

二、RCS802 通信软件

RCS（Remote Control System），即远程控制系统，用于 SINUMERIK 802D sl 与 PC 之间的数据传输。通信电缆可以是 RS232C 电缆或以太网。若采用 RS232C 联机，802D sl 与 PC 通信参数配置相同；若采用以太网联机，802D sl 与 PC 的 IP 地址兼容。RCS 802 可用于 802D sl 系统的 NC 调试、传输报警文本、所有数据的备份及恢复。在使用 RCS 802 时，应对软件进行相应设定。

（1）从 Windows 的"开始"中找到 RCS802，并启动。

（2）选择系统对应的版本并创建项目（用于项目管理）：【Settings】→【Toolbox】→【Select Version And Project】。

（3）正确选择版本，然后选择【Project】。

（4）通过【Remove】、【Modify】、【New】创建或修改项目。

技能训练

（1）利用 CF 卡进行 SINUMERIK 802D sl 数据的备份与恢复。

（2）利用 RS232 进行 SINUMERIK 802D sl 数据的备份与恢复。

（3）利用 RCS802 进行 SINUMERIK 802D 数据的备份与恢复。

问题思考

（1）为什么修改数据后要进行数据存取？

（2）SINUMERIK 802D sl 数控系统中参数类型有哪些？如何设置与修改？

（3）某学生将某一机床数据由"0"改为"1"，数天后该学生查验该机床数据时，发现其又恢复至"0"，而其他数据则没有变化，试解释这种现象。

（4）操作工发现机床润滑油泵很长时间才工作一次，导致机床导轨磨损，操作工说机床所配的数控系统功能不好，该说法正确吗？

任务三　连接 SINAMICS S120——进给伺服系统原理与维修

任务导入

图 5-3-1 为西门子 SINAMICS S120 伺服驱动器。SINAMICS S120 是集 V/F 控制、矢量控制、伺服控制为一体的多轴驱动系统。各模块间（包括控制单元模块、整流/回馈模块、电机模块、传感器模块和电机编码器等）通过高速驱动通信接口 DRIVE-CLiQ 相互连接。伺服驱动器的主电源是三相交流 380V。本任务要求了解伺服驱动器有哪些控制信号；通电顺序有何要求。

图5-3-1　西门子SINAMICS S120伺服驱动器

任务目标

知识目标

（1）了解 SINAMICS S120 伺服驱动系统接口定义。

（2）掌握 SINAMICS S120 伺服驱动器电气连接。

能力目标

（1）会连接 SINAMICS S120 伺服驱动器。

（2）能排除 SINAMICS S120 使能信号故障。

任务描述

图 5-3-2 为 SINAMICS S120 伺服驱动器及控制元器件实物。本任务要求掌握 SINAMICS S120 伺服驱动器接口功能的含义；通过在 802D 加工中心装调维修实训装置上训练，掌握接口与其他单元的连接，能绘制出伺服驱动器的电气控制原理图；会排除使能信号故障。

图5-3-2　SINAMICS S120伺服驱动器及控制元器件实物

相关知识

一、SINAMICS S120 伺服驱动器

　　S120 驱动系统采用先进的硬件技术、软件技术以及通信技术；具有高速驱动接口，配套的 1FK7 永磁同步伺服电机具有电子铭牌，系统可以自动识别所配置的驱动系统。具有更高的控制精度和动态控制特性，具有更高的可靠性。和 802D sl 配套使用的 S120 有书本型双轴或单轴模块式驱动器。

　　书本型驱动器，其结构形式为电源模块和电机模块分开，电源模块将三相交流电整流成 540V 或 600V 的直流电，将电机模块（一个或多个）连接到该直流母线上，802D sl pro 和 plus 采用该类型驱动器。单轴 AC/AC 模块式驱动器，其结构形式为电源模块和电机模块集成在一起，802D sl value 采用该类型驱动器。

　　电源模块采用馈能制动方式，分为调节型电源模块（Active Line Module，ALM）和非调节型电源模块（Smart Line Module，SLM）。无论选用 ALM 或 SLM，均需要配置电抗器。

　　SLM 是将三相交流电整流成直流电，并能将直流电回馈到电网，直流母线电压不能调节，故称非调节型电源模块。对于 5 kW 和 10 kW 的 SLM，可以通过接口 X22 中的 2 接线端子来选择是否需要能量回馈，而对于 16 kW 和 36 kW 的 SLM，可以通过参数来选择是否需要能量回馈。对于不允许回馈的驱动器，可接制动单元或制动电阻来实现制动。

　　图 5-3-3 为 5kW SLM 及驱动器接口。5 kW 和 10 kW 的控制信号是通过端子进行控制，而 16 kW 和 36 kW 的 SLM 是通过 DRIVE-CLiQ 接口来控制，通过该接口和主控单元进行数据交换。SLM 的供电电压为三相交流 380～480 V，功率范围为 5～36 kW。在实际应用中，必须安装与其功率相对应的电抗器。

　　SLM 中 X24 端子——提供外接直流 24 V 电源。

　　SLM 中 X21 端子——控制信号接线端子。接线端子 1 是伺服准备好的输出信号；接线端子 2 是 I^2t 驱动器超温报警输出信号；接线端子 3 是脉冲使能输入信号，正常接 +24 V；接线端子 4 是 +24 V 地。断电时，应先断脉冲使能接线端子 3 的输入信号，至少 10

ms 后，再断主电源。

SLM 中 X22 端子——控制信号接线端子。接线端子 1 是 +24 V 电源；接线端子 2 是输入信号，高电平表示禁止驱动器母线电压回馈到电网；接线端子 3 是驱动器复位输入信号；接线端子 4 接 +24 V 地。

SLM 中 X1——三相供电电压 380 ～ 480 V，应用时串联与其功率相对应的电抗器。

双轴驱动电机模块 X1、X2——三相动力输出，接两台交流伺服电动机。

双轴驱动电机模块 X202、X203——伺服反馈信号输入，分别接两台交流伺服电动机反馈信号。

双轴驱动电机模块 X200——高速驱动通信接口 DRIVE-CLiQ，指令信号输入，接数控装置 802D X1。

双轴驱动电机模块 X201——高速驱动通信接口 DRIVE-CLiQ，指令信号输出，接单轴驱动 X200。

单轴驱动电机模块 X1——三相动力输出，接一台交流伺服电动机。

单轴驱动电机模块 X202——伺服反馈信号输入，接交流伺服电动机反馈信号。

单轴驱动电机模块 X200——高速驱动通信接口 DRIVE-CLiQ，指令信号输入，接双轴驱动 X201。

单轴驱动电机模块 X201——高速驱动通信接口 DRIVE-CLiQ，指令信号输出。

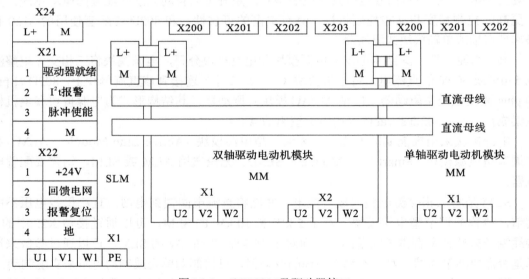

图5-3-3　5kW SLM及驱动器接口

二、SINAMICS S120 伺服系统电气控制原理

图 5-3-4 为 SINAMICS S120 伺服驱动控制原理。

合上 QF3、QF6，启动数控装置以后，KA0 继电器线圈得电，KA0 常开触点闭合，接触器线圈 KM1 得电，KM1 主触点闭合，经电抗器，进给驱动器接入 AC380V 电压。

按下伺服使能按钮，802D 输出使能指令，通过 PP72/48 模块及继电器 I/O 模板，伺服驱动器与 802D 应答通信，伺服驱动器脉冲使能接通，准备就绪。

按下操作面板上的 X 轴电动机正转按钮 +X，数控装置 802D 通过接口 X1 发出指令，进给伺服驱动通过 X200 接受指令，X 轴伺服驱动上 U2、V2、W2 输出，X 轴伺服电动机旋转，X 轴伺服电动机反馈信号接入伺服驱动器接口 X202。

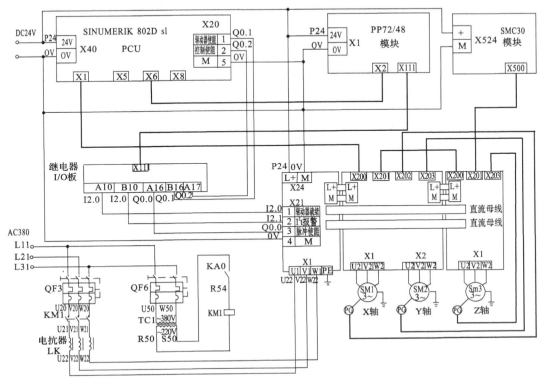

图5-3-4 SINAMICS S120伺服驱动控制原理

任务实施

一、SINAMICS S120 接口认识

（1）查阅 SINAMICS S120 技术手册。

（2）指出接口及组件名称、功能及接口端子引脚含义。

（3）绘制 SINAMICS S120 连线功能框图。

二、系统连接

（1）SINAMICS S120 与 802D、S120 模块之间 DRIVE-CLiQ 连接。

（2）SINAMICS S120 开关量应答信号连接。

（3）SINAMICS S120 控制电源连接。

（4）SINAMICS S120 主电源模块及伺服电动机编码器接口连接。

三、伺服系统故障排除

（1）断开伺服系统直流 24 V 控制电源，观察系统报警信息。

（2）断开伺服系统一相主电源，观察机床工作状态，用万用表测量驱动器母线直流电压。

（3）断开模块之间 DRIVE-CLiQ 连接，观察系统报警信息。

（4）图 5-3-4 中，断开驱动器 X21 上驱动器就绪及脉冲使能信号，观察系统报警信息。

（5）图 5-3-4 中，断开 802D X20 驱动器使能信号，记录系统报警信息，查阅维修技术手册，了解报警含义。

知识拓展

一、611 系列交流伺服系统

1. 西门子 611A 系列交流伺服系统

611A 是 SIEMENS 公司在 610 与 650 的基础上改进的一体化产品，采用模块化结构，伺服驱动与主轴驱动公用电源模块，模块与模块之间采用总线连接。在 611A 系列驱动装置中，由左向右依次为电源模块、主轴伺服驱动模块、伺服驱动模块。图 5-3-5 为 611A 驱动装置结构，表 5-3-1 为 611A 驱动系统构成与功能。

表 5-3-1　611A 驱动系统构成与功能

组成部分		功　　能	
电源模块	非受控电源模块	主回路采用二极管不可控整流电路，直流母线控制回路可以通过制动电阻释放因电动机制动、电源电压波动产生的能量，保持直流母线电压基本不变；适用于小功率，特别是制动能量较小的场合	电源模块由整流电抗器（内置式和外置式）、整流模块、预充电路、制动电阻，以及相应主接触器检查、监控等电路组成；具有预充电控制和浪涌电流限制，提供600/625 V直流母线电压；监控电路监控直流母线电压、辅助电源 ± 15 V、+5 V电源以及电源电压过高、过低、缺相的监控
	可控电源模块	回路采用晶体管可控整流电路，整流回路采用PWM控制，可以通过再生制动的方式将直流母线上的能量回馈电网；适用于大功率、制动频繁、回馈能量大的场合	
伺服驱动模块		伺服驱动模块由调节器板和功率驱动板组成，调节器板插在功率驱动板上，进行速度调节、电流调节、使能控制，并对伺服驱动部分进行监控；功率驱动板主要由逆变（功率放大）电路组成 伺服驱动模块分为单轴驱动和双轴驱动两种类型 控制模块速度调节器的速度漂移补偿、比例增益、积分时间以及测速反馈电压，通过安装在模块表面上的电位器进行分别调整 电流调节器的比例增益、电流极限等参数通过控制板上的设定开关进行设定	
主轴驱动模块		主轴驱动部分也是由调节器板和功率驱动板组成，可以与西门子的1PH6、1PH4、1PH2主轴电动机配套，构成交流主轴驱动系统	

2. 西门子 611D 数字伺服系统

西门子 840D 采用数字化的 611D 伺服系统，伺服系统由 6SN1123 系列驱动功率模块、6SN1118 系列控制模块，以及 1FT6 系列交流伺服电动机等部件组成。驱动功率模块主要由 IGBT、电流互感器及信号调节电路组成；控制模块由位置调节器、速度调节器和电流调节器组成。其中，位置调节器是数字比例调节器，其余两个调节器是数字比例积分调节器。交流伺服电动机是永磁的同步电动机，内置编码器作为转速反馈。图 5-3-6 为 611D 数字伺服模块接口。

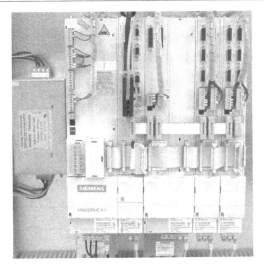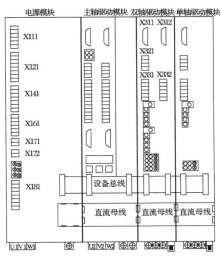

图5-3-5　611A驱动装置结构

（1）伺服驱动功率模块。驱动功率模块和控制模块一起完成逆变。驱动功率模块主要有两个接口，第一个是直流母线接口，由电源模块提供直流 600V 电压；第二个是接口 X131，连接交流伺服电动机，为交流伺服电动机提供电源。P600 为 600V 直流正极母排，M600 为 600V 直流负极母排。

（2）伺服驱动控制模块。伺服驱动控制模块是伺服驱动的控制中心，主要完成电流、速度、位置的调节与控制，为驱动功率模块的绝缘栅双极型晶体管 IGBT 提供控制信号。

X411——电动机编码器接口，连接伺服电动机内置编码器，作为伺服系统的转速反馈，在系统精度要求不高时，也作为位置反馈。

X421——位置反馈接口，在机床要求精度要求比较高的情况下，连接第二编码器或者光栅尺作为位置反馈；在精度要求不高时，可通过机床数据设置，不使用这个接口。

X431——使能接口，使能信号一般由 PLC 给出，也可以将使能信号短接。

X432——高速输入 / 输出接口端，通常不用。

X34、X35——电压、电流检测孔。模块维修时使用，一般不使用。

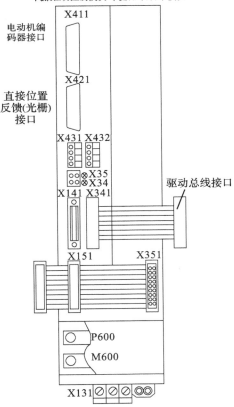

图5-3-6　611D数字伺服模块接口示意图

X141——驱动总线输入接口，从数字控制单元（NCU）发出，与上个模块 X341 相连。611D 新增接口，用来与 NCU 进行驱动数据通信。

X341——驱动总线输出接口，连接到下一个驱动模块的 X141。最后一个模块接西门子特定端子，否则系统报警，不能正常工作。

X151——设备总线输入接口，与上一个模块的 X351 相连，提供模块使用的各种电源。

X351——设备总线输出接口，与下一个模块的 X151 相连。

二、SINAMICS S120 驱动器常用参数

SINAMICS S120 参数有 CU 控制单元参数、ALM 电源模块参数、SERVO 轴参数，其中 R 参数为只读参数，P 参数为可读可写参数。表 5-3-2 为 SINAMICS S120 驱动器常用参数。

表 5-3-2　SINAMICS S120 驱动器常用参数

参数	参数说明		
	参数归属	参数值	说　明
R2	CU_I	0	驱动就绪，可以运行
		10	驱动就绪，但是缺少驱动使能或者驱动有报警
		33	拓扑结构错误：硬件连接出错或者在更换备件时拓扑结构比较等级P9906未设为3
		35	初次上电，驱动未调试
	ALM	0	驱动就绪，可以运行
		32	启动准备，等待ON/OFF1 信号，对应PCU X20.1
		44	启动禁止，电源模块EP 使能未接通
		45	启动禁止，电源模块有报警
	SERVO	0	驱动就绪，可以运行
		23	启动准备，等待电源模块运行使能P864，对于SLM，对应PCU X20.1
		31	启动准备，等待驱动ON/OFF使能，对应NC/PLC 接口使能信号V380X0002.1和 V380X4001.7
		43	启动禁止，ON/OFF3 使能丢失，对应PCU X20.2
		45	启动禁止，模块有报警
R20	SERVO		平滑后的速度设定值
R21	SERVO		平滑后的速度实际值
R26	ALM/SERVO		平滑后的直流母线电压
R27	ALM/SERVO		平滑后的电流实际值
R35	SERVO		电机温度
R36	ALM/SERVO		模块超温I^2t
R37	ALM/SERVO		模块温度
R46	ALM/SERVO		丢失的使能信号
R61	SERVO		电机编码器速度实际值

参数	参数说明		
	参数归属	参数值	说　明
R67	ALM/SERVO		最大的驱动输出电流
R68	ALM/SERVO		电流实际值
R722	SINAMICS_I	R722.0	PCU X20.1端子状态
		R722.1	PCU X20.2端子状态
P9	CU_I		驱动状态，P9≠0表示驱动处于调试状态
P10	ALM/SERVO		ALM或SERVO状态，P10≠0表示模块处于调试状态
P495	SERVO		轴BERO信号输入定义
P971	SERVO		P971=1自动变0，轴参数存储
P977	CU_I		P977=1自动变0，所有驱动参数存储
P1460[0]	SERVO		伺服速度环增益
P1462[0]	SERVO		伺服速度环积分时间
P3985	ALM/SERVO		模块控制优先权定义
P9906	CU_I		拓扑比较等级设定

三、802D s1 中驱动模块常用参数设定

1. 轴参数

数控系统与驱动器之间通过总线连接，系统根据表5-3-3中的参数与驱动器建立联系。表5-3-3为轴参数设置。

表 5-3-3　轴 参 数 设 置

轴参数号	参数名	参数定义	设定值		
30110	CTRLOUT_MODULE_NR[0]	驱动器号/模块号：由802D sl驱动接口X1连接到的第一个功率模块的速度给定端口号；再由第一个功率模块连接到的下一个功率模块的速度给定端口号，以此类推	X 1	Y 2	Z 3
30220	ENC_MODULE_NR[0]	驱动器号（实际值）：由802D sl驱动接口X1连接到的第一个功率模块的位置反馈端口号；再由第一个功率模块连接到的下一个功率模块的位置反馈端口号，以此类推	X 1	Y 2	Z 3

注意：轴号与驱动总线DRIVE-CLiQ连接次序相关；对于非调节电源模块SLM和AC/AC模块式驱动器，802D sl驱动接口X1连接的第一个功率模块的轴号为1，且以此类推。

2. 位置控制使能

系统出厂设定各轴均为仿真轴，系统既不产生指令输出给驱动器，也不读电机的位置。按表5-3-4设定参数可激活该轴的位置控制器，使坐标轴进入正常工作状态。表5-3-4为轴位置控制使能。

表 5-3-4 轴位置控制使能

轴参数号	参数名	参数定义	设定值
30130	CTRLOUT_TYPE	控制给定输出类型：S120驱动	1
30240	ENC_TYPE	编码器反馈类型：增量	1

如果该坐标轴的运动方向与机床定义的运动方向不一致，可通过表 5-3-5 中参数修改。表 5-3-5 为轴方向参数。

表 5-3-5 轴方向参数

轴参数号	参数名	参数定义	设定值
32100	AX_MOTION_DIR	1	电机正转
		−1	电机反转

3. 坐标速度和加速度

表 5-3-6 为轴坐标速度和加速度参数。

表 5-3-6 轴坐标速度和加速度参数

轴参数号	参数名	参数定义	设定值
32000	MAX_AX_VELO	最高轴速度	10000
32010	JOG_VELO_RAPID	点动快速	10000
32020	JOG_VELO	点动速度	2000
32300	MAX_AX_ACCEL	最大加速度（标准值：1m/s^2）	1

四、伺服系统常见故障诊断实例

1. 跟随超差报警

故障现象：一台配套 SIEMENS 810M 系统及 611A 驱动的卧式加工中心机床，开机后，在机床手动回参考点或手动时，系统出现 ALM1120 报警。

故障分析：SIEMENS 810M 系统 ALM1120 的含义是：X 轴移动过程中的误差过大。引起故障的原因较多，实质是 X 轴实际位置在运动过程中不能及时跟踪指令位置，使误差超过了系统允许的参数设置范围。观察机床在 X 轴手动时，电动机未旋转，检查驱动器亦无报警，且系统的位置显示值与位置跟随误差同时变化，初步判定系统与驱动器均无故障。

进一步检查 810M 位置控制板至 X 轴驱动器之间的连接，发现 X 轴驱动器上来自 CNC 的速度给定电压连接插头未完全插入。测量确认在 X 轴手动时，CNC 速度给定有电压输出，因此可以判定故障是因速度给定电压连接不良引起的。

故障处理：重新安装后，故障排除，机床恢复正常工作。

2. 伺服电动机开机后即旋转

故障现象：一台配套 SIEMENS 810M 双主轴立式加工中心，用户更换了 611A 伺服驱动模块后，开机后 A 轴电动机（数控转台）即出现电动机自动旋转，系统显示 ALM1123，为 A 轴夹紧允差监控报警。

故障分析：SIEMENS 810M 发生 ALM1123 报警可能的原因有：

(1) 位置反馈的极性错误。

(2) 由于外力使坐标轴产生了位置偏移。

(3) 驱动器、测速发电机、伺服电动机或系统位置测量回路不良。

该机床更换驱动模块前，已确认故障只是 611A 的 A 轴驱动模块不良，而且确认换上的驱动器备件无故障，因此排除了驱动器、测速发电机、伺服电动机不良故障原因。维修时已将 A 轴电动机取下，不可能有外力使电动机产生位置偏移。综上所述，可以初步确定故障原因与驱动模块的设定有关。

故障处理：取下驱动器的控制板，发现换上的驱动器模块 S2 开关设定与电动机规格不符，查阅 611A 驱动器手册，重新更改 S2 的设定后，机床恢复正常。

3. 开机即出现过电流报警

故障现象：一台配套 SIEMENS 810M 及 611A 交流伺服驱动的立式加工中心，在调试时，出现 X 轴过电流报警。

故障分析：由于机床为初次开机调试，可以认为驱动器、电动机均无故障，故障原因通常与伺服电动机与驱动器之间的连接有关。对照 611A 伺服驱动器说明书，仔细检查发现该机床 X 轴伺服电动机的相序接反。

故障处理：重新连接后，故障排除。

4. 810M 跟随误差过大

故障现象：一台采用 SIEMENS 810 系统的数控磨床，在开机回参考点时，Y 轴出现 ALM1121 报警和 ALM1681 报警。

故障分析：810 系统 ALM1121 报警的含义是"Y 轴的跟随误差过大"，ALM1681 报警的含义是"伺服使能信号撤消"。手动控制 Y 轴，发现显示器上 Y 轴的坐标值显示发生变化，但实际 Y 轴伺服电动机没有运动，当 Y 轴坐标显示到达机床参数设定的跟随误差极限后，即出现 1121 报警。检查机床的伺服单元，发现伺服控制器上的 H1/A 报警灯亮，表示伺服电动机过载。根据以上现象分析，故障可能是由于运动部件阻力过大引起的。

故障处理：为了确定故障部位，维修时将伺服电动机与机械部件脱开，检查发现机械负载很轻，因为 Y 轴是带有制动器的伺服电动机，初步确定故障是由于制动器不良引起的。

为了确认伺服电动机制动器的工作情况，通过加入外部电源，确认制动器工作正常。进一步检查制动器的连接线路，发现制动器电源连接不良，造成制动器未能够完全松开。重新连接后，故障消失。

5. 820M 切削过程中出现 ALM1041 报警

故障现象：一台采用 820M 系统，配套 611A 交流伺服驱动的数控铣床，在加工零件过程中，当切削量稍大时，机床出现 +Y 方向爬行，系统显示 1041 报警。

故障分析：820M 系统 1041 报警的含义是"Y 轴速度调节器输出达到 D/A 转换器的输出极限"。经检查伺服驱动器，发现 Y 轴伺服驱动器的报警指示灯亮。为了尽快确认报警引起的原因，考虑到该机床的 Y 轴与 Z 轴是同型号的伺服驱动器与电动机，维修时按以下步骤进行调换：

（1）在 611A 驱动器侧，将 Y 轴伺服电动机的测速反馈电缆与 Z 轴伺服电动机的测速反馈电缆互换。

（2）在 611A 驱动器侧，将 Y 轴伺服电动机的电枢电缆与 Z 轴伺服电动机的电枢电缆互换。

（3）在 CNC 侧，将 Y 轴伺服电动机的位置反馈 / 给定电缆与 Z 轴伺服电动机的位置反馈 / 给定电缆互换。

经过以上处理，完成了 Y 轴与 Z 轴驱动器、CNC 位置控制回路的相互交换。重新启动机床，发现伺服驱动器 Y 上的报警灯不亮，而伺服驱动器 Z 上的报警灯亮，由此可以判断，故障的原因不在驱动器、CNC 位置控制回路上，可能与 Y 轴伺服电动机及机械传动系统有关。

故障处理：考虑到该机床的规格较大，为了维修方便，首先检查了 Y 轴伺服电动机。在打开电动机防护罩后，发现 Y 轴伺服电动机的位置反馈插头明显松动。重新将插头扭紧，并再次开机，故障消失。

进一步恢复伺服驱动器的全部接线，回到正常连接状态，重新启动机床，报警消失，机床恢复正常运转。

技能训练

（1）图 5-3-7 为调节型电源模块，查阅相关资料，说明其工作原理及元器件的作用。

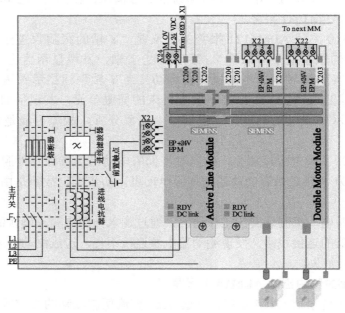

图5-3-7　调节型电源模块

（2）图 5-3-8 为非调节型电源模块，查阅相关资料，说明其工作原理及元器件的作用。

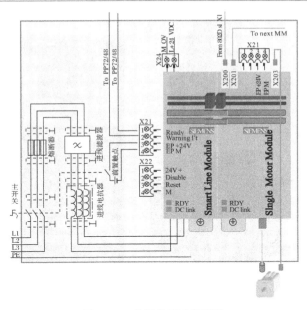

图5-3-8　非调节型电源模块

（3）查阅相关技术资料，通过设置参数，将实际轴转换为虚拟轴。

问题思考

（1）图 5-3-4 中变压器 TC1 和电抗器有何作用？如何选择其参数？

（2）西门子伺服驱动器控制电源和主电源通断电有顺序要求吗？为什么？怎样实现？

（3）SINAMICS S120 有何特点？伺服驱动器有哪些接口信号？

（4）为何伺服驱动器要接制动单元或制动电阻？

（5）S120 驱动器电源模块母线电压是多少？控制电压为多少？

任务四　连接主轴驱动——主轴伺服系统原理与维修

任务导入

图 5-4-1 为 802D 加工中心装调维修实训系统。802D 加工中心主轴箱由箱体、主轴、打刀缸、主轴电机、同步带等组成。主轴的旋转运动由主轴伺服驱动器驱动（蒙德 IMS-MF）控制。主轴与主轴电机采用同步带连接，可进行张紧力调整。

任务目标

知识目标

（1）了解 802D 加工中心主轴伺服系统接口定义。

（2）掌握 802D 加工中心主轴伺服驱动器电气控制原理。

图5-4-1 802D加工中心装调维修实训系统

能力目标

（1）会绘制 802D 加工中心主轴伺服电气控制原理图。

（2）能排除 802D 加工中心主轴电气系统故障。

任务描述

图 5-4-2 为 802D 主轴电气控制元件。通过在加工中心装调维修实训装置上训练，了解主轴伺服驱动器（蒙德 IMS-MF）接口的含义，会绘制主轴电气控制原理图，能排除主轴正反转电气故障。

图5-4-2 802D主轴电气控制元件

相关知识

一、SINUMERIK 802D s1 MCPA 模块

MCPA 模块为 SINUMERIK 802D sl 的补充 / 扩展组件。图 5-4-3 为 MCPA 模块实物及接口。X1、X2 为机床控制面板 MCP（Machine Control Panel）接口，通过 40 芯扁平电缆连接到机床控制面板；X1020、X1021 为外设接口，是 10 芯插头，用于连接电源和快速数字输入 / 输出端；X701 为模拟量主轴接口（±10V），是 9 芯 D 插头，用于连接模拟量主轴；X110 为操作面板 PCU（Panel Control Unit）接口，是 48 芯插头，用于连接 PCU。

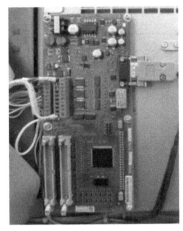
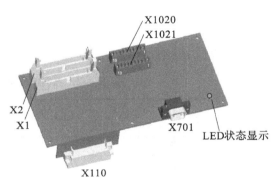

图5-4-3　MCPA模块实物及接口

1. X1020、X1021 接口

表 5-4-1 为 X1020、X1021 引脚分配，MCPA 模块通过插头 X1021 供电（脚 1 接 24 V、脚 10 接 0 V）。

表 5-4-1　X1020、X1021 引脚分配

引脚号		名称	信号含义	对应地址
1				
2		DI0	数字输入端0	V29001000.0
3		DI1	数字输入端1	V29001000.1
4		DI2	数字输入端2	V29001000.2
5		DI3	数字输入端3	V29001000.3
6	X1020	DI4	数字输入端4	V29001000.4
7		DI5	数字输入端5	V29001000.5
8		DI6	数字输入端6	V29001000.6
9		DI7	数字输入端7	V29001000.7
10				

续表

引脚号		名称	信号含义	对应地址
1		P24	DC24 V电源	
2		DO0	数字输出端0	V29001004.0
3		DO1	数字输出端1	V29001004.1
4		DO2	数字输出端2	V29001004.2
5	X1021	DO3	数字输出端3	V29001004.3
6		DO4	数字输出端4	V29001004.4
7		DO5	数字输出端5	V29001004.5
8		DO6	数字输出端6	V29001004.6
9		DO7	数字输出端7	V29001004.7
10		M	接地	

2. X701 接口

表 5-4-2 为 X701 引脚分配。

表 5-4-2　X701 引脚分配

引脚号	名称	信号含义	引脚号	名称	信号含义
1	模拟输出	模拟输出信号 ±10V	6	模拟输出	模拟输出0V基准信号
2	−	未分配	7	−	未分配
3	Uni−Dir2	单极性主轴的数字输出+24V	8	−	未分配
4	Uni−Dir1	单极性主轴的数字输出+24V	9	使能2	模拟驱动的使能（常开触点）
5	使能1	模拟驱动的使能（常开触点）			

二、外置编码器接口 SMC30 模块

802D sl 有两种控制模拟主轴的方法：一是使用 ADI4 模块，由 ADI4 产生模拟给定信号，TTL 增量编码器信号送到 ADI4 编码器接口；另一种是使用 MCPA 产生模拟给定信号，编码器信号送到 SMC30 模块（TTL 编码器）或 SMC20 模块（1Vpp Sin/Cos 编码器）。

1. SMC30 模块 X520 接口

X520 为编码器系统接口，是 15 芯 D 插头。表 5-4-3 为 X520 接口引脚分配。

表 5-4-3　X520 接口引脚分配

引脚号	名称	信号含义	引脚号	名称	信号含义
1	+Temp	电动机温度测量信号，可以不接	9	M sense	传感器Sense地
2	Clock	SSI_CLK时钟信号，可以不接	10	R	参考R信号
3	Clock*	SSI_CLK时钟信号，可以不接	11	R*	参考R信号的反相
4	P	编码器电源5 V/24 V	12	B	通道B信号
5	P	编码器电源5 V/24 V	13	B*	通道B信号的反相
6	P sense	传感器Sense电源	14	A/Data	通道A信号/SSI数据
7	M	编码器电源地	15	A*/Data*	通道A信号的反相/SSI数据
8	−Temp	电动机温度测量信号，可以不接			

2. SMC30 模块 X500 接口

X500 为 DRIVE-CLiQ 接口，通过 DRIVE-CLiQ 接口与驱动装置 SINAMIC S120 进行通信。X500 是 8 芯插口。表 5-4-4 为 X500 接口引脚分配。

表 5-4-4　X500 接口引脚分配

引脚号	名称	信号含义	引脚号	名称	信号含义
1	TXP	发送数据+	5	–	未分配
2	TXN	发送数据	6	RXN	接收数据–
3	RXP	接收数据+	7	–	未分配
4	–	未分配	8	–	未分配

3. SMC30 模块 X524 接口

X524 为 SMC30 模块提供直流 24 V 电源。

三、主轴伺服驱动器接口

图 5-4-4 为主轴伺服驱动器（蒙德 IMS-MF 系列）接线端子图。

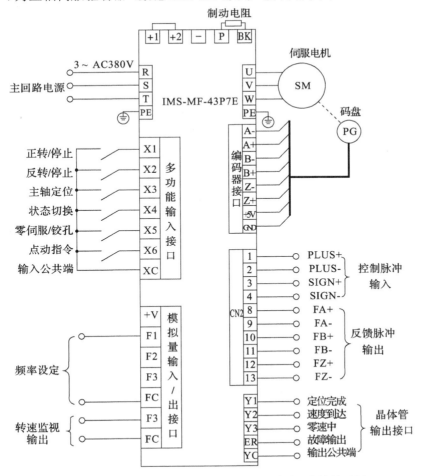

图5-4-4　主轴伺服驱动器（蒙德IMS-MF系列）接线端子图

1. 主电路端子

表 5-4-5 为主电路端子用途及功能。

表 5-4-5　主电路端子用途及功能

端子记号	端子名称	端子功能说明
R、S、T	交流电源输入	连接工频电源
U、V、W	驱动器输出	连接三相伺服电动机
B1、B2	制动电阻器	连接制动电阻器

2. 控制回路端子功能

1）控制回路端子

表 5-4-6 为控制端子用途及功能（1.5 ～ 5.5 kW）。

表 5-4-6　控制端子用途及功能

种　类	端子信号	信号名	端子功能说明
输入控制信号	XC	多功能输入公共端	
	X1	正转运行–停止指令	ON：正转运行，OFF：停止
	X2	反转运行–停止指令	ON：反转运行，OFF：停止
	X3	主轴定位	出厂设定：ON是主轴定位
	X4	状态切换	出厂设定：ON 是增益切换
	X5	零伺服/铰孔	出厂设定：ON 是零
	X6	点动运行	出厂设定：ON 是点动运行
光电耦合器输出信号	Y1	定位完成	定位完成时为ON
	Y2	速度到达	到达设定速度时为ON
	Y3	零速中	零速中时为ON
	ER	故障检出	故障时为ON
模拟量输入/输出口	F1	模拟量输入1	0～+10V/0%～+100%
	F2	模拟量输入2/+12电源输出	由内部跳针对功能选择
	F3	模拟量输入3/FM 监视输出	由内部跳针对功能选择
	FC	模拟量输入/出信号公共端	0 V

2）CN2 接口信号

表 5-4-7 为 CN2 脉冲输出接口信号。

表 5-4-7 CN2 脉冲输出接口信号

管脚	端子符号	信号名	端子功能说明	信号电平
1	PLUS+	PLUS脉冲输入	输入指令脉冲： 1. 总线驱动器 2. 对应集电极开路	脉冲控制输入模式：AB、PLUS＋SIGN、CW/CCW；驱动输入（RS422电平输入）最高频率500 kHz
2	PLUS−			
3	SIGN+	SIGN脉冲输入		
4	SIGN−			
5	CLR+	CLR脉冲输入	清除偏移计数：位置控制时，清除偏移计数	
6	CLR−			
8	FA+	A相脉冲输出	两相脉冲（AB正交）转换编码器输出信号及原点脉冲（Z相）	脉冲反馈方式：线驱动输出（RS422电平输出）
9	FA−			
10	FB+	B相脉冲输出		
11	FB−			
12	FZ+	Z相脉冲输出		
13	FZ−			

3）ENCODER 电机编码器信号

表 5-4-8 为 ENCODER 电机编码器信号。

表 5-4-8 ENCODER 电机编码器信号

端子	信号名	端子功能说明	端子	信号名	端子功能说明
+5 V	编码器5V电源	光电编码器+5 V电源	B+	B相脉冲输入（+）	光电编码器B相
0 V	编码器0V电源		B−	B相脉冲输入（−）	
A+	A相脉冲输入（+）	光电编码器A相	Z+	Z相脉冲输入（+）	光电编码器Z相
A−	A相脉冲输入（−）		Z−	Z相脉冲输入（−）	

四、主轴模拟量控制原理

图 5-4-5 为 802D 加工中心主轴控制原理图。合上 QF2，主轴驱动接入交流 380 V。按下数控装置启动按钮，MCPA 模块、PP72/48 模块、SMC30 模块得电，系统上电启动。

802D 数控装置自检完成后，按下机床操作面板上的系统使能按钮，系统得到使能信号。按下操作面板上的主轴正转按钮，MCPA 模块 X701 中 X7.3 输出，继电器线圈 KA1 得电，KA1 常开触点动作，主轴驱动器 X1 与 XC 接通，主轴驱动器准备好。同时，MCPA 模块通过 X701 接口中 X7.1、X7.6 输出模拟电压，主轴驱动器 F1 与 FC 得到指令信号，主轴驱动器 U、V、W 输出，主轴电动机转动。

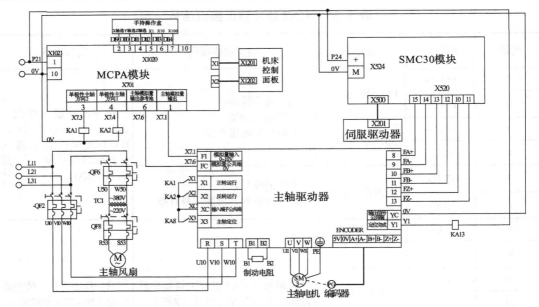

图5-4-5　802D加工中心主轴控制原理

主轴编码器旋转，编码器通过 ENCODE 接口反馈主轴速度。主轴驱动器将编码器反馈信号输入到 SMC30 模块的 X520 接口，SMC30 经 X500 将信号反馈到伺服驱动 SINAMIC S120，再通过 DRIVE-CLiQ 总线输入到数控装置中，用于主轴控制。若增加操作面板主轴进给倍率，MCPA 模块 X701 中 X7.1、X7.6 输出模拟电压信号增加，主轴转速相应升高。按下操作面板上的主轴停止按钮，MCPA 模块中接口 X701 停止信号输出，主轴停止。

若按下操作面板上主轴定向按钮，主轴旋转定向并停止。主轴驱动器定位完成信号 YC 与 Y1 接通，继电器 KA13 线圈得电，KA13 常开触点闭合，通过 PP72/48 输入到数控系统 PLC 中（参考附录三）。

任务实施

一、主轴伺服驱动器（蒙德 IMS–MF 系列）接口认识

（1）查阅主轴伺服驱动器（蒙德 IMS-MF）技术手册。

（2）指出 MCPA 模块、SMC30 模块及主轴伺服驱动器接口引脚含义。

（3）绘制主轴伺服驱动器连线功能框图。

二、系统连接

（1）主轴伺服驱动器开关量连接。

（2）主轴伺服驱动器与 MCPA 模块、SMC30 模块信号连接。

（3）主轴伺服驱动器主电源连接。

（4）编码器反馈信号连接。

三、主轴伺服系统故障排除

（1）断开主轴伺服系统一相主电源，观察机床工作状态，用万用表测量其电压。

（2）断开主轴伺服驱动器编码器连接，记录系统报警信息，并查阅维修技术手册，了解报警含义。

（3）测量 MCPA 模块 X701 中 X7.1、X7.6 输出电压，断开接线端子，观察机床工作状态。

（4）图 5-4-5 中，取下 KA1，启动主轴，观察机床工作状态，分析故障现象和原因。

知识拓展

一、SMC30 模块 X521、X531 接口

X521、X531 为可选编码器系统接口，表 5-4-9 为 X521、X531 接口引脚分配。

表 5-4-9   X521、X531 接口引脚分配

引脚号		名称	信号含义	引脚号		名称	信号含义
1		A	通道A信号	1		P_Encoder	编码器电源5V/24V
2		A*	通道A信号反相	2		M_Encoder	编码器电源地
3		B	通道B信号	3		+Temp	电动机温度测量信号，可以不接
4		B*	通道B信号反相	4		−Temp	电动机温度测量信号，可以不接
5	X521	R	参考R信号	5	X531	Clock	SSI_CLK时钟信号，可以不接
6		R*	参考R信号反相	6		Clock*	SSI_CLK时钟信号，可以不接
7		CTRL	控制信号	7		Data	SSI（同步串行）接口数据，可以不接
8		M	地信号	8		Data*	SSI（同步串行）数据，可以不接

二、SINUMERIK 802D sl 与主轴有关的参数

表 5-4-10 为 802D 中与主轴有关的参数，其他参数查阅 SINUMERIK 802D sl 参数说明书。

表 5-4-10   802D 中与主轴有关参数

轴参数号	参数名	参数定义	设定值
30100	CTRLOUT_SEGMENT_NR[n]	驱动类型：模拟轴	0
30110	CTRLOUT_MODULE_NR[0]	驱动器号/模块号：由最后一个功率模块连接到的模块的速度给定端口号	4
30130	CTRLOUT_TYPE	控制给定输出类型：S120驱动	1
30134	IS_UNIPOLAR_OUTPUT[0]	模拟电压输出0～10V；方向正：X701.3；方向负：X701.4	2
30200	NUM_ENCS	有编码器	1
30220	ENC_MODULE_NR[0]	编码器所叠加伺服轴的30220，本设备是将主轴编码器叠加在最后一个轴上	3

轴参数号	参数名	参数定义	设定值
30230	ENC_INPUT_NR[0]	外置编码器	2
30240	ENC_TYPE[0]	编码器反馈类型：增量	1
31020	ENC_RESOL[0,AX3]	实际所用编码器的每转脉冲数	1024
31040	ENC_IS_DIRECT[0,AX3]	有直接测量系统	1
32000	MAX_AX_VELO	最大轴速度	8000
32020	JOG_VELO	点动速度	2000
32260	RATED_VELO	电机额定转速	8000
36200	AX_VELO_LIMIT[0…5]	速度监控的门限值	8000
35110	GEAR_STEP_MAX_VELO[0，1…5]	主轴各挡最高速度	8000
35130	GEAR_STEP_MAX_VELOLIMIT	主轴各挡最高转速限制	8000

三、主轴伺服驱动器（蒙德 IMS-MF 系列）参数设置

1. 参数组别

主轴伺服驱动器有四组普通参数（其中 P1 ～ P7 同属一组）和一组特殊参数（操作参数），可以进行参数的设定、监视等。表 5-4-11 为参数组别和主要内容。

表 5-4-11　参数组别和主要内容

序号	组别名	主 要 内 容
1	常用监视项	进行参数监视，分别对应数字式操作器上的指示灯L1、L2、L3
2	U监视参数	可以对状态、端子、故障记录等进行监视
3	OP系统操作参数	可以进行参数加密、解密、自学习、初始化等操作
4	P1电机参数	设定电机性能、模式选择等相关参数
	P2加减速时间	设置速度环和位置环的加减速时间以及点动速度等相关参数
	P3速度增益	设定速度环控制时的速度增益等相关参数
	P4位置增益	设定位置环控制时的位置增益等相关参数
	P5模拟量控制	设定模拟量信号输入时的相关参数
	P6脉冲控制	设定脉冲信号输入时的相关参数
	P7主轴定位	设定主轴定位时的相关参数

2. 基本设定的参数

正常上电之后，通过【M/E】进行参数模式的切换，在【P1.XX】的参数里设定电机参数。表 5-4-12 为电机设定基本参数。

表 5-4-12　电机设定基本参数

参数号	名称	内　容	设定值
P1.01	电机额定功率	设定电机的功率	1.5
P1.03	电机额定电流	设定电机的额定电流A	3.8
P1.05	电机额定频率	设定电机的额定频率Hz	53.0
P1.06	电机额定转速	设定电机的额定转速rpm	1500
P1.12	编码器线数	使用PG的每转单相脉冲数	1024
P1.11	最高转速	输入模拟量10V时对应的电机转速r/min	8000
P1.14	编码器类型	ABZ增量型	0
P5.05	模拟口选择	模拟口1	0

3. 主轴定位

1) 表 5-4-13 为主轴定位有关参数。

表 5-4-13　主轴定位有关参数

参数号	名称	内容	设定范围	出厂设定
P7.01	主轴定位角度	将主轴调整至定位角度，读取参数U2.06.的监测值，设定于参数P7.01.中	0.0～359.9	0.0
P7.02	定位精度	设定主轴定位时的定位精度	0.01～2.5°	0.5°
P7.03	主轴定位方式	0：单PG　　1：双PG	0,1	0
P7.04	主轴定位搜寻速度	设置数值越高主轴定位校正时的速度越快	0～100	10
P7.05	第二PG脉冲数	使用PG2的每转脉冲数	100～20000	1024
P7.06	减速比	主轴与电机轴之间的齿轮比	0.01～100.0	1.000

2) 主轴 1：1 定位

接通 X3，定位主轴，应监视【U2.01】有没有 Z1 相信号，图 5-4-6 所示为状态监视画面，从【U2.06】(主轴电机实际位置) 中读取需要固定的位置角度写入到【P7.01】中。

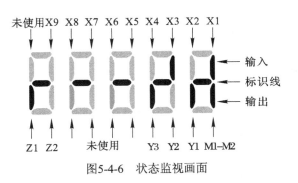

图5-4-6　状态监视画面

四、西门子常见主轴伺服故障维修实例

1. 6SC650 主轴不能正常旋转

故障现象：某采用 810M 的立式加工中心，配套 6SC6502 主轴驱动器，首次开机调试时，输入 SXXM03，主轴不能旋转，系统无报警。

故障分析：检查数控系统的主轴模拟量输出正常，因此可以判定故障与系统无关。进一步检查驱动器状态显示，发现驱动器显示状态为"1"，表明驱动器工作在主轴定向准停工作状态。

故障处理：本机床是通过 CNC 实现主轴定位的，驱动器无定位选件，维修时可通过设定主轴驱动器参数 P84=10H、P85=10H，取消该功能输入端定义，即可以排除故障。

2. 主轴定位时振荡

故障现象：某配套 810M 的立式加工中心，在更换了主轴编码器后，出现主轴定位时不断振荡，无法完成定位。

故障分析：由于该机床更换了主轴编码器，机床在执行主轴定位时，减速动作正确，故障原因应与主轴位置反馈极性有关，位置反馈极性设定错误，必然会引起以上现象。

故障处理：交换编码器的输出信号 Ual/Ua2，*Ua1/*Ua2。编码器定位也可由 CNC 控制，可通过修改 810M 的主轴位置反馈极性参数（MD5200bit1），使主轴定位恢复正常。

3. 主轴定位点不稳定

故障现象：某采用 SIEMENS 810M 的立式加工中心，配套 6SC6502 主轴驱动器，在调试时，出现主轴定位点不稳定的故障。

故障分析：维修时通过多次定位进行反复试验，实际故障现象为：

（1）该机床可以在任意时刻进行主轴定位，定位动作正确。

（2）只要机床不关机，不论进行多少次定位，其定位点总是保持不变。

（3）机床关机后，再次开机执行主轴定位，定位位置与关机前不同，在完成定位后，只要不关机，以后每次定位总是保持在该位置不变。

（4）每次关机后，重新定位，其定位点都不同，主轴可以在任意位置定位。

因主轴定位是将主轴停止在编码器"零位脉冲"位置上，并在该点进行位置闭环调节的。根据以上试验，可以确认故障是由于编码器的"零位脉冲"不固定引起的。引起故障的原因有：

（1）编码器固定不良，在旋转过程中编码器与主轴的相对位置不断变化。

（2）编码器不良，无"零位脉冲"输出或"零位脉冲"受到干扰。

（3）编码器连接错误。

故障处理：根据以上可能的原因，逐一检查，排除了编码器固定不良、编码器不良的原因。进一步检查编码器的连接，发现该编码器内部的"零位脉冲"Uao 与 *Uao 引出线接反，重新连接后，故障排除。

4. 611A 主轴定位时超调

故障现象：某采用 SIEMENS 810M 的龙门加工中心，配套 611A 主轴驱动器在执行主

轴定位指令时，发现主轴存在明显的位置超调，定位位置正确，系统无报警。

故障分析：由于系统无报警，主轴定位动作正确，可以确认故障是由于主轴驱动器或系统调整不良引起的。

故障处理：解决超调的方法有多种，如：减小加减速时间、提高速度环比例增益、降低速度环积分时间等。检查本机床主轴驱动器参数，发现驱动器的加减速时间设定为 2 s，此值明显过大；更改参数，设定加减速时间为 0.5s 后，位置超调消除。

技能训练

（1）主轴伺服驱动器（蒙德 IMS-MF 系列）有哪些接线端子？其有何功能？

（2）主轴伺服驱动器（蒙德 IMS-MF 系列）主轴只能向一个方向旋转，分析故障原因，列出诊断方法。

问题思考

（1）802D sl 如何连接模拟量主轴驱动器？

（2）外置编码器接口 SMC30 模块有哪些接口？有何功能？

（3）加工中心为什么要进行主轴定位？

（4）主轴伺服驱动器（蒙德 IMS-MF 系列）过载的原因有哪些？如何排查？

任务五 排查刀库换刀故障——斗笠式刀库原理与维修

任务导入

图 5-5-1 为 802D 系统加工中心装调维修实训刀库。刀库为六工位斗笠式，由三相异步电机、气缸、刀盘、传动机构和检测信号开关等组成。刀库中有刀库计数、伸出到位、缩回到位、紧刀到位、松刀到位、刀库伸出、刀库缩回等开关量信号。

图5-5-1 802D系统加工中心装调维修实训刀库

任务目标

知识目标

(1) 了解 802D 加工中心斗笠式刀库换刀过程。

(2) 掌握 802D 加工中心斗笠式刀库控制原理。

能力目标

(1) 会绘制 802D 加工中心斗笠式刀库气动控制系统和电路控制系统原理图。

(2) 能排除 802D 加工中心斗笠式刀库故障。

任务描述

图 5-5-2 为 802D 系统斗笠式刀库气动控制装置及电气控制柜。通过在加工中心装调维修实训装置上训练，掌握斗笠式刀库输入输出控制信号及气压控制回路连接原理，会绘制电气控制原理图，会排除斗笠式刀库常见故障。

图5-5-2　802D系统斗笠式刀库气动控制装置及电气控制柜

相关知识

一、斗笠式刀库工作原理

1. 斗笠式刀库特点

刀库有前后两个位置，气缸控制刀库前后移动，刀库在前位时，刀库最外的刀具正好与主轴刀套在同一条轴线上，由两个行程开关来确认刀库的前后位置。刀库上安装刀具计数开关，用于确定刀位。普通三相异步电机驱动刀库正转或反转，刀库与 Z 轴、主轴配合实现自动换刀。斗笠式刀库是采用固定刀位管理，即刀库中每个刀套只用于安放一把固定刀具。

2. 斗笠式刀库换刀原理

斗笠式刀库换刀动作可分为三个，即取刀、还刀和换刀。由于采用固定刀位管理方式，因此刀具的交换实际上是取刀和还刀这两个动作。图 5-5-3 为斗笠式刀库换刀流程。

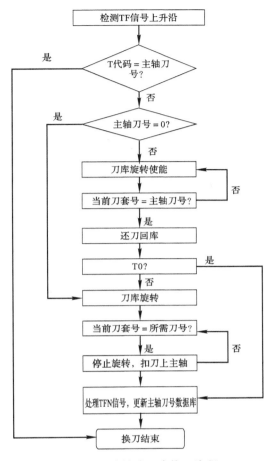

图5-5-3 斗笠式刀库换刀流程

刀库控制采用固定刀位，即刀套号就是刀具号。取刀时，刀库就近找刀。

1）取刀

主轴现状是没有安装刀具，需要执行换刀指令 M06 T××××。

步骤一 准备取刀，图 5-5-4 为准备取刀动作。

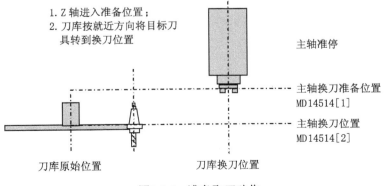

图5-5-4 准备取刀动作

步骤二　刀库伸出，图 5-5-5 为刀库伸出动作。

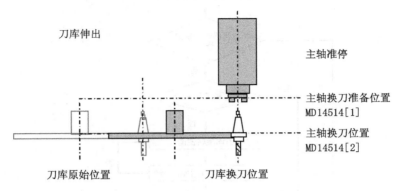

图5-5-5　刀库伸出动作

步骤三　主轴取刀，图 5-5-6 为主轴取刀动作。

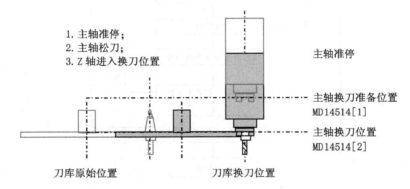

图5-5-6　主轴取刀动作

步骤四　刀库回位，图 5-5-7 为刀库回位动作。

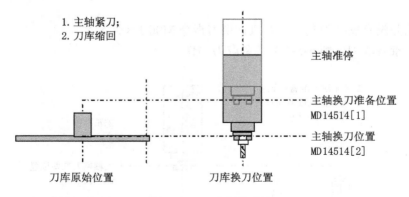

图5-5-7　刀库回位动作

步骤五 Z 轴返回，图 5-5-8 为 Z 轴返回动作。

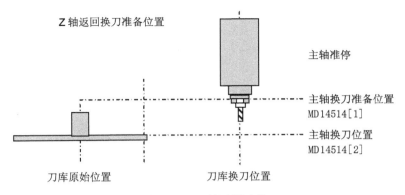

图5-5-8 Z轴返回动作

2）还刀

主轴现状是安装刀具，需要执行还刀指令 M06 T0。

步骤一 准备还刀，图 5-5-9 为准备还刀动作。

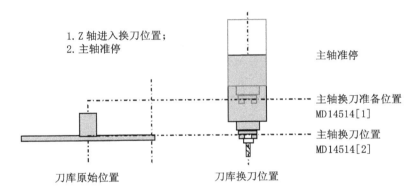

图5-5-9 准备还刀动作

步骤二 刀库伸出，图 5-5-10 为刀库伸出动作。

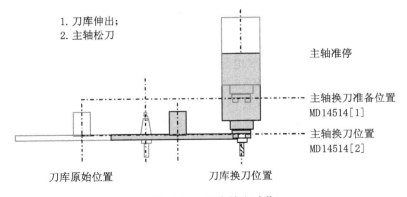

图5-5-10 刀库伸出动作

步骤三　主轴抬起，图 5-5-11 为主轴抬启动作。

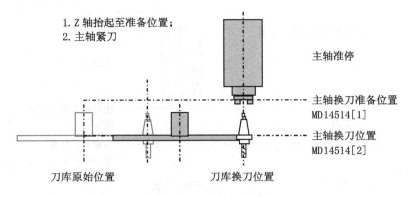

图5-5-11　主轴抬启动作

步骤四　刀库回位，图 5-5-12 为刀库回位动作。

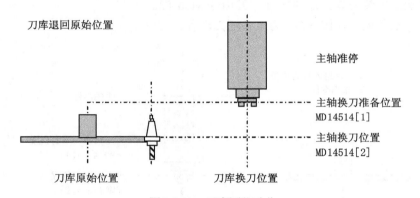

图5-5-12　刀库回位动作

3）换刀

主轴现状是安装刀具，需要执行换刀指令 M06 T×××× ，刀具交换的过程，就是还刀加上取刀的过程。

二、斗笠式刀库电气控制原理

图 5-5-13 为刀库接口信号。802D 系统 PLC 通过模块 PP72/48 接口 X111 输入输出信号。图 5-5-14 为刀库控制原理，继电器 KA9、KA10 控制刀库正反转，继电器 KA7 控制主轴松刀电磁阀 YV1，继电器 KA8 控制主轴定位，继电器 KA11、KA12 分别控制刀库的伸出和缩回电磁阀 YV2、YV3，行程开关 SQ10、SQ11 分别检测主轴松刀和紧刀，SB3 为手动主轴松刀按钮；继电器 KA13 由主轴伺服驱动控制，当主轴定位完成后，KA13 常开触点闭合，通过 I2.2 输入 PLC 中；行程开关 SQ15、SQ16 分别检测刀库伸出和缩回，通过继电器 KA3、KA4 常开触点，经 I1.6、I1.7 输入 PLC 中；接近开关 SQ14 用于刀库计数。

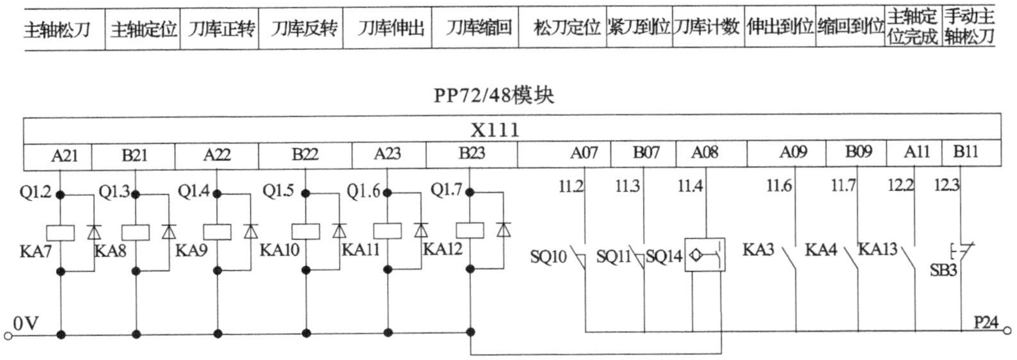

主轴松刀	主轴定位	刀库正转	刀库反转	刀库伸出	刀库缩回	松刀定位	紧刀到位	刀库计数	伸出到位	缩回到位	主轴定位完成	手动主轴松刀

图5-5-13　刀库接口信号

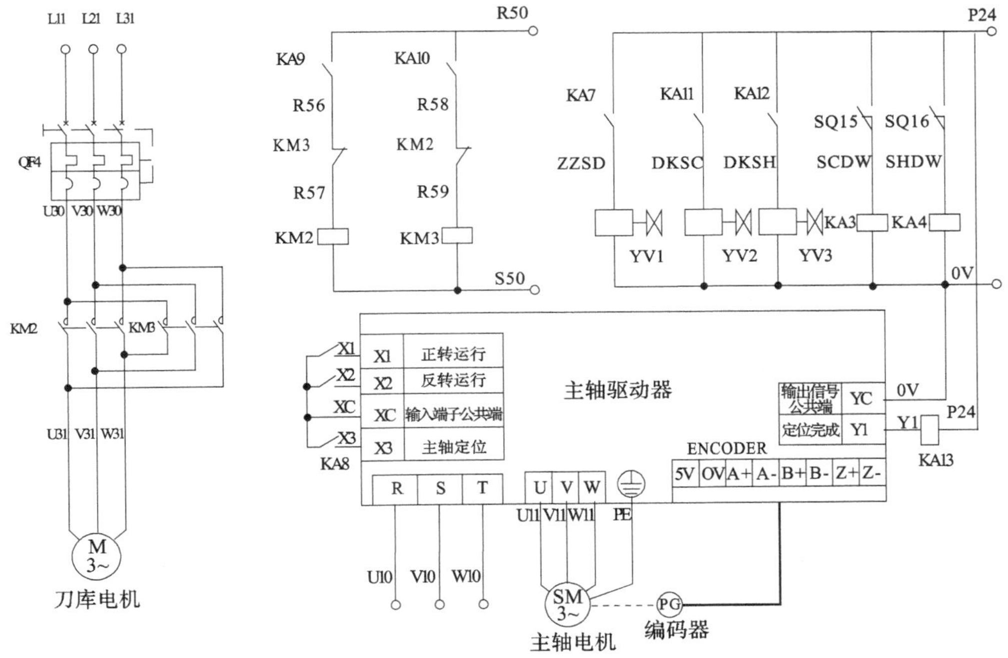

图5-5-14　刀库控制原理

主轴上安装有刀具并旋转，当手动按下主轴松刀按钮 SB3，802D 系统 PLC 通过模块 PP72/48 接口 X111 的 Q1.3 输出信号，继电器 KA8 线圈得电，KA8 常开触点闭合，主轴伺服驱动器 X3 与 XC 短接，主轴伺服驱动器开始准停定位；当定位完成后，主轴伺服驱动器 Y1 与 YC 短接，定位完成继电器 KA13 线圈得电，通过 I2.2 输入 PLC 中；然后，PP72/48 接口 X111 的 Q1.2 输出信号，继电器 KA7 线圈得电，KA7 常开触点闭合，主轴松刀电磁阀 YV1 得电，刀具松开。

任务实施

一、主轴伺服驱动器（蒙德 IMS-MF 系列）准停认识

（1）查阅主轴伺服驱动器（蒙德 IMS-MF）技术手册。

（2）指出主轴伺服驱动器关于主轴定位接口端子及引脚含义。

二、系统连接

（1）主轴伺服驱动器定位开关量连接。

（2）PP72/48 接口 X111 有关刀库输入输出信号端子连接。

（3）刀库执行控制电路连接。

（4）刀库气动控制回路的连接。

三、斗笠刀库电气控制故障排除

（1）断开刀库电动机一相主电源，观察机床工作状态，用万用表测量其电压。

（2）压合行程开关 SQ10、SQ11，记录 PLC 中 I1.2、I1.3 输入状态。

（3）图 5-5-13 中，取下 KA13，手动松刀操作，观察机床工作状态，分析故障现象和原因。

（4）图 5-5-14 中，取下 KA3，执行自动换刀，观察机床工作状态，分析故障现象和原因。

知识拓展

一、斗笠式刀库输入输出信号

1. 刀库相关的输入信号

（1）刀库后位到位："0"表示刀库缩回没有到位，"1"表示刀库缩回到位。

（2）刀库前位到位："0"表示刀库伸出没有到位，"1"表示刀库伸出到位。

（3）刀库计数：下降沿表示转过一个刀位。

（4）刀库换刀位置有刀检测：刀库伸出后，如果为"1"，表示换刀位置上有刀。

（5）刀库松刀到位："1"表示刀具放松到位，刀具可以从主轴刀套中取走。

（6）主轴紧刀到位："1"表示刀具卡紧到位，主轴刀套内的刀具不会落下。

（7）主轴刀套有刀检测："1"表示主轴刀套内有刀。

虽然并非所有机床都能够配备主轴刀套有刀检测和刀库换刀位置有刀检测，但这两个检测信号对于换刀的安全是十分重要。

2. 刀库相关的输出信号

（1）刀库伸出：控制刀库伸出到换刀位置。

（2）刀库缩回：控制刀库缩回到原始位置。

（3）刀库正转：控制刀库正转。

（4）刀库反转：控制刀库反转。

（5）刀具卡紧：控制主轴将刀具卡紧。

（6）刀具放松：控制主轴将刀具松开。

（7）放松吹气：松刀时控制压缩空气吹出，防止异物进入主轴刀套。

3. 802D s1 加工中心输入 / 输出信号

表 5-5-1 为 802D sl 输入 / 输出信号。

表 5-5-1 802D sl 输入／输出信号

输入信号			
信号地址	说　明	信号地址	说　明
I0.0	急停按钮	I1.4	刀库计数
I0.1	X轴"正"向限位开关	I1.5	刀库原点
I0.2	X轴"负"向限位开关	I1.6	伸出到位
I0.3	Y轴"正"向限位开关	I1.7	缩回到位
I0.4	Y轴"负"向限位开关	I2.0	驱动器就绪
I0.5	Z轴"正"向限位开关	I2.1	I^2t报警
I0.6	Z轴"负"向限位开关	I2.2	主轴定位完成
I0.7	X轴参考点开关	I2.3	手动主轴松刀
I1.0	Y轴参考点开关	I2.4	冷却液液位过低
I1.1	Z轴参考点开关	I2.5	冷却泵电机过载
I1.2	松刀到位	I2.6	润滑液液位过低
I1.3	紧刀到位	I2.7	润滑泵电机过载
输出信号			
输出信号	说　明	输出信号	说　明
Q0.0	脉冲使能	Q1.0	冷却泵
Q0.1	驱动器使能	Q1.1	润滑泵
Q0.2	控制使能	Q1.2	主轴松刀
Q0.3	Z电机抱闸释放	Q1.3	主轴定位
Q0.4	无定义	Q1.4	刀库正转
Q0.5	无定义	Q1.5	刀库反转
Q0.6	无定义	Q1.6	刀库伸出
Q0.7	无定义	Q1.7	刀库缩回

二、斗笠式刀库参数与操作

1. 刀库参数

表 5-5-2 为 802D sl 刀库部分参数。按【机床数据】软键进入机床数据界面，按【搜索】软键，设定参数。具体参考有关技术手册。

表 5-5-2 802D s1 刀库部分参数

参数号	参数定义	设定值
14510[0]	定义：刀库最大刀位数　单位：– 范围：4，6，8	6
14510[16]	定义：机床类型　单位：– 范围：0–无定义；1–车床；2–铣床；>2无定义	2

续表

参数号	参数定义	设定值
14510[23]	定义：主轴制动时间 单位：0.1秒 范围：5～200（0.5～20秒）	5
14512[10]	子程序SPDW运行有效（主轴定位功能有效）	1H
14512[15]	刀库有无回零检测开关:1, 有回零检测开关；0, 无回零检测开关	0H
14514[1]	主轴换刀准备位置	20
14514[2]	主轴换刀位置	0

2. 操作面板用户键定义

K1～K6为用户键，需在PLC程序定义后方能使用，在802D sl系统附带的PLC程序中，K1、K2、K3、K4、K5、K6已经被定义好。（每个用户键的左上方有一个指示灯，指示灯也被定义成系统的状态），K1为系统使能键；K2为手动控制刀库正转键；K3为手动控制刀库反转键；K4为手动控制主轴定向键；K5为手动控制润滑键；K6为手动控制冷却键。

3. 换刀操作

1）手动换刀

（1）按【JOG】键进入手动运行方式。

（2）按手动主轴松刀按钮，同时手拿住刀柄（防止刀柄掉下），完成主轴松刀与装刀。

（3）按用户键【K2】按键，刀库向正方向旋转寻找下一把刀。

（4）按用户键【K3】按键，刀库向反方向旋转寻找下一把刀。

2）自动换刀

（1）按【MDA】键，选择MDA运行方式。

（2）输入：T×（×=0～6）

       M06

       M30

（3）按【循环启动】键，刀库就近换刀。

三、常见自动换刀装置故障维修实例

1. 刀具设置错误报警

故障现象：一台配套OKUMAOSP700系统，型号为XHAD765的数控机床，换班后，操作工设置刀具表时，显示"2714刀具数据设定出错"报警。

故障分析：查看刀具刀位表，所要设3号刀位表中确实没有，设入即报警，估计该号刀可能在主轴上，而主轴却是其他刀具。再查看刀具表其他页面，发现3号刀数据前有一红星号，证实3号刀确实应在主轴上。

故障处理：手动将3号刀换上主轴，MDI方式下执行M61、M63指令将主轴上刀具还回刀库后，再打开刀具刀位表，3号刀已显示在当前刀位。经询问，交班前，前一班的操作工在手动换刀方式下用其他刀临时将3号刀换下，交班后又未交代，故造成人为故障。

2. 刀库不停转

故障现象：一台配套FANUC 0 MC系统，型号为XH754的数控机床，刀库在换刀过程中不停转动。

故障分析：可能是某些原因导致信号出现紊乱。

故障处理：将刀库伸缩电磁阀手动调整到刀库伸出位置，手动将刀库当前刀取下，停机断电，用扳手拧刀库齿轮箱方头轴，让空刀爪转到主轴位置，对正后再将电磁阀关掉，让刀库回位；检查刀库回零开关和刀库电动机电缆正常，重新开机回零正常，MDI 方式下换刀正常。怀疑因干扰所致，将接地线处理后，故障再未出现过。

3. 刀库转动中突然停电

故障现象：一台配套 FANUC 0 MC 系统，型号为 XH754 的数控机床，换刀过程中刀库旋转时突遇停电，刀库停在随机位置。

故障分析：刀库停在随机位置，会影响开机刀库回零。

故障处理：用旋具打开刀库伸缩电磁阀，手动让刀库伸出，用扳手拧刀库齿轮箱方头轴，让刀库转到与主轴正对，同时手动取下当前刀爪上的刀具，再将刀库电磁阀手动钮关掉，让刀库退回。经以上处理，上电后，正常回零可恢复正常。

4. 换刀时间过长报警

故障现象：某配套 KND100T 系统的数控机床，在指定 2 号刀位时，刀架旋转直至产生 05 号报警后停止。

故障分析：05 号报警的含义为"换刀时间过长"。从刀架开始正转，经过设定换刀时间后指定的刀位到达信号没有接收到，故产生报警。因此可适当延长设定换刀时间值，但延长后仍然会产生报警。多次观察换刀过程，发现有时 2 号刀位能找到，有时找不到，进一步检查发现刀架控制模块接触不良。

故障处理：重新处理后，故障排除。

5. 换刀卡住

故障现象：一台配套 FANUC 0 MC 系统，型号为 XH754 的数控机床，换刀过程快结束，主轴换刀后从换刀位置下移时，机床显示 1001 "spindle alarm 408 servo alarm" 报警。

故障分析：现场观察，主轴处于非定向状态，可以断定换刀过程中，定向偏移，卡住；而根据报警号分析，说明主轴试图恢复到定向位置，但因卡住而报警。手动操作电磁阀分别将主轴刀具松开，刀库伸出，手工将刀爪上的刀卸下，再手动将主轴夹紧，刀库退回；开机，报警消除。为查找原因，检查刀库刀爪与主轴相对位置，发现刀库刀爪偏左，主轴换刀后下移时刀爪右指刮擦刀柄，造成主轴顺时针转动偏离定向，而主轴默认定向为 M19，恢复定向旋转方向与偏离方向一致，更加大了这一偏离，造成卡死。主轴上移时，刀爪右指刮擦使刀柄逆转，而 M19 定向为正转正好将其消除，不存在这一问题。

故障处理：调整刀库回零位置参数 7508，使刀爪与主轴对齐后，故障消除。

6. 刀柄和主轴接触不良

故障现象：TH5840 立式加工中心换刀时，主轴锥孔吹气，把含有铁锈的水吹出，并附着在主轴锥孔和刀柄上。导致刀柄和主轴接触不良。

故障分析：故障产生的原因是压缩空气中含有水分，使用干燥后的压缩空气，问题即可解决。

故障处理：在主轴锥孔吹气的管路上进行两次分水过滤，设置自动放水装置，并对气路中相关零件进行防锈处理，故障排除。

7. 松刀动作缓慢

故障现象：TH5840 立式加工中心换刀时，主轴松刀动作缓慢。

故障分析：根据气动控制原理图进行分析，主轴松刀动作缓慢的原因有：气动系统压力太低或流量不足；机床主轴拉刀系统有故障，如碟型弹簧破损等；主轴松刀气缸有故障。首先检查气动系统的压力，压力表显示气压为 0.6 MPa，压力正常。将机床操作转为手动，手动控制主轴松刀，发现系统压力下降明显，气缸的活塞杆缓慢伸出，故判定为气缸内部漏气。

故障处理：拆下气缸，打开端盖，压出活塞和活塞环，发现密封环破损，气缸内壁拉毛。更换新的气缸后，故障排除。

技能训练

（1）刀库伸出与缩回气路的安装。

（2）刀库只能向一个方向旋转，分析故障原因，列出诊断方法。

（3）刀库不能伸出的故障现象，分析其原因，列出诊断方法。

问题思考

（1）叙述斗笠式刀库自动换刀的工作原理。

（2）松刀时怎样实现清洁主轴刀套？

附　录

一、数控铣床（华中 HNC 21）电气原理图

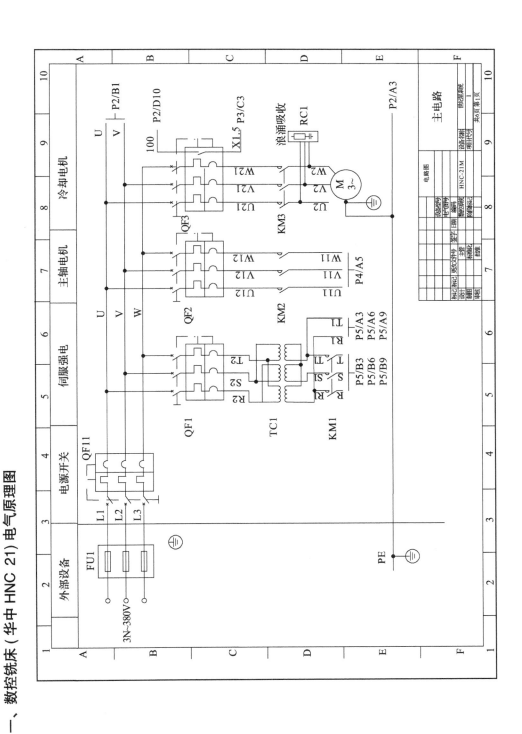

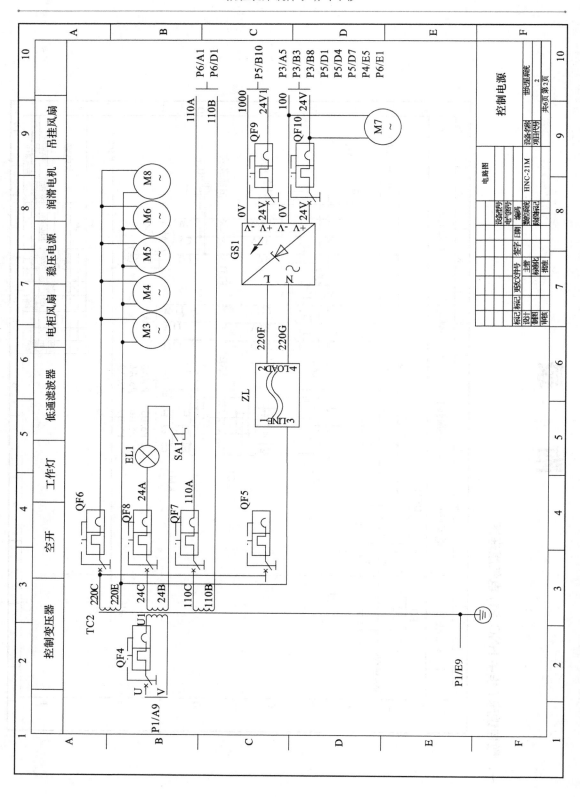

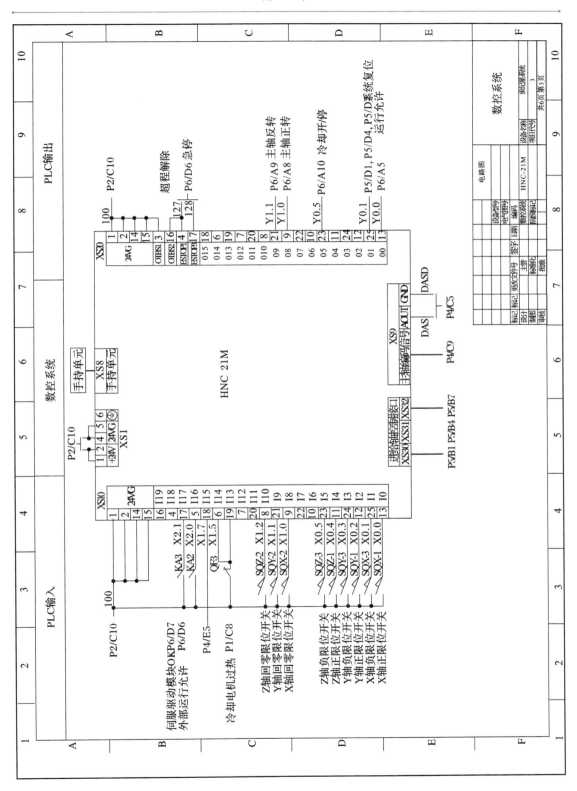

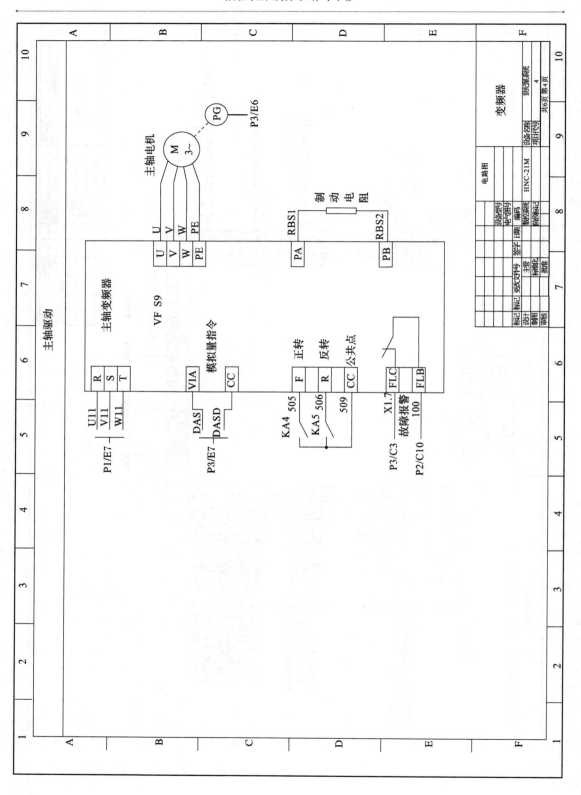

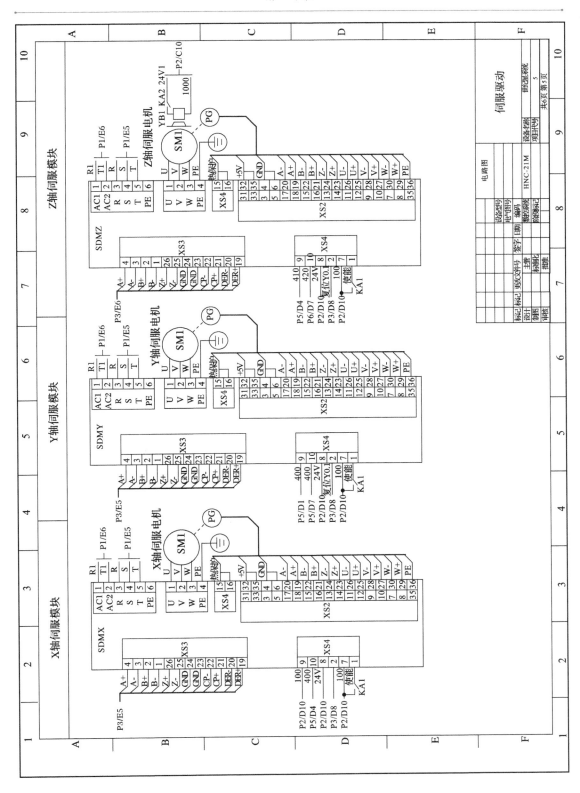

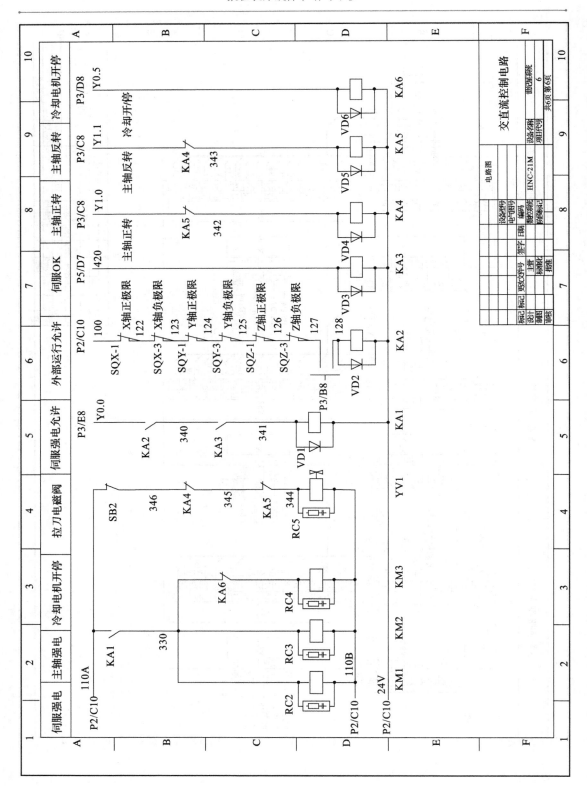

二、数控车床（FANUC 0i Mate TD）电气原理图

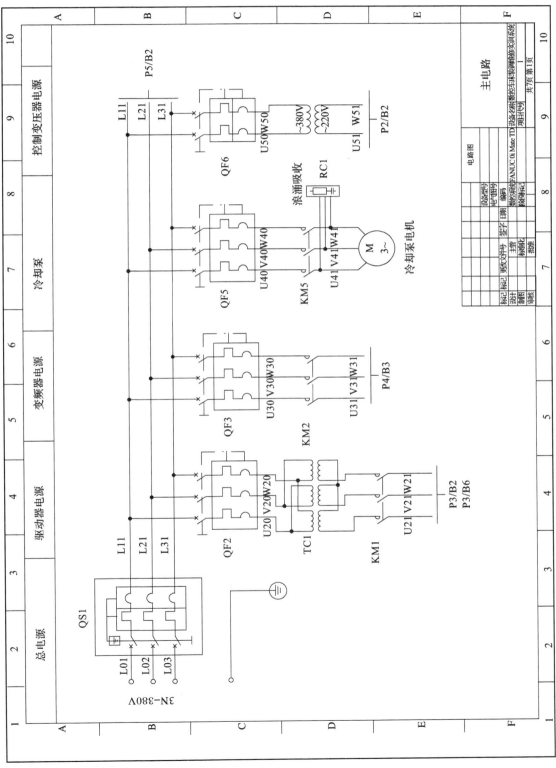

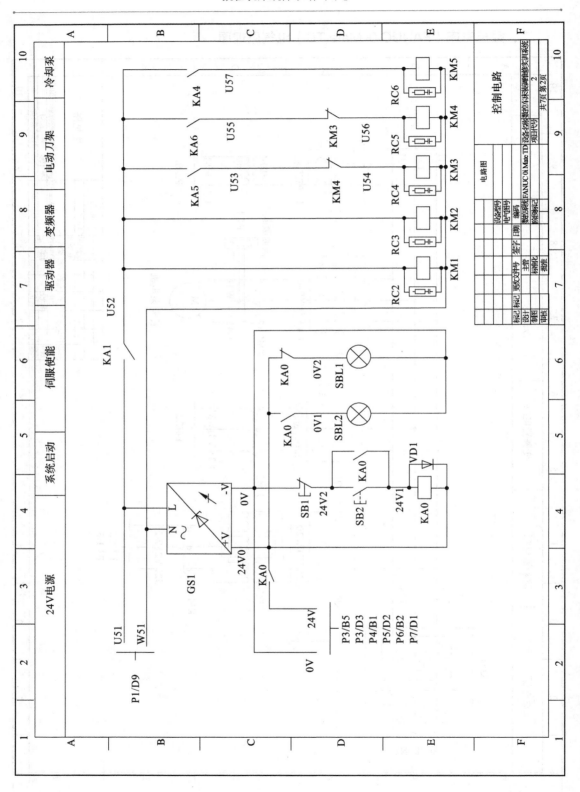

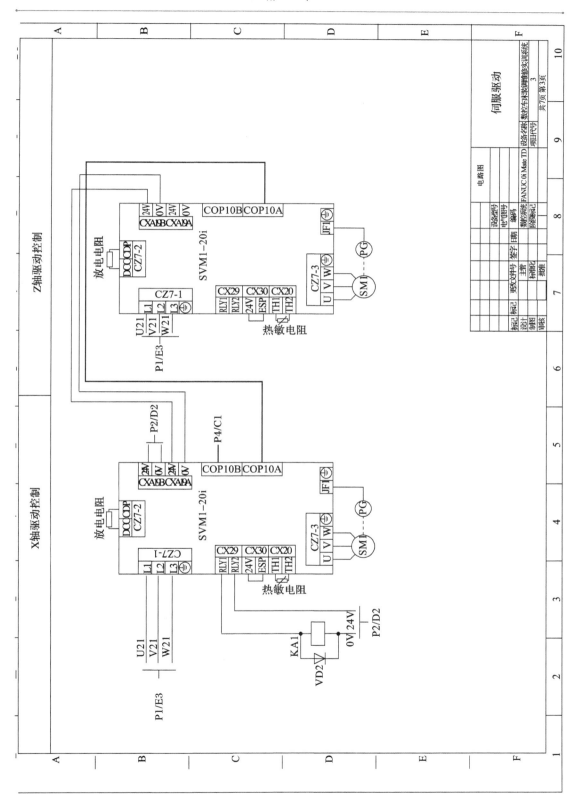

附　　录

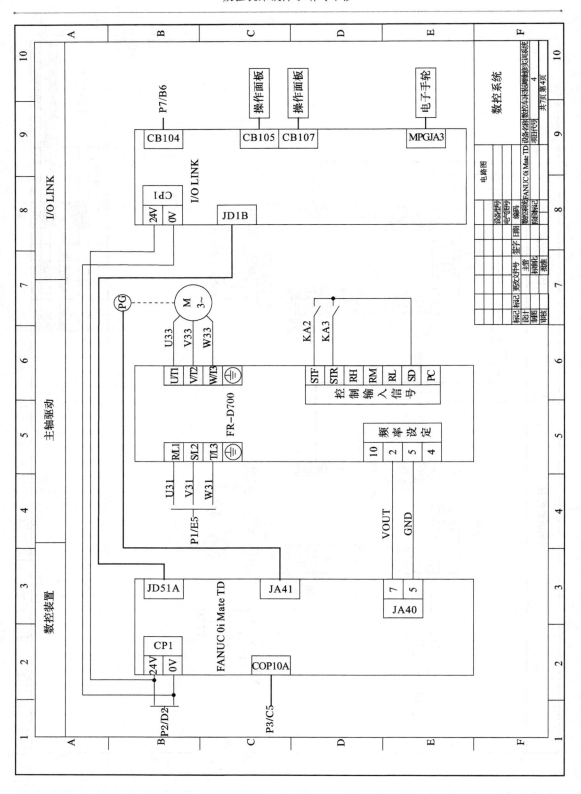

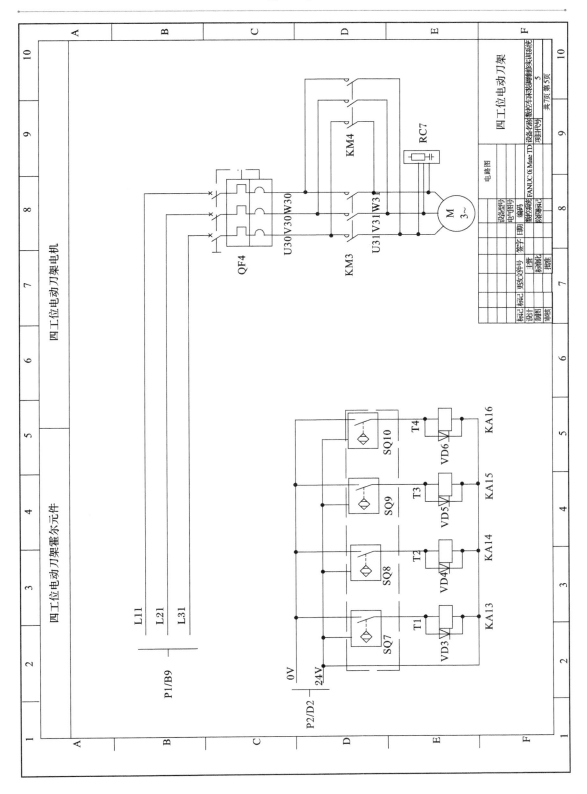

四工位电动刀架

电路图

四工位电动刀架电机

四工位电动刀架霍尔元件

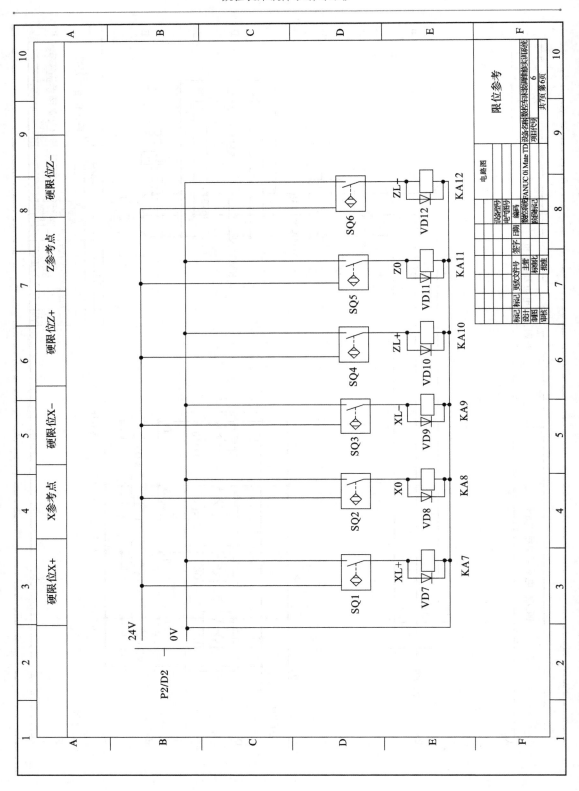

附　录

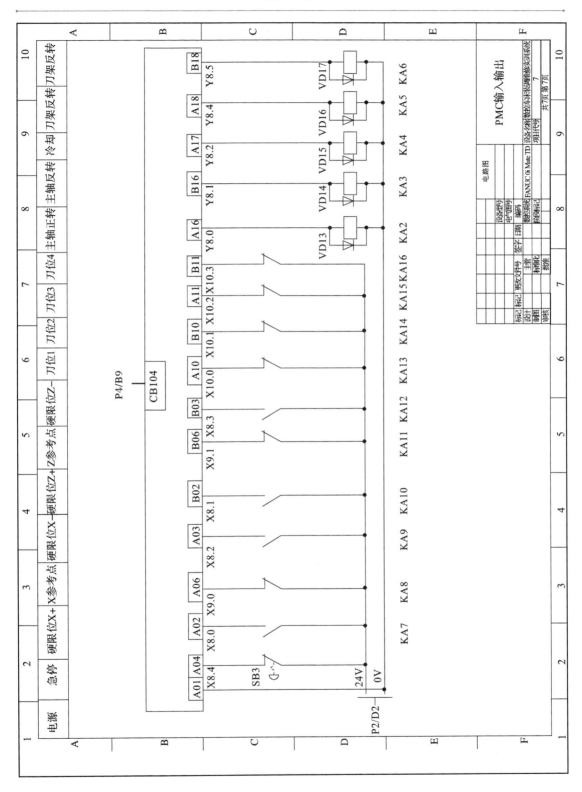

三、加工中心（西门子 802D 系统）电气原理图

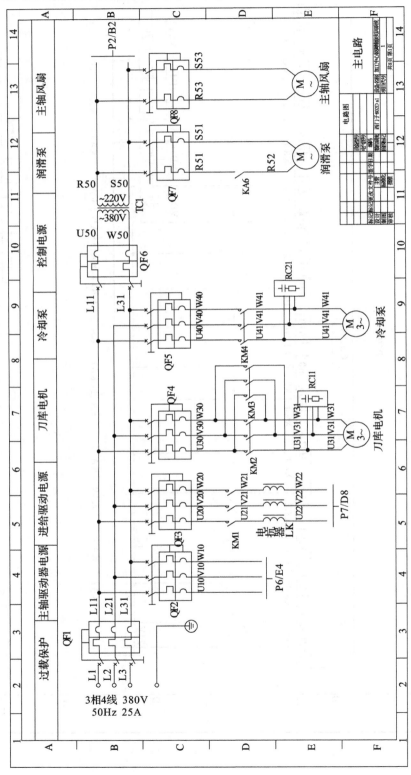

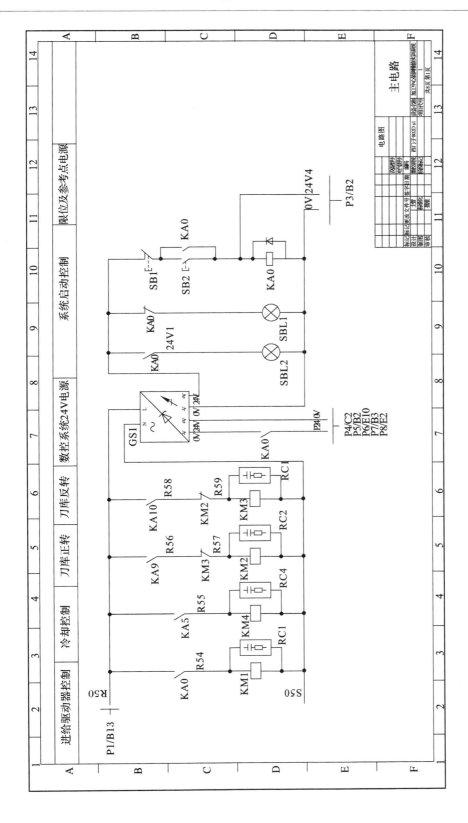

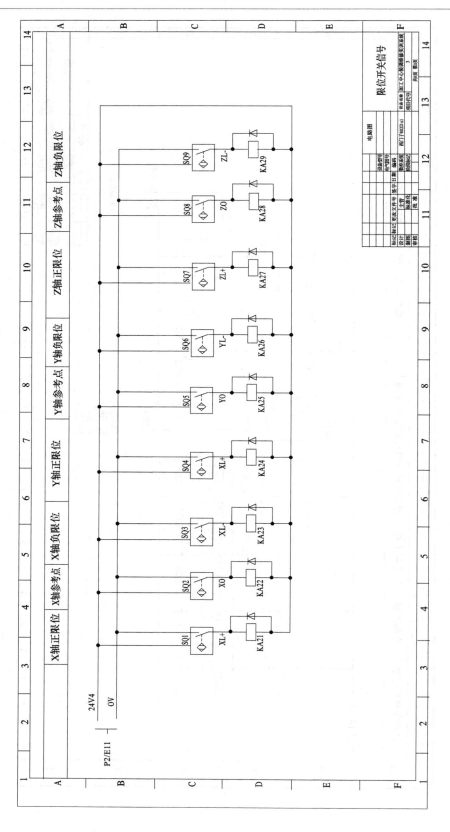

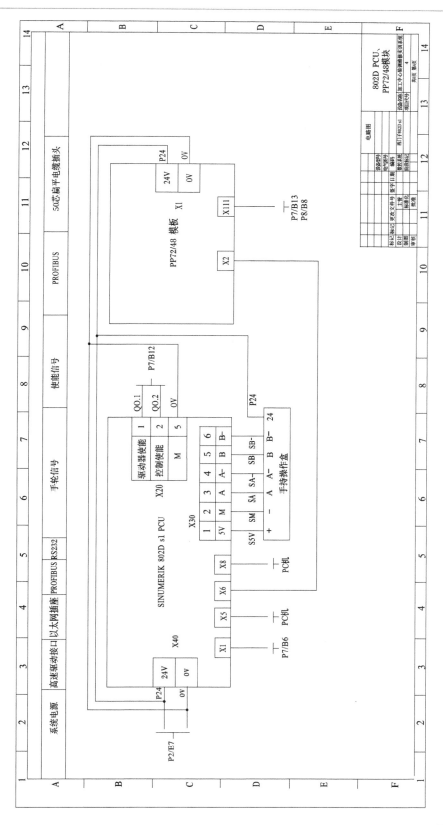

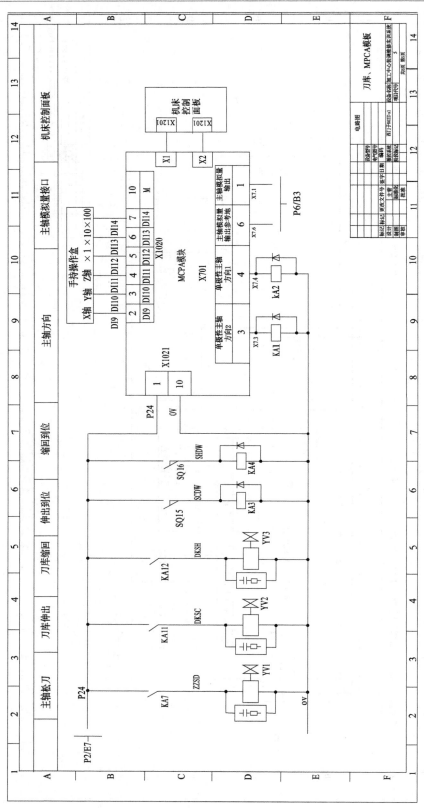

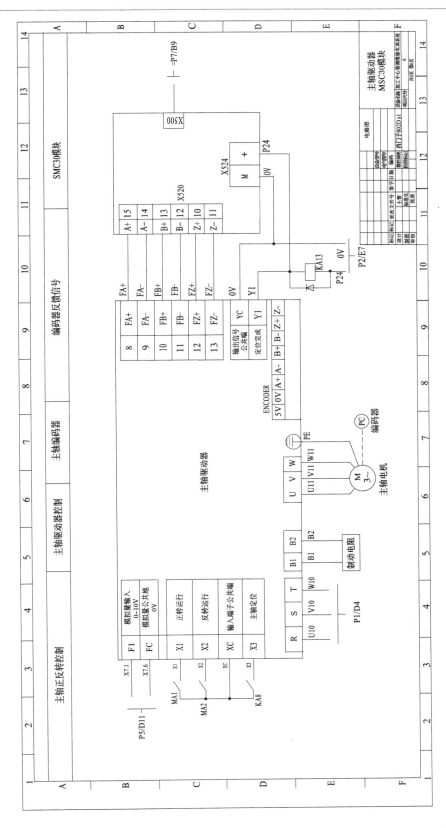

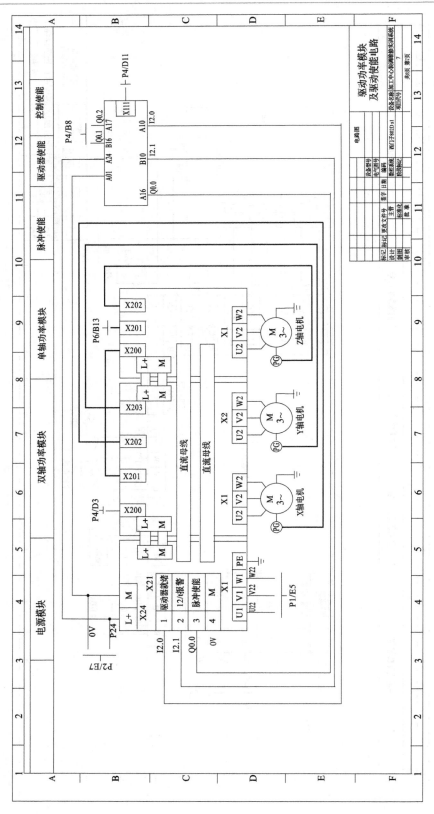

驱动功率模块及驱动使能电路

电路图

设备名称：加工中心电调维修实训系统
项目代号：西门子802D.sl

控制使能　驱动器使能　脉冲使能　单轴功率模块　双轴功率模块　电源模块

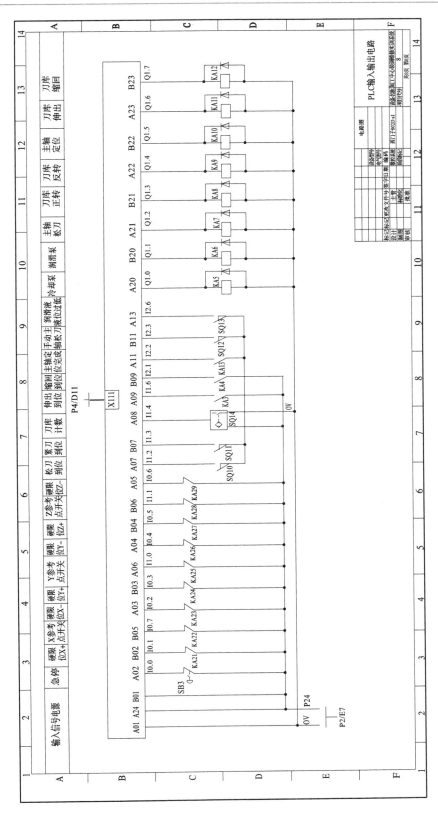

PLC输入输出电路

参 考 文 献

[1] 李金伴.数控机床故障诊断与维修实训手册.北京：高等教育出版社，2013.

[2]《数控机床维修技师手册》编委会.数控机床维修技师手册.北京：机械工业出版社，2006.

[3] FAUNC.FANUC Series 0i Mode C/0i Mate-Mode C 维修说明书.

[4] SIEMENS SINUMERIK 802D 诊断说明.2002.

[5] 曹健.数控机床故障诊断与实训.北京：国防工业出版社，2008.

[6] 李业农.数控机床及编程加工技术.北京：高等教育出版社，2009.

[7] 北京发那科有限公司.BEIJING FANUC 0i Mate Model 参数说明书.

[8] 吴海燕.数控机床机械维修.北京：中国电力出版社，2008.

[9] 武汉华中数控股份有限公司.HNC-21MT 世纪星数控装置连接说明书.武汉：武汉华中数控股份有限公司，2001.

[10] 顾春光.数控机床故障诊断与维修.北京：机械工业出版社，2010.

[11] 付承云.数控机床安装调试及维修现场实用技术.北京：机械工业出版社，2011.

[12] 潘海丽.数控机床故障诊断与维修.西安：西安电子科技大学出版社，2006.

[13] 李玉兰.数控机床安装与验收.北京：机械工业出版社，2010.

[14] 刘永久.数控机床故障诊断与维修技术.北京：机械工业出版社，2010.

[15] 陈泽宇.数控机床的装配与调试.北京：电子工业出版社，2009.

[16] 汤彩萍.数控机床的安装与调试.北京：电子工业出版社，2009.

[17] 孙慧平.数控机床装配、调试与故障诊断.北京：机械工业出版社，2010.

[18] 彭越湘.数控机床故障诊断与实训.北京：清华大学出版社，2006.

[19] 朱仕学.数控机床系统故障诊断与维修.北京：清华大学出版社，2006.

[20] 陈心昭.现代实用机床设计手册.北京：机械工业出版社，2006.

[21] 刘洪.数控机床故障诊断与维修.北京：高等教育出版社，2009.

[22] 蒋洪平.数控机床故障诊断与维修.北京：北京理工大学出版社，2006.

[23] 孙慧平.数控机床调试与安装技术.北京：电子工业出版社，2008.

[24] 夏庆观.数控机床故障诊断与维修.北京：高等教育出版社，2009.

[25] 李树表.数控机床故障诊断与维修.北京：人民邮电出版社，2009.

[26] 邱立功.数控机床维修技能.北京：国防工业出版社，2006.

[27] 娄斌超.数控机床故障诊断与维修.北京：中国林业出版社，2006.

[28] 王爱玲.数控机床故障诊断与维修.北京：机械工业出版社，2006.

[29] 朱文艺.数控机床故障诊断与维修.北京：科学出版社，2006.

[30] 张志军.数控机床故障诊断与维修.北京：北京理工大学出版社，2010.

[31] 卢斌.数控机床及其使用维修.北京：机械工业出版社，2010.

[32] 牛志斌.数控机床及其使用维修.北京：机械工业出版社，2010.